SELF PSYCHOLOGY AND DIAGNOSTIC ASSESSMENT
Identifying Selfobject Functions Through Psychological Testing

自体心理学与诊断评估
——通过投射测验识别自体客体功能

[美] 马歇尔·西尔弗斯坦（Marshall L. Silverstein）／著

韩 丹／译

中国轻工业出版社

图书在版编目（CIP）数据

自体心理学与诊断评估：通过投射测验识别自体客体功能/（美）马歇尔·西尔弗斯坦著；韩丹译. —北京：中国轻工业出版社，2023.3（2024.1重印）
ISBN 978-7-5184-4115-0

Ⅰ.①自… Ⅱ.①马… ②韩… Ⅲ.①精神分析－研究 Ⅳ.①B84-065

中国版本图书馆CIP数据核字（2022）第160214号

版权声明

Self Psychology and Diagnostic Assessment: Identifying Selfobject Functions Through Psychological Testing By Marshall L. Silverstein

Copyright © 1999 by Lawrence Erlbaum Associates, Inc.

Authorized translation from the English language edition published by Routledge, a member of the Taylor & Francis Group.

All rights reserved. No part of this book may be reprinted or reproduced or utilized in any form or by any electronic, mechanical, or other means, now known or hereafter invented, including photocopying and recording, or in any information storage or retrieval system, without permission in writing from the publishers.

Copies of this book sold without a Taylor & Francis sticker on the cover are unauthorized and illegal.

保留所有权利。非经中国轻工业出版社"万千心理"书面授权，任何人不得以任何方式（包括但不限于电子、机械、手工或其他尚未被发明或应用的技术手段）复印、拍照、扫描、录音、朗读、存储、发表本书中任何部分或本书全部内容，以及其他附带的所有资料（包括但不限于光盘、音频、视频等）。中国轻工业出版社"万千心理"未授权任何机构提供源自本书内容的电子文件阅览、收听或下载服务。如有此类非法行为，查实必究。

责任编辑：刘　雅　　　　责任终审：张乃东
文字编辑：王雅琦　　　　责任校对：刘志颖
策划编辑：阎　兰　　　　责任监印：吴维斌

出版发行：中国轻工业出版社（北京鲁谷东街5号，邮编：100040）
印　　刷：三河市鑫金马印装有限公司
经　　销：各地新华书店
版　　次：2024年1月第1版第2次印刷
开　　本：710×1000　1/16　印张：17.75
字　　数：200千字
书　　号：ISBN 978-7-5184-4115-0　定价：72.00元
读者热线：010-65181109
发行电话：010-85119832　010-85119912
网　　址：http://www.chlip.com.cn　http://www.wqedu.com
电子信箱：1012305542@qq.com
如发现图书残缺请与我社联系调换
231993Y2C102ZYW

推 荐 序

马歇尔·西尔弗斯坦(Marshall L. Silverstein)的《自体心理学与诊断评估：通过投射测验识别自体客体功能》(*Self Psychology and Diagnostic Assessment: Identifying Selfobject Functions Through Psychological Testing*)是一部精神分析评估学的重要著作，它基于科胡特经典的自体心理学评估理论成文，同时还结合了罗夏墨迹测验和主题统觉测验。

国内精神分析学界不太熟悉经典自体心理学所发展的评估和诊断，这是因为学习精神分析人格评估时，国内从业者较多受自我心理学影响，包括受奥托·科恩伯格(Otto F. Kernberg)、南希·麦克威廉姆斯(Nancy McWilliams)等学者的观点影响。同时，南希的优秀作品《精神分析诊断：理解人格结构》(*Psychodynamic Diagnosis: Understanding Personality Structure in the Clinical Process**)也使人误以为精神分析只有这一种人格诊断方式。其实，自我心理学的人格诊断只代表了美国自我心理学派的评估体系。这一人格评估体系将人格区分为精神病性水平、边缘水平、神经症水平，其分类方式存在合理性，但和弗洛伊德所建立的经典精神分析诊断体系及其他精神分析学派的诊断划分是不同的。

科胡特所建立的经典自体心理学临床评估系统可以分为三个层面，即变态心理学的症状评估、人格评估和移情性评估(自体客体评估)。第一层面的症状学评估其实更多是当代精神医学、临床心理学的症状诊断体系；在第二层面的人格评估体系中，科胡特基本延续了弗洛伊德发展的体系，即神经症、自恋

---

* 本书简体中文版已由中国轻工业出版社出版。——译者注

型（自恋神经症）、精神病三类人格水平，这和自我心理学的精神病性水平、边缘水平、神经症水平评估系统有重叠又有不同。例如，科胡特通常把边缘人格障碍归类到精神病水平，而不是边缘水平；把自恋人格障碍归类为自恋型，而不是边缘水平；第三层面自体心理学的移情评估，或者说自体客体评估，其实是最有自体心理学特点的评估系统，也是经典自体心理学家十分核心的工作能力。科胡特继承了弗洛伊德对移情的临床观点，即临床过程中出现的移情是精神分析家对个案评估、分析、结案三阶段的核心工作。所以科胡特将理想化自体客体移情、镜映自体客体移情、孪生自体客体移情作为临床评估来访者人格问题起源和工作要点的核心。本书忠诚于科胡特所发展的自体心理学对自体客体移情的视角，以及由此延伸的评估与诊断。如果我们从更大的背景来理解，科胡特这一继承弗洛伊德立场的工作是有欧洲精神分析先验哲学传统的，与美国部分精神分析家所持的实用哲学传统十分不同。

科胡特的精神分析临床实践十分重视共情-内省的感受性工作方法，这对于形成评估和诊断来访者的独特方式分外重要。经典自体心理学以共情-内情的方式，在临床中尝试站在来访者的主体位置去理解其动机和感受，帮助来访者获得真正贴近其体验的理解，而不是被分析师远离体验的概念所覆盖。来访者因此能够真正被理解，也被诠释出其真正的潜意识内容——经典自体心理学的评估正是尝试在这样的基础上进行。

除了从自体心理学传统来阐述，本书作者也是临床评估和诊断方面的专家。所以，他使用了罗夏墨迹测验和主题统觉测验，来对照评估自体心理学所涉及的理想化自体客体移情、镜映自体客体移情及孪生自体客体移情等类型，令读者能够更为具体地理解自体心理学所阐述的来访者的自体体验状态。这既提供了很好的实证性治疗支持，又能帮助读者更为生动地理解自体客体的面向。

本书译者韩丹老师投入了大量精力和时间进行翻译工作。同时，上海市精神卫生中心的仇剑崟教授团队也为此书的翻译提供了罗夏墨迹测验和主题统觉测验的资料。好事多磨，历经多年，此书终于得以翻译出版，实在令人喜悦。

多年来，一直有精神分析的同行问我，是否可以推荐一本自体心理学的评估和诊断著作，我每次都无法回答——直到现在。我还记得有一次，我的一个学生在进行面试时，她以自体心理学评估诊断得出的报告，被不太了解自体心理学评估的其他学派评审官误解为表示了其精神分析诊断知识的不足。直到经过申诉和解释，评审官才终于理解，原来自体心理学的评估是不同于自我心理学的。因此种种，可以说此书中译本的出版，填补了国内自体心理学评估诊断学习和研究的空白。无论是对理论研究，还是对临床实践，这都具有重要意义。我推荐精神分析工作者、学习者、爱好者都可以读一读本书。

徐钧

2022年11月13日于上海

译　者　序

※

人生慢一点又何妨

记得还是在刚上大学的时候，第一节英语课上老师问我们毕业之后想做什么，非英语专业的我脱口而出："我想做一名翻译"。现在想来感慨万千，无论快慢，人终究会成为自己想要的样子。本书是我参与翻译的第三本书，从翻译到出版历时近四年。我是典型的"A型性格"，几乎所有事情都想速战速决，但在译稿不断返工和打磨的时间里，我终于悟出了一个道理：人生慢一点其实也无妨。慢，意味着精心和细致；慢，意味着专注和投入。

2008年，我在参加雷正则老师的精神分析培训时第一次听到"自体心理学"，作为精神分析的"小白"，当时我就对自体心理学心生向往。2011年，我参加了首届中美高级精神分析连续培训项目，美方的授课教师内森·塞恩伯格（Nathan Szajnberg）教授和杰弗瑞·斯特恩（Jeffery Stern）教授都是自体心理学的"大咖"。2013年，我有幸受到内森教授邀请赴美访学半年，那时我常常流连于纽约精神分析学会图书馆古老、丰富的藏书中，精神分析的百年传承，思想的激荡与蓬勃，都令我感慨万千。

上海南嘉心理的徐钧先生致力于自体心理学在国内的传播与发展，也是《科胡特文集》（*The Search for the Self**）中译版的主编（我是第一卷的译者）。

---

* 中文简体版也将由中国轻工业出版社出版。——译者注

本书是徐钧先生推荐我翻译的,"万千心理"的编辑阎兰也给予了我充分的信任。当看到电子书的那一刻,我充满了好奇。众所周知,自体心理学晦涩难懂,投射测验的内容分析往往也模棱两可,两者结合会迸发出怎样的火花呢?我期待作者能给出一个令人满意的答案。

作者在本书第一部分追溯了自体心理学的主要概念和发展,第二部分则提供了反映自体状态及其相关自体客体功能的投射测验的临床例证。其中第五章和第六章通过解释来访者投射测验的反应,演示了镜映、理想化和孪生的临床特征及概念性特征;第七章和第八章提供了两位来访者完整的投射测验结果。

本书的第二部分包含大量对于人物绘画测验、主题统觉测验和罗夏墨迹测验的解释,结合相关测验工具更有助于理解(因为版权所限,本书无法在相应部分提供测验卡片以供对照)。

作者将自体心理学和投射测验结合在一起,为自体心理学取向的临床工作者提供一个全新的视角。自体心理学的临床应用不该仅仅局限于访谈,而是可以结合投射测验,将之作为一种媒介和工具。在作者看来,它与我们在求医过程中接受的放射性检查并无不同。来访者在投射测验中看到的"拄着拐杖的人"或"裸体的人",可能对应自体心理学所描述的个体失去活力的自体状态;而来访者被贬低或羞辱的自体体验,在测验中可能体现为"小丑""流浪汉"或其他"被忽视或被责备的人"的意象。

作者指出,投射测验的诊断在临床上很难获得一致解释。仅仅从来访者对卡片细节的反应推断其自体状态,只能起提示性作用,更深入的询问才是获得临床解释的关键。

相比其他有关自体心理学的晦涩著作,本书结合了投射测验和具体的案例,更容易理解。但这并不意味着这本书适合"快读",就像我之前所说的,人生慢一点又何妨。本书适合慢慢地用心玩味,尤其是书中第二部分对于人物绘画测验和罗夏墨迹测验等的解读,信息量很大,读者可以尝试找到测验工具一一对照,结合个人感受和体验细细琢磨。

在翻译过程中，对于书中难以确定的词汇和语句，我经常请教内森教授和他的夫人武怡堃博士，他们细致认真的回复让我感激不尽。我的同事王丰和实习生吴乐思对初稿进行了校对，并由我最后审校。感谢中国轻工业出版社"万千心理"的编辑王雅琦为本书出版所付出的努力，她认真的工作态度和严谨的工作作风让我折服。

由于水平有限，译作难免出现疏漏之处，恳请各位同行及专家不吝指正，以便今后进一步地修订和完善。

韩丹

于深圳留仙洞

2022年5月9日

前　　言

从结果来看，来访者在罗夏墨迹测验（Rorschach Inkblot Method）中将墨迹辨认为"精良但褪色的衬衫"，在主题统觉测验（Thematic Apperception Test，TAT）中讲述了一个抑郁的女人无法离开父母的故事，还在人物绘画测验（Human Figure Drawing，HFD）中画了一个弯腰驼背、垂头丧气的人——这些都是抑郁的表现。调查显示来访者详细解释了这些反应，说衬衫后来被扔掉了、抑郁的女人不再指望被理解，无比沮丧，也无法离开父母、那个弯腰驼背的人对自己被嘲笑一事羞于启齿。这个来访者可能抑郁又自卑，但这些理解还远远不够。来访者的这些反应生动地展现了一个被削弱和毁灭的自体，她感到筋疲力尽，无法自信地面对世界，也不指望别人能深刻地理解这种被低估的感受、认识到人生来就必须有内在的价值感并得到回应。

另一名来访者在罗夏墨迹测验中的反应是"一名地位崇高的女祭司正在向她的臣民送去祝福""神正在谈论人性"以及"一位全副武装、从天而降的战士"。在主题统觉测验中，这位来访者描述了"诺亚方舟的超现实再现，拯救动物免于毁灭"。这些反应似乎是在通过强调崇高的地位、愤怒和力量来传达活力，直到进一步询问时，来访者才谈到战士有缺陷、诺亚方舟有可能被暴风雨摧毁、神是无力的。用海因茨·科胡特（Heinz Kohut）的话来说，这两种模式代表了自体丧失活力的状态以及由此产生的自体障碍。第一个来访者似乎无法聚集资源修复自体障碍，并且很容易放弃、退缩。在某种程度上，第二个来访者表现出了一定的韧性，即希望通过理想化来重新振作耗竭的自体。尽管他可能试图建立一种补偿结构，作为恢复被削弱的自体的途径，但这种尝试并不成功。

在充分探索下，暴露出来的事实是他最初的浮夸表现仅仅是一种微弱的、防御性的外壳，他被掩盖起来的受伤的、贬损的自体状态和第一个来访者一样。

本书试图理解这种本性。我特别关注三个问题：第一个是在临床上该如何识别来访者的主要心理模式（自体状态），例如上两个例子中所显示的丧失活力（又称"失活"）或理想化的状态；第二个是来访者试图修复自体的损害，通过发展补偿性结构来恢复自尊（例如，当丧失活力这一状态突出显现时，个体会去求助于一个强烈的或充满活力的理想化来源）；第三个是这些自体障碍的临床表现或后遗症（例如自恋式暴怒的解体产物，空虚的抑郁、长期无聊和缺乏热情的情感状态）。前面描绘了投射测验中揭示的一些自体障碍相关临床现象，其解释概述了科胡特自体心理学的开创性贡献。我们抛砖引玉，旨在从概念上和技术上讨论自体心理学，特别是镜映、理想化和孪生移情的自体-客体功能。

本书试图实现两个困难且不受欢迎的目标：第一，彻底、准确、全面地展示自体心理学；第二，证明对投射测验结果的解释有助于加深我们对自体状态及相应障碍的理解。

我的第一个目标——阐述自体心理学的观点——是很困难的任务。如果缺乏在此框架中与来访者一起工作的临床经验，就很难理解这些复杂的临床材料。自体心理学有时被认为是关于病态自恋的理论，但事实并非如此。自体心理学被误解的部分原因是自恋型人格和行为障碍是可定义的，而自体障碍则既不清晰又难理解。

事实上，科胡特在很久之前就开始尝试将自体障碍理解为自恋的形式（Kohut，1959，1966，1971），但他对自体和自体障碍的扩展和更加展开的视角（1977，1984）都远远超出了自恋议题的范围。这种情况使讨论自体心理学不受欢迎，因为尽管在临床上它显而易见、生动鲜活，但在概念上似乎并不清晰。

我的第二个目标也是很困难的，即使用投射测验的结果来描述自体状态。现象学数据总是含混不清，因此对其临床意义的解释也很难达成一致。虽然彼时心理测量已经有了一定的复杂性，但心理学家对测验内容和序列的分析并不感兴趣。一些临床工作者可能会反感研究测验内容，因为其结果无法得到证实，这在逻辑上是不可接受的，他们甚至还担心会造成科学的倒退。这些心理诊断测验的实践者们都满足于获得有效可靠的经验数据，也不指望其他成果。尽管投射测验的内容分析不能满足严密性的这一要求，但如果临床工作者遵循最高的逻辑标准，秉持谨慎的临床推理思维，那么它的价值就会有所不同。

我想遵循克制和严密的逻辑，尝试将自体心理学的丰富见解与内容分析结合起来，充分利用最适量的临床资料，揭示科胡特自体心理学努力解释的深层次痛苦经历下的情感状态。

第一部分和第二部分的结构

来访者通过投射测验的内容传达自体的状态、活力或弱点，以及自己如何努力从伤害中恢复过来，这是一种思考自体心理学和投射测验之间融合的方法。人们如何使用投射测验中的材料传达力量、真实和生机抑或相反的脆弱、损毁和贬损？本书会涉及这些基本问题。

本书第一部分追溯了科胡特自体心理学的主要概念和发展状况，包括他明确的观点：一个统整的、富有活力的自体在实现心理幸福的过程中发挥主要作用。虽然科胡特的观点最初坚定扎根于经典精神分析富有影响力的驱力理论和自我心理学，但我在第一章详细描述了他的思想如何超越自我心理学，持续延伸并演变。在第二章和第三章，我讨论了自体心理学的主要概念（第三章完全致力于介绍自体客体功能的概念）。

第二部分包含了投射测验的临床实例，反映自体状态及其相关自体客体功能。我将介绍自体心理学的概念，以及对这些投射测验反应更常见或常规的自我心理学解释。科胡特所建立的自体心理学观点为理解投射测验的内容提供了强有力的基础。我认为在很多情况下，相较于传统框架而言，自体心理学的观点在现象学层面提供了一幅更精确的人格图示。

第四章系统且详细地回顾了在投射测验临床解释中进行内容分析的主要方法。我特别提倡使用内容分析来揭示自体的重要方面，尤其是它的统整性或脆弱性，以及在面对伤害时修复自尊的机制。使用内容分析基于最先由拉帕波尔（Rapaport）和沙弗尔（Schafer）提出的原则，我在这里使用这一原则，是为了推广一种具有临床合理性的方法，提高心理诊断测验的经验分数（empirical scores），否则它不足以描述如失活（devitalization）或耗尽的自体状态。

在此基础建立之后，我考虑了在投射测验中自体心理学和内容分析的辐合（convergent）。然后，我通过提供大量投射测验反应的解释，演示镜映（第五章）、理想化和孪生（第六章）的临床和概念性特征。这些例子反映了这三个主要自体客体功能的主要特征和微妙表现。第七章和第八章包含了两个来访者完整的投射测验的结果，旨在进一步阐释自体心理学的观点。

概念化和临床目标

人们通常会借投射测验表现出羞愧、能力下降、自我价值受损的感受。这些反应包括如"摇摇欲坠的物体"这样的知觉意象，如流浪汉这样的人物画像，或者关于某个角色感觉自己很无力的故事。在临床会谈中，许多来访者更容易去编造关于失败的故事，而不是直接谈论自己与之相似的情绪状态。当出现严重抑郁发作或急性抑郁性精神障碍时，无价值感会占主导地位，这种情感状态是可以预料的，也是很常见的。但是在其他许多临床障碍的状况下，自尊心下降的体验不会如此典型。因此，当来访者表面上虚张声势或防御性地最小化自身的自体障碍时，临床工作者可能完全忽略了其自体状态。

虽然自尊肯定是自我意识的一个重要特征，且自我贬低是自体紊乱的常见后果，但在心理学对自体的理解中，更重要的考虑因素是自尊的韧性。韧性通常表现为人们修复伤害的能力，或者更典型的是求助于他人，期望得到合适的、共情的回应，以恢复自体活力。在生活中，伤害和冷遇经常发生，在不那么强烈或不至于造成创伤的情况下，它的破坏性会小很多。对于理解自体来说，比伤害的严重程度更重要的是个体是否能对环境做出准确回应，即个体注意到"伤害已经发生"的能力。科胡特认为这种能力是自体客体功能最核心的特征。最理想的回应能促进自体维持或恢复的能力，使其生机勃勃、稳健并统整。自恋伤害本身并不一定是病态的，但是在已经缺乏抵抗力的或脆弱的自体状态中，自体客体的失败会带来自恋人格障碍或自恋行为障碍。轻度困扰可能表现为临床上不明显的自尊问题，即支持个体重构能力的活力受到扰动。韧性反映了自我统整性的程度。

就像临床实践的历史发展一样，对诊断测验材料的分析也是如此：在测验中，有某些信号昭示着来访者在尝试实现他（她）需要修复的自体状态。

在接受了罗夏墨迹测验的来访者的反应中，诸如一只受伤的蝴蝶、一朵枯萎的花、一具在烈日下腐烂的尸体的描述，都体现了来访者觉得自己的状态"不够完美"或"活力不足"。这些描述会被编码为具有特殊数值的代码，引导我们去搜索测验结果的其他部分，寻找修复失活自体所需要的恢复性自体客体功能。例如，从心理诊断学的角度来看，个体对一片腐烂的树叶的反应本身可能并不重要，更重要的可能是这个人接下来的反应——对同一张或下一张罗夏墨迹卡片上的反应——是否会延续"失活"的主题。能够从受伤的自体状态中"迅速恢复活力（bounce back）"表明了自体在某种程度上的恢复能力。

在代表自体统整性受损的典型案例中，最容易引发的是心理诊断学上关于能量耗尽、空虚和失活的测验表现。举例来说，测验反应中涉及"破损、裂开、缺乏能量、没力气、单调、参差不齐、肮脏、消瘦或明珠蒙尘"等意象或表达，都是人类在这方面体验的典型表现。测验中许多病态的知觉意象都传达出自体失活状态的独特品质，比如一个流血、死亡甚至腐烂的客体，一些陈旧腐烂的东西或者一种凋零的状态（比如一张发黄的照片、一片枯萎的树叶甚至一个垂暮的人），对这些内容的反应就是很好的例子。罗夏墨迹测验的所有认知意象（甚至最病态的）不是用于定义自尊受损的面向，而是便于临床工作者从科胡特所谓的非镜映自体的角度共情地把握这种类型的反应。因此，增强对这种认知意象临床意义或相关性的理解，有助于从心理学上解释自体。

特定的投射测验反应也可能预示着解体产物具有很多自体紊乱的特征，如倒错、成瘾或明显的分裂现象。解体的产物代表了极度绝望的尝试——即个体在面临自体调节结构丧失这一威胁时想要维持自尊，它代表了以下两种反应状态：无法把客体或他人体验为一致切实的；稳固边界的崩溃。来自主题统觉测验和人物绘画测验的意象还能体现一种可察觉的、痛苦的自体状态，一种无法维持自己完整或无法改善功能的状态。人们表达无法忍受自己、经历无法恢复的毁灭性丧失；描述自己似乎飘在半空中没有根基；画被恶劣天气笼罩的人群、树或房子的图画，都属于这样的例子。这种意象也是精神病性人格、精神病倾向状态、边缘型人格障碍或短暂分裂表现的特征。然而，关于共病原发性干扰的精神病理学或其他理论观点认为这并不排除失能状态中脆弱自体的作用。自体状态及其自体客体需求对严重精神病状态有着重要影响，但对非精神病性状态也同等重要。

有益健康的自体客体功能不一定体现在恰当的反应中，比如前面提到的那些反应。更典型的情况是，努力探索来访者的核心反应将有助于修复贬损的自我。因此，对于临床工作者来说，潜移默化地引导出来访者发展核心反应的表达非常重要，比如"一只受伤的鸟需要有人照顾"，或者"一朵枯萎的花等待被浇灌"。有时，这些迹象并不紧随着一个被破坏的自体反应，而是会在之后的测验或在其他测验中出现。通常，一个流行的投射测验——例如罗夏墨迹测验——可能没有关于自体状态的指示，但在主题统觉测验或人物绘画测验中会出现更具启发性的特征。例如，某人可能会借主题统觉测验的一张卡讲述一个故事，描绘某个年轻人失望沮丧，向长者倾诉心事——后者被描述为在专心倾听（反映自体客体功能），也提供了年轻人急切想要获得的建议。之所以如此要么出于年轻人对长者的崇拜（理想化），要么是因为年轻人渴望和长者一样，能够解决问题（孪生移情）。

有时，临床工作者可以在过度抽象、疏离的层面或哲学层面看到来访者有些超脱的反应，区分出补偿功能更好的来访者的投射测验内容，包括对某些观念的强迫性迷恋或对神话人物、历史人物的个人化描绘。其他一些例子则是神秘的、抽象的、类人的内容——在埃克斯纳（Exner）创立的综合系统（1993）中被编码为"H"或"HD"——比如"女武神（Valkyries）"的形象，或者"伊丽莎白一世时宫廷女性"的人物素描。这可能代表着一种尝试，想要与理想化的神话人物建立联系或者联结，往往发生在来访者感到受伤或者被贬损之后。出现"宏伟或有力的偶像"的反应，也证明了心理诊断测验在识别补偿性结构上的独特作用，该结构是自体心理学较为小众的概念之一。

目 录

第一部分　自体心理学 / 1

第一章　从经典驱力理论到自体心理学的转变 ······ 3
　　　　自体心理学的理论起源 ······ 4
　　　　自体心理学：临床上的早期观点 ······ 9
　　　　经典移情和自体客体移情 ······ 13
　　　　自体心理学和当代精神分析理论 ······ 16

第二章　自体心理学：主要概念 ······ 19
　　　　自体的概念 ······ 20
　　　　对自体状态的共情式理解 ······ 22
　　　　蜕变性内化 ······ 29
　　　　补偿性结构 ······ 31
　　　　俄狄浦斯期的自体心理观与释梦 ······ 36

第三章　自体客体功能的中心作用 ······ 41
　　　　自体客体功能：概念定义 ······ 42
　　　　临床和发展方面的思考 ······ 45
　　　　主要移情结构 ······ 50

第二部分　自体客体功能：心理诊断指征 / 61

第四章　心理诊断检测内容分析：理解自体状态的途径 ······ 63
　　　　心理诊断测验的发展 ······ 64

心理测验领域的变化图景…………………………………… 67
　　　自体障碍和心理诊断评估的扩展观点…………………… 69
　　　心理诊断测验的概念方法：一般原则…………………… 71
　　　心理诊断测验的概念方法：具体原则…………………… 73
　　　罗伊·沙弗尔：门宁格传统………………………………… 74
　　　主题内容分析：他人的观点……………………………… 88
　　　主题统觉测验和其他投射方法…………………………… 95
　　　投射测验解释的自体心理学方法………………………… 100

第五章　自体客体功能的临床指征：镜映………………………… 109
　　　夸大……………………………………………………… 110
　　　赞赏……………………………………………………… 116
　　　幻灭和自我贬低………………………………………… 121
　　　夸大和贬损……………………………………………… 124
　　　内容分析和自体状态：形成推论……………………… 129
　　　内容分析和自体状态：识别镜映和驱力衍生物……… 134
　　　在进一步投射测验中失活的自体的标志……………… 139

第六章　自体客体功能的临床特征：理想化和孪生……………… 147
　　　理想化…………………………………………………… 147
　　　孪生……………………………………………………… 166

第七章　T女士：镜映……………………………………………… 181
　　　错误的镜映自体客体反应以及通过理想化建立补偿性结构
　　　　失败的案例……………………………………… 181

第八章　L先生：理想化和孪生 ················· 211
　　自体客体功能混合出现的案例 ················· 211
　　主题统觉测验 ························· 239

后记 ······························· 255
参考文献 ····························· 261

第一部分

自体心理学

第 一 章

※

从经典驱力理论到自体心理学的转变

《科胡特文集》一书汇集了科胡特的论文和信件,而在书籍最后一部分的导语中,奥恩斯坦(Ornstein,1990)简明扼要地描述了科胡特的主要贡献之一。他写道:"科胡特从一开始就坚持认为,人类经验的某些领域是在驱力心理学和自我心理学的帮助下仍无法得到充分探索的,这一事实是引入自体心理学最令人信服的原因之一。"

奥恩斯坦认为自体心理学已经发展成了一种独立的理论,而不只是经典驱力理论的扩张或延伸,在精神分析中很难再有像自体心理学这样被不完全理解的概念系统了。不过,尽管自体心理学最核心的特点饱受批评,但它还是取得了重要地位,本章和接下来的两章将概述自体心理学的发展。在本章中,我描述了科胡特思想的发展,从他最初对自恋的描述到导致他产生关于镜映、理想化和孪生自体客体功能等想法的临床现象。在第二章中,我讨论了科胡特对移情、补偿性结构和蜕变性内化等关键概念的阐述,此外还包括科胡特对梦和俄狄浦斯情结的重新阐释,以及他将自体及其属性定义为一种心理结构的尝试。第三章我讨论了关于自体心理学的核心原则,重点致力于全面描述自体客体功能,这代表着自体心理学方法下诊断性心理测验的概念是本书余下部分的焦点。

自体心理学的理论起源

科胡特最初的自恋构想在1977年发展成关于自体的心理学,他认为自己的想法是当时占主导的驱力(本我)心理学和自我心理学的延伸。这种观点在他最早关于自恋的著作中尤为突出,在1971年的《自体的分析》(*The Analysis of the Self*)中达到顶峰,他首次全面陈述对自恋人格和行为障碍的精神分析性理解和治疗。科胡特曾于1959年发表了重要论文,讨论运用共情-内省方法获得分析数据及临床理解,为该书埋下了伏笔。

从几方面看,科胡特观点的推动力来自经典精神分析中的不足。他认为,经典精神分析在触及来访者痛苦的主要领域和内在体验方面能力有限(奥恩斯坦的陈述正是针对这一点),因此需要以一种更令人接受的方式来承认或回应一个衰弱的自体。这种方式不能使来访者感到自体被分析破坏了,包括被来访者当作攻击或批评的咨询师的解释。

科胡特认为,尽管临床表现上有了改善,但从来访者的角度来看,很多人对自己的生活仍感到不满足或不满意,因此自体体验的某些方面基本上没被影响。他的著名论文《Z先生的两次分析》(*The Two Analyses of Mr. Z*, 1979)正是对这一问题的极好说明。在这篇论文中,科胡特详细描述了来访者以传统方式接受分析的结果,而五年后又在自体心理学观点指导下接受了第二阶段的分析。尽管在其他方面的成功使来访者的症状得到显著改善,但科胡特坚持认为第一次分析不可能产生第二次分析所产生的影响。

科胡特早期关于自体的思考强调了自恋人格障碍的临床表现以及精神分析师治疗这些疾病的方法。治疗此类来访者的过程中出现的移情描述,成为科胡特理解这种精神病理学问题的核心。他从经典驱力理论中发展出不同的概念并加以扩展,还基于自身对自恋的新观点,涵盖了自体的发展路线。科胡特认为,他的观点是驱力理论的自然延伸,是奥恩斯坦(1978)所谓的"相邻领域",而不是客体关系学派的变体。

在职业生涯中，科胡特一直坚持着这一立场，也基于自体心理学和自我心理学的差异充分扩展了自身观点。随着这一点逐渐被众人认识，作为一个独立的理论体系，他的贡献受到了关注——但往往与一些主流的精神分析核心原则相悖。科胡特认识到，他的观点不可避免会脱离驱力理论构想，尤其是俄狄浦斯情结冲突理论。

诸如梅兰妮·克莱因（Melanie Klein, 1935/1975）率先提出的治疗性进展为当代英国客体关系理论奠定了基础，然而科胡特认为，使用这些理论并不能帮助咨询师有效地调动来访者对自体统整力或自尊的需求。在他的看法中，人们极为需要一种情感同调的反应，从而在心理上感到精神振奋和充满活力。科胡特认为克莱因对攻击性的强调很极端（"克莱因的基本态度是婴儿是邪恶的……像个嫉妒、愤怒和充满破坏性的火药桶"），他更倾向于把攻击性看作一种对未被回应的"正当表达的愿望"的反应，是可以去理解的（Kohut, 1996）。

学界对自体心理学的一种批评，是科胡特未能充分说明攻击性在临床上和理论上的重要性。这种批评与另一种批评有关，即科胡特忽略了主要客体关系理论家如费尔贝恩（Fairbairn, 1941）、巴林特（Balint, 1968）和温尼科特（Winnicott, 1953）的观点。但是，科胡特把他的观点从客体关系理论及马勒（Mahler, 1968）和鲍尔比（Bowlby, 1969）的观点中脱离出来，不是因为他忽视了这些理论家的工作，而是因为他的观点与这些理论所强调的客体关系、本能驱力以及对攻击性的看法存在分歧。

根据科胡特关于自体统整力如何被打破的观点，自我心理学不能充分解释一个衰弱的或没有反应的自我。科胡特越来越确信，强调驱力的咨询师在治疗自体失调方面取得的成功很有限。科胡特认为驱力造成的基本困扰次于自体统整力，其对自体的伤害比本能或攻击性冲动更严重。焦虑的驱力（冲动）会引起防御，形成症状，但科胡特脱离了产生焦虑的驱力（冲动）结构理论构想，认为自体统整力被破坏和自尊被削弱才是主要的精神病理学现象，临床上表现为自体障碍。他将自我缺陷或弱点视为对自我统整力的不稳定的防御反应。

科胡特认为，个体的镜映或理想化需求长期或明显未得到反应会导致自体失调。这些失败容易使人们产生抑郁、焦虑、愤怒的反应和各种行为障碍，以试图缓解与自体统整力受损相关的、难以忍受的紧张状态。在症状形成的解释中，精神病理学的基本核心是对自体统整力的威胁，而非不可接受的驱力状态或冲动。

从对基于标准理论原则解释反应不佳的精神障碍来访者的问题开始，科胡特把这种情况称为自恋人格障碍和自恋行为障碍。他描述了镜映和理想化这两种移情模式，起源于自体的不同部分——浮夸的自我表现欲和理想化的父母意象极（双极自体）。这种观点建立在他对自恋障碍新理解的基础上，使人们对这一面向的心理病理学有了全面的临床理解。科胡特以此为基础，奠定了针对自体障碍的治疗基石。

科胡特的自体心理学继续发展，超越了自恋病理学的范畴。他在《自体的重建》（*The Restoration of the Self*, 1977）中首次提出了这一观点，并在《精神分析的治愈之道》（*How Does Analysis Cure?*, 1984）中加以确证。用奥恩斯坦的话来说："自体心理学构成了'一块新大陆'。"1984年，科胡特在书中写道：

"自体心理学试图解释所有形式的心理病理学要么基于自体结构的缺陷，要么基于自体的扭曲，要么基于自体的弱点。

……自体心理学认为，在客体-本能范围内，即客体爱和客体恨领域中的一系列冲突（尤其是俄狄浦斯情结的病原性冲突）不是精神病理学的主要原因，而是其结果。"

科胡特明白，俄狄浦斯情结的动力可以伪装成对自体状态的干扰。他很谨慎，不把自己对临床观察的理解局限于任何一个孤立的角度。科胡特强调了仔细聆听临床材料中周期性变化现象的重要性，他在一次演讲中评论说：

"知道得越多，越能掌握来访者生活史的全部内容以及其人格中的基本障碍，也越能在脑海中观察和发现病理最终会（落入）哪个领域。所有这些变化都会发生。如果我对精神分析有所贡献，那将不仅仅是用一件概念性的事情来代替另一件……人们有时会从俄狄浦斯情结的立场退到自恋的脆弱性上，这个理解完全正确，但是你在一些人身上看到屈居二位的自恋弱点或口腔依赖态度是对更深层次俄狄浦斯情结焦虑的防御。"

在发展方面，科胡特并不反对存在一种同相的驱力来维持口欲、肛欲或生殖器期（俄狄浦斯情结）的愿望或冲动。但他认为相对于母亲在这些发展阶段给予孩子的反应，这些驱力是次要的。例如，在心理发展的各个阶段，母亲可能会欢迎、鼓励或不同调地排斥、忽视孩子。母亲可能表现出一种抑郁性的无力，无法给出鼓励的反应，这可能会彻底阻碍孩子表达自主性、获得成就感。因此，孩子的愤怒反应和类似的共情失调并不代表原始的攻击性或敌意。相反，孩子的愤怒、退缩或丧失活力——耗竭的反应——反映出其对母亲错误的、缺乏共情的反应的失望。这种情况很好地说明了自体客体的失败。

在科胡特看来，每个发展阶段的孩子都努力"展示自己"，并试图让母亲的眼中产生"光芒"。正常的孩子似乎会说"看看我"或"看看我能做什么了不起的事"；他们按照自己被认为是可爱的、有价值的或有能力的方式行事。母亲应根据孩子的需要做出反应，这是一种正常的期望。当孩子的正当需求得不到满足时会以愤怒来回应，这也很正常；同样，当孩子被告知自己本来健康的需求是不受欢迎的或应该受到抑制，他会很受伤，这也是正常的。

至于移情中驱力派的再活化问题，科胡特说：

"当咨询师的正确解释看起来似乎站在危险驱力的一边，必须对此加以防御时，来访者的愤怒并不是向外攻击咨询师的表现，而是'自恋的愤怒'。

具体来说，每当来访者对咨询师的解释做出愤怒的反应时，从分析中被激活的自体角度来看，他就把自己体验为一个不共情地攻击自体完整性的人。咨询师没有看到初级原始攻击驱力，他看到的是之前的初级结构在瓦解——在孩子的感知中，孩子和共情的自体客体是融为一体的，这样的初级自体体验在崩溃。"

不难看出，这一观点意味着对童年经历的重大重塑，而童年经历对于保持一个充满活力和富有凝聚力的自体至关重要。通晓自体心理学的心理咨询师们试图探索自体已经受到的伤害，然后向来访者诠释这种情况。这种理解也会影响诠释技术，告诉来访者他们很生气是一回事；向来访者诠释他们生气是因为误解了需求是另一回事。如果咨询师不把来访者的愿望诠释为防御婴儿性驱力的衍生物，应该被抛弃或重新引导，那么咨询就会更有效。

科胡特也认为，基于防止移情受到影响，过度缄默、反应迟钝的传统精神分析如果不与来访者在"情感底色和弦外之音"上相调和，来访者就会感觉咨询师缺乏共情。"情感底色和弦外之音，来自咨询师心灵的深处，尽管咨询师有着意识化的理论信念，它们还是需要被倾听"（Kohut, 1977）。然而，心理咨询不一定让人总感觉是友好的或支持的，尽管大众可能会以这种方式误解咨询。关于共情的重要性，科胡特认为"人在心理上不能在没有共情回应的环境中生存，就像他在生理上不能在没有氧气的环境中生存一样"（Kohut, 1977）。

咨询师习惯性保留立场的后果是，在面对那些通常被认为缺乏共情的反应时，来访者的失望、愤怒或退行会被重新调动起来，这种体验恰好使来访者重新暴露在最初导致他们寻求帮助的环境中。若来访者长期处于反应迟钝或缺乏刺激的环境中，这种反应会尤为明显。因此，一个过度保守的咨询立场会医源性地激起来访者愤怒或退缩的反应，如果这些反应被错误地诠释为驱力衍生物，来访者会持续地感到被误解，咨询往往也会受到损害。咨询方法仅受冲突—防御单一模型影响的咨询师们对病态自尊和自体失调的原因知之甚少，这正是科胡特的观点。因此，这些咨询师很少将自体失调诠释为咨询上的优势。

自体心理学：临床上的早期观点

自体客体功能和镜映

科胡特试图理解为什么传统的移情诠释似乎特别不合适他的几个来访者，并在此过程中形成了他的解释。他报告了对一位女性来访者F小姐的分析，在很长一段时间里，F小姐仅重复自己的陈述，愤怒地拒绝任何人的反馈，咨询则集中在诠释她固执的阻抗。最终，科胡特重新思考了他的存在对这个来访者的移情含义，并明确在她的移情中他已经成为一个非人的工具，而不是一个既爱又恨的客体。

科胡特重新理解了她的愤怒在家族史中的背景，然后向来访者诠释道，她和他的分析经历重现了应对一个反应迟钝的、情绪低落的母亲的场景。科胡特发现她顽固的阻抗并不是一种负性治疗反应或防御，而是重新定义了最初看起来像防御的东西——她试图从咨询师那里得到回应或认可。从代际传递上讲，来访者想要的仅仅是被看见或倾听，但父母没能做出回应。她的这一尝试代表着移情的复苏，咨询师作为一种能够给出回应的存在，其专注、肯定和赞赏的功能是人们维持一个有统整力的自体所需要的特质——镜映的自体客体功能，其在咨询中的调动成了镜映移情（在第三章中有更详细的描述）。

科胡特意识到，在传统精神分析或心理动力学疗法中，许多来访者对自体的内在体验以及由此引发的自尊问题并没有得到准确或深入的理解。因此，这些疗法无法对像F小姐这样的来访者产生真正的咨询效果。科胡特认识到，咨询失败的主要原因是误解了镜映，即使用了基于俄狄浦斯冲突、力比多和攻击性驱力的退行概念框架。他发现，镜映的复苏满足了真正移情的常用标准：其作为阻抗的功能属性及家族史基础不适用于当下的工作。因此，科胡特认为，镜映代表了一种不需要修改"标准技术"就可以加以分析的移情反应。当然，移情反应的意义必须被扩展——要包括镜映的需要——而不是仅限于以前认为的力比多或攻击性愿望的移情复苏。

科胡特从与F小姐的工作及在其他分析观察得出的临床资料，阐述了自体客体功能的概念。移情代表了自体客体功能在临床上出现的方式，也因此有了自体客体移情这一术语。精神分析学家或心理咨询师必须履行一种特殊的功能，而这种功能是来访者虚弱的自体无法实现的。首先，自体客体功能是一种心理表征，即受损的自体需要恢复最佳功能。这种功能被认为是来访者的需要或活力的延伸，因此，自体客体的一个重要特征是其恢复性——它的存在是为了修复贬损或受伤的自尊。自体客体可以是服务或实现功能的个体，通常是指另一个人，但提供所需要的自体修复功能的人并不是自体客体，而是自体客体功能的具体体现。人们没有体验到自体客体有它自己的主动权，有它自己的愿望和需要，也没有把它作为爱或恨的客体来回应。

我们可以在体验中发现自体客体移情，比如咨询师感到咨询室里似乎只剩一个人。在这种体验中，咨询师的在场通常被认为是偶然现象：一个脆弱的来访者需要被倾听。从根本上说，咨询师不被体验为一个有自己需求的人，除了对一些至关重要的功能给予肯定以加强或激活体验着脆弱的自体统整力的来访者外，咨询师其实并不重要。然而，来访者并不是没有注意到咨询师的存在，事实恰恰相反，咨询工作中强烈的影响往往来自咨询师的失误或缺席。需求是明确存在的，但它不是相互的，它只朝一个方向。它类似于日常的体验：两个人在交谈，其中一方对谈话内容不以为然，觉得无关痛痒，忽略了另一个人需要他的存在去回应和倾听。这种互动是单方面的、没有回报的，一个人的存在不是他或她自己的权利，而只在于另一个人是否需要他或她。若这种描述听起来与"自私"或"被利用"等传统定义类似，那这纯属巧合。自体客体功能很少代表自体贯注或自我膨胀，自私或忽视他人需求和感受的表象可能确实伴随而来，以此"支撑"对自尊或自体统整力的深层困扰，但并不能定义"什么是从根本上对他人的需要"。随着元心理学概念化的发展，自体客体移情开始区别于经典的移情神经症，因为自体客体不是由客体力比多贯注的。科胡特认为自恋是一条独立的发展路线，与"客体爱"相对照。应该记住的是，科胡特的原作强调用自体客体功能来解释自恋病理。随着自恋移情这一发现囊括进结构性神经症，科胡特后来更加偏爱自体客体移情或功能的说法，而不是自恋移情。

避免将自恋移情或自体客体功能与自我中心（或罗夏墨迹测验中的自我中心指数）混淆是很重要的（Exner, 1993）。对于自体客体的需要或功能来说，自我聚焦或自我贯注的含义是中性的。同样，对于自私或自大这种心理特征来说，它也是中性的。

理想化

科胡特发现的第二个主要的自体客体功能是理想化移情。在一个早期病例中，科胡特报告了A先生的咨询情况。A先生多次向年长或资深的男性同事寻求对其工作的认可和赞扬。他需要这种赞美，来感到自己是胜任的、完整的，这种移情再现了他对认可的追求。

虽然A先生是因令其不安的同性恋方面倾向寻求咨询，也因而认为自己寻求赞美的举动是次要的。但从根本上说，他是在向男性寻求增强自尊的感受。该行为显然得到了A先生父亲的欢迎和接受，而且这种欢迎和接受在移情中又恢复了。然而，当父亲的生活环境不能支持A先生对父亲的理想化时，他倍感失望，这段经历使他很容易就感到沮丧和愤怒。在移情过程中，被否定感或不被充分理解感积累成了傲慢和孤立的态度。在这样的情况下，科胡特很难与A先生有效地工作。

在另一个例子中，科胡特描述了他与另一位咨询师治疗来访者的合作。L小姐在咨询早期体验到被强烈的紧张状态"淹没"，她也报告了一些梦——与她青春期时认识的一位牧师有关，她对他充满了理想化。虽然此时就推断她在早期阶段存在分裂的可能性还为时过早，但咨询师根据她的梦暴露了自己不是天主教徒的背景。他之所以揭示这一事实，与来访者当时脆弱的现实检验力有关。

分析随即陷入长达两年之久的僵局，在此期间咨询师向科胡特请教了L小姐的案例。

很明显，根据其他迹象，在咨询的早期阶段咨询师没有意识到这个梦意味着来访者需要恢复理想化的自体客体移情。这位咨询师没能把这个梦看作是一个愿望，表示来访者需要一个能让她再次感到敬畏和钦佩的人物。随后，来访者把咨询师的失败理解为对她最初试探性的移情的拒绝，这种移情表明她希望恢复自己理想化的、良好健康的形象。

相反，她陷入了理想化的移情，使咨询在一段时间内基本上陷入僵局。只有意识到来访者理想化的自体客体需要，并加以分析性的理解，咨询才能继续进行下去。奥恩斯坦进一步阐述了误解来访者萌芽中的理想化的后果，认为理想化是对抗敌对冲动的反向形成，并指出导致分析受阻、陷入僵局是必然结果。

科胡特也认为，过早地解释理想化只会抑制个体需求的完全出现（尤其是在咨询早期）。这样一来，对理想化的需要没得到分析和理解。即使在其他成功的咨询中，这种情况也容易产生持续的、弥漫性的不满或淡漠的情绪。

另一个理想化自体客体移情的例子则说明了当来访者求助的理想化客体在心理上无法提供这种功能时会发生什么。K先生对咨询师表达了强烈赞赏，这一反应重复了他对父亲的强烈赞赏。在K先生三岁时弟弟出生了，母亲随后离开他，于是他转而依赖于父亲。但父亲显然无法自在地接受孩子这种理想化的需要，他拒绝了对方用赞赏来示好的行为，并贬低和批评了孩子依恋他的努力。

K先生再次试图通过母亲以前培养他而获得的体育方面的成就，来恢复他在父亲那儿受到的自尊心伤害。因此，在这些移情模式展开的过程中，转变也确实发生了：在试图建立理想化父母意象的自体客体功能的过程中，如果受到创伤性干扰，会出现一个更新的、增强的浮夸自体。科胡特认为，这种发展是一种次要的镜映移情。他认为，最好将其理解为一种保护性措施，以防止当主要的理想化移情被激活时对自尊造成的潜在伤害。这种发展还表明，当理想化愿望的重新定向未被识别或被忽略时，镜映和理想化之间会出现振荡。我会在第三章中更详细地描述镜映和理想化的主要特征。

经典移情和自体客体移情

在自体心理学的发展过程中，移情通常被认为是一种自体客体功能（Kohut, 1977, 1984），代表了科胡特对自恋人格和行为障碍的核心理解。后来，科胡特提出了镜映移情的一种特殊类型——孪生移情，并更准确地将之区分出来。他认为，孪生移情是第三个占个体主导地位的独立系统（我也会在第三章中更详细地描述孪生移情）。镜映移情、孪生移情以及理想化的这些自体客体模式，可能在咨询的特定阶段有不同的优势。科胡特认为，在咨询过程中代表着最迫切自体客体需要的移情会最早出现，尽管他并不认为一个自体客体的功能会比另一个更原始或更古老。

科胡特试图分析那些典型的、难以咨询的来访者，开发出某种自体心理学公式。他相信他的理论观点可以很容易地应用于那些寻求精神分析或心理咨询的普通来访者。根据这一观点，咨询师也可以在临床上理解患有结构性神经症的来访者，并根据自体心理学的主要概念来咨询。因此，科胡特关于自体客体功能的公式在应用于没有明显发展停滞或退行倾向的、具有客体爱能力的来访者时具有与经典精神分析一样（甚至突出）的优势。

在自恋障碍（目前通常称为自体障碍）和结构性神经症（如俄狄浦斯情结）或边缘性障碍的鉴别诊断中，自体统整力是一个关键的临床问题。评估自体作为一种心理结构的稳健性（统整力）不仅仅只是简单地区分显著的临床特征，如热情或激情减退（Goldberg, 1978），判断或评估自体统整力要面对退行时自体的稳定性。临床表现是重要的考虑因素，包括个体失活或空虚的程度、反常行为、成瘾行为以及破碎状态的严重程度（M.Tolpin, 1978）。其中，对统整力的评估仍然是核心。

例如，移情中的依赖性指的不是口欲的渴望或对客体丧失的恐惧，而是要依赖一个自体客体来维持自体的统整力。科胡特最初研究和咨询的来访者——即患有自恋人格障碍和自恋行为障碍的来访者——尽管功能水平很高，但明显依赖咨询师的反应或存在。然而，这些来访者在生活中许多外部方面似乎又是独立的。他们的依赖性具有的"黏性"品质要么不存在，要么不突出。这些来访者的反应往往是愤怒、亚综合征性抑郁或由轻微移情失败引起的傲慢或冷漠。他们对"被忽视"很敏感，会延伸至假期安排导致的会谈中断，以及咨询师对来访者生活细节不够完整的记忆。科胡特认为，这些来访者与驱力理论或自我心理学中概念化的依赖-被动性来访者在本质上是不同的。

鉴别诊断

严重自体障碍的临床表现难以与边缘型人格障碍或精神疾病的表现区分。科胡特的决定性检验，是观察来访者对咨询师尝试诠释其防御时的反应（Goldberg, 1978）。例如，来访者要么出现了俄狄浦斯情结相关的反应，要么出现了自我保护行为，试图使受伤的自体免于破碎或退化，这些要素通常决定了问题该如何解决。

言语化在诊断上并无贡献。当咨询师假定言语内容和特定含义之间存在着——对应的关系时，自体障碍在表面上很容易被误认为是一种生殖器期-俄狄浦斯期冲突。在会谈中，咨询师可以对症状进行分类描述，就像科恩伯格（1975）对边缘型人格障碍所做的那样。然而，科胡特更倾向于等待决定性的移情结构自发出现，以尽可能避免不可靠的或过早的诊断。同样的谨慎也适用于解释投射测验反应中的表面内容，尤其是在探索过于保守或不够充分的情况下。例如，在罗夏墨迹测验上，知觉到"血"有时代表愤怒，有时代表内疚，有时代表自体的毁灭。只有更多的背景资料——超出特定或离散的反应级别——才能最终解决问题。

戈登贝尔格（Goldberg, 1978）也告诫人们，不要过早地对移情解释下结论，因为来访者可能会将对移情性质的不正确评估视为自恋伤害，并隐藏真正的自体客体移情。这种反应加强了医源性的防御，有时会导致性欲化或咨询本身之外的其他外化。早期镜映移情也很快会让位于一种占主导地位的理想化移情，这是另一个需要将早期移情表现视为暂时表现的原因。咨询师必须等待主要移情模式的建立，并最小化干扰。

这也与使用识别自体客体功能的诊断性心理测验有关。因为数个自体客体需要会经常出现，测验者必须考虑一个总体方案来确定主导模式——也不能忘记许多来访者身上存在多重自体客体功能。例如，在罗夏墨迹测验中，"头盔"的认知既可以暗示一个充满激情、寻求欣赏的自体，镜映了自体客体的响应性；又可以代表一种理想化的渴望；还可以代表一个衰弱的、寻求保护的自体。当然，测验者必须仔细研究完整的方案，以便更好地确认这类诊断决策。

特定的自体客体功能

科胡特（1978）和沃尔夫（1988）还描述了其他自体障碍的临床形式，除了镜映、理想化和孪生移情下的主要自体客体功能，还包括渴望融合（merger-hungry）、回避接触（contact-shunning）的人格。拉赫曼（1986）贡献了对抗类型，所有这些都被添加到渴望镜映（mirror-hungry）、渴望完美（ideal-hungry）和另我（alter-ego）人格中。通过科胡特之前的作品，我们对这些内容多少都有些熟悉了。在科胡特的印象中，孪生移情或另我移情的功能恰好是连接镜映和理想化的一种独立且独特的自体客体功能，而不是镜映的子类型，也由此派生出了另我人格。

对于将自体客体功能的分类在某种程度上与这些新的人格类型相对应，科胡特持保留意见，其中还包括沃尔夫（1988）对自体障碍综合征的进一步分类，他将其描述为"过度刺激""刺激不够""分裂"和"过载"。科胡特认为，这些症候群具有启发价值，就像亚伯拉罕（1921/1927）对口欲和肛欲特征的描述与更早期精神分析理论家们的描述一样。然而，科胡特和沃尔夫（1978）认为类型学过度简化的可能性最终只会阻碍科学进步。

尽管渴望融合、回避接触及敌对人格的最终状态仍有待确定，科胡特不希望他的陈述会结束人们对自体心理学的进一步探究，戈登贝尔格（1988）也强调了这一点。科胡特很清楚地注意到，弗洛伊德最狂热的辩护者和其他希望进一步发展精神分析理论者之间的争论有时仅仅是方向不同而已。特别是在描述自体客体功能方面，除了自己的贡献，科胡特还考虑到了其他可能性。他认为自己与沃尔夫的协同工作就是一个很好的例子，会朝向有用的、启发式的方向——尽管他并不认为这一定是最终结果。

自体心理学和当代精神分析理论

到1977年，在《自体的修复》（*The Restoration of the Self*）一书中，科胡特认为与结构性冲突相比，关于精神病理学及其治疗的自体心理学观点是一种更完整的解释。这个定位代表了一种理论的进步，其中自体的发展路线独立于客体爱的发展路线，解释了许多临床障碍。在《精神分析治愈之道》（*How Does Analysis Cure?*）中，科胡特继续发展他的理念，表达他最后的想法，这本书在他1984年去世后出版。他说，自体心理学所代表的不仅仅是精神分析取得的一种渐进式理论研究进展。

科胡特不认为有必要找出经典驱力理论解释的缺陷来贬低其价值。他曾经说过："如果总是想和弗洛伊德争论，那你所做的一切就是剥夺你自己所有的伟大"（Kohut，1996）。毫无疑问，科胡特被认为缺乏"帝国主义一样无所不占的野心"（Eagle，1984）。科胡特越来越坚信，自体心理学的观点比他之前认为的更重要，也不无遗憾地认为自体心理学的核心概念地位取代了结构理论。这一立场超越了自恋障碍，纳入了大多数可分析的心理障碍，包括结构性神经症。科胡特的观点也激发了对不可分析条件的重新概念化，例如精神病（Galatzer-Levy，1988；Malin，1988）。

从这个角度看，科胡特的理论立场恰好表现为对自体心理学的描述，而不是有关自恋或自恋障碍的理论。几位主要的精神分析学家在概念和临床上都对科胡特的观点提出了异议（Curtis，1986；Loewald，1980；Wallerstein，1986/1995）。精神分析的发展也导致了从冲突模型到各种精神病理学缺陷模型的普遍转变，这些方法也包括了不同的咨询观点，代表着对标准精神分析技术不同程度的偏离。

在当代精神分析中，一个重要的发展趋势是来访者的困扰比前几代分析师实践中普遍发现的现象更为严重。因此，近年来概念化不足的状态或前俄狄浦斯期的精神病理学激发了人们更大的兴趣，而不再围绕冲突、自我功能和防御等问题。各种重叠的、关于心理缺陷的观点不可避免地导致了理论立场的混乱，也不可避免地出现了理论间的相互影响。

例如，在提到自体心理学时，我们可以认为科胡特的观点与雅各布森（1964）、马勒（1968）和温尼科特（1953）的观点非常接近，这些相似之处使人难以说清任意一个理论家贡献的独特性。尽管所谓人际学派的某些方面与科胡特的自体心理学在实质上有很大不同，但它们之间的异同点仍存在混淆——通常这种混淆是对自体心理学关键概念的误解。同样的情况也适用于主体间性理论，诸如史托楼、布兰德查夫特和埃特伍德（Stolorow，Brandchaft，and Atwood，1987）等拥护自体心理学的分析师所倡导的分支。像巴卡尔（Bacal，1985）和巴奇（Basch，1984）这样的自体心理学家尽管仍然在自体心理学中占主导，但已经背离了科胡特观点所处的立场。

对理论体系的批判性比较超出了本书的范围，相应发起者的主要贡献在于逐项批判性分析了近几十年来精神分析领域的许多变化（Bacal & Newman，1990；Eagle，1984；Pine，1988；Summers，1994）。

在本章和接下来的两章中，我将自体心理学的描述范围限制在科胡特的观点之内。我之所以选择被一些人认为很狭隘的观点，是因为我认真考虑要将科胡特在精神分析领域独有的贡献应用于心理诊断测验。在自我心理学取得突出地位的几十年间，投射测验领域也经历了与精神分析理论新思潮并行的关键性发展。因此，将大量的分析理论吸收到拉帕波特和沙弗尔开创的诊断测验和评估的文献中，是一个艰难的挑战。为了增加这一工作的主体地位，本书的中心焦点仍然聚焦在科胡特自体心理学的独特影响上。

单独强调科胡特工作的另一个原因，是我们难以准确地理解他引入的概念，以至于自体心理学的主要原理常常被人们理解得很肤浅。因此，我力求准确、深入地理解自体心理学，将精神分析的自体心理学与投射测验的心理诊断评估精密地整合。

第 二 章

※

自体心理学：主要概念

在上一章中，我介绍了许多自体心理学的核心概念。在围绕科胡特思想的发展展开讨论时，我强调自体心理学的发展超越了驱力理论和自我心理学的理论基础，成为一个独立的概念系统。在这一章中，我将更详细地讨论自体心理学的主要概念。对自体心理学的概念进行精确以及可理解的定义一直是一个悬而未决的问题，如定义自我、驱力等概念。然而，对于自体、自体客体功能和共情等主要概念，现有有关其意义和临床表现的文献不如自我和驱力等概念的文献丰富。

我描述了几个自体心理学的核心概念，包括自体的定义和属性、共情、补偿性结构和蜕变性内化。我还讨论了几个不同于经典驱力理论的自体心理学概念，如第一章概述的自体状态的梦和对俄狄浦斯情结动力的自体心理学理解。我大量引用了科胡特的主要著作，特别是他在1972—1976年为芝加哥精神分析研究所（Chicago Institute for Psychoanalysis）候选人所做的演讲录音。这些讲座被编辑并出版，科胡特引人深思的表达方式使他的观点更加清晰，其中案例的使用和对自己想法的澄清也比他的其他文字著作更生动。

在第三章中，我将深入描述自体心理学最重要的贡献之一——自体客体功能，它对于运用自体心理学方法研究投射测验来说特别重要。

自体的概念

自体作为一个术语，在精神分析的主体理论及临床心理学、社会心理学和发展心理学中有多个参照点，甚至非专业媒体中流行的关于自体意象或自尊的观点也包括了自体的概念。从自体心理学角度来界定问题时，科胡特偏好使用更为复杂的术语，例如**统整**、**活力**和**和谐**，这些术语指的都是自体的属性或特征。

科胡特关于自体最清晰的陈述，是认为自体代表了一种精神内容。早些时候他声明自己不能给出一个准确的定义，因为自体本身是一个从其他临床资料（甚至接近经验）中衍生出来的广义产物。科胡特认为自体是一种精神内容或结构，他不愿意把它看作在抽象层面上与本我、自我和超我同样的精神结构。科胡特认为，没有比还原为精神内容的这个想法更合适的自体概念了。

尽管科胡特不愿意把自体看作与自我平行的心理结构，但他确实认为自体的属性是可以描述的。他区分了**成分**和**属性**，认为自体的构成部分最初是**镜映和理想化**；后来又添加了**孪生效应**，这与镜映并不相同。自体的属性是它特有的**统整**、**活力**（生命力）及**和谐**的品质（Kohut，1984）。统整是指完整而持久的体验，从健康的完整性到分裂状态不等。为了避免任何潜在的术语混淆情况，我需要强调科胡特将整体性作为统整自体的一个特征这个说法，与梅兰妮·克莱因（1930）对整体和部分客体的区分不同，后者是英国客体关系学派的核心概念。对科胡特来说，自体统整指的是一种持续的、聚集或完整的自体体验（在这个意义上指整体）。科胡特描述为有活力或生命力的自体特征，蕴含着人们体验到自己是充满活力的，而不是虚弱、丧失活力、无法昂头面对世界的。因此，精神焕发的感受与无法保持自我完整的感受不同，后者更多地与自体统整有关。最后，自体的内在和谐表现为个体感受到一种平静的或被抚慰的感觉。平衡感的缺失导致无序混乱的内在体验，个体会感觉世界没有按照它应该的方式运转，或者坠入了无底深渊。这种感受会让人们体验到形势和事情严重失常，无法依赖对现实的有序期望来持续地感到这个世界是可靠的。这种体验既有可能发生在精神病的状态下，也有可能发生在非精神病的状态下，这让人想起"杞人忧天"的典故。不管是"底掉下来"还是"天塌下来"的比喻，关键的体验是个体的平衡感或可预见性变得不再稳定。这是自体摇摇欲坠的结果，不存在一个舒适的、能够让个体平静下来的自体客体，由此个体也不再感到足够踏实（继续我的隐喻）。

科胡特将自体与同一性的概念区分开来。他认为同一性代表了一种肤浅、有意识的体验，是人们根据社会环境对外描述自己的方式。从社会或社会文化环境中彻底区分出自体的心理内涵很有必要，社会现实与内心生活或深层心理参照系是彼此分离且截然不同的。

因此，毫无疑问把自体等同于同一性是一种误导，科胡特从没打算把**同一性**这个术语同义于（或等同于）**自体**。我强调这一点的主要原因，是临床工作者——尤其是那些不熟悉深度心理学或元心理学语言的人——被要求给出一个明确的定义时，往往会提出自体类似于同一性。这两个概念绝不相似或等同，从精神分析自体心理学的角度来看，它们的关系不是特别强，甚至都不是特别重要。《精神分析治愈之道》又是怎么说的呢？科胡特讨论了关于自体概念与精神分析中其他主要概念间关系的观点。当时他接近预期中生命的终点，写作的目的主要是回应同事和评论家的批评，他们敦促他解决《自体的重建》（Kohut，1977）出版以来没有澄清的概念。未被澄清的概念很可能阻碍我们理解科胡特对自体概念的使用和意义，然而作为一个复杂的心理系统，它的临床相关性比它的元心理学精确性更有吸引力（Gedo & Goldberg，1973）。

对自体状态的共情式理解

定义（概念）上的考虑

虽然科胡特很早就介绍了关于共情的概念，但人们对其临床意义的看法仍在不断扩展。共情在他的研究中变得越来越重要，甚至他在去世前一周还发表了题为《论共情》（*On Empathy*）的演讲（Ornstein，1990）。尽管共情是科胡特最深远的贡献之一，但在与自体心理学有关的所有概念中，它可能也是最不为人知的一个。因此充分描述这个概念非常重要，包括描述它的演变和围绕它产生的误解。共情也是重新概念化将以自体心理学为依据的心理诊断测验内容的一个焦点。

共情式理解作为咨询的特征，与装腔作势的快乐、友好或温暖无关。科胡特试图远离过度友好、热情、同情的性格特征或咨询态度，并指出在真正意义上这种明显的反应既没有任何指导性，也没有任何咨询作用。沃尔夫（1988）说：

"共情并不意味着一定对来访者有什么好处。事实上，共情所获得的信息可以有利于或不利于来访者的利益……某种推销（或广告）的本质正是推销员的共情与顾客的需求和愿望'合拍（in tuneness）'。"

同样，巴修（1983）注意到：

"世界上一些极恶之人已经敏锐地懂得了掌握他人无意识的、未言明的情感交流的意义，并利用这些信息达到了自己的目的。这是不是很共情？是的，的确如此。"

虽然科胡特不认为咨询需要过分的温暖、假装的兴趣或同情，但他也不打算让咨询师表现得冷淡。事实上，如果咨询师在咨询过程中不用心倾听或理解来访者的想法，那么来访者在这种冷淡、疏远的环境中就无法得到治愈——几

乎没有临床工作者会反对这一点。他评论说:

"总的来说,自体心理学家倾向于以一种更放松的方式工作,更容易与来访者相处,如果有必要的话也会让来访者在情感上有更少顾虑,而且一般来说他们的行为(相对而言)不如大多数咨询师那么矜持"。(Kohut,1984)

科胡特明白,当咨询师使用不强调共情式倾听或理解的技巧时,来访者也会得到改善。正如科胡特和他的同事所描述的,共情只是指咨询师以一种特定的方式倾听来访者的交流。共情是一种内省式收集材料的方式,咨询师试图用这些材料向来访者解释其对来访者生活关键方面的理解。共情是咨询师理解个体人生中关键人物对其发展影响的一种方式。

这种想法并没有从根本上背离咨询的主要原则,至少对于主流心理动力疗法来说,关键的差异体现在咨询师理解、概念化和诠释来访者交流的方式上。共情式倾听指的是当来访者说话时咨询师持续沉浸在其中的方式,咨询师重新建构他们所听到的信息或体验——不以一种"体验疏离(experience-distant)"的方式(从关于心理过程更高阶抽象理论的有利位置),而以一种"贴近体验(experience-near)"的方式(保持接近来访者的现象学体验)。

科胡特把这种倾听的模式与基本的心理联结做对比,后者使人们能够理解彼此的意图或动机。他认为,共情是"一种思考和感受自己进入他人内心生活的能力。可以体验他人的经历,这是我们毕生的能力。"(Kohut,1984)。科胡特说,早在母亲准确地、共情地把握婴儿满意和痛苦的状态时,共情就存在于所有发展阶段中了。共情包括母亲做出充分反应的心理能力,从而为婴儿新兴的自体提供基础。弗洛伊德认为,共情是个体对另一个人采取某种态度的机制。

科胡特提供了一个很好的例子,展示当共情被准确同调时可以作为一种平静体验的基础,或者也可以恶化已经很痛苦了的自体状态。一个人若因某事心烦意乱,就会向另一个人寻求支持和理解。科胡特将这种共情失败与母亲的共

情反应缺陷相比,他写道:

> "母亲会把孩子抱起来,那朋友会做什么呢?朋友会将手臂搭在另一个人的肩膀上,模仿拥抱的动作。尽管对方可能觉得自己像个小婴儿,朋友还是搂着他说:'我知道你的感受……当你与他人合一、也允许他人和你合一时,你会感到平静……'。若母亲说:'哦,别哭了,没什么好担心的。'她不允许这种特殊合一发生,也不愿帮助孩子。母亲拒绝孩子并把他'推开',因孩子的焦虑而崩溃的她也不会鼓励融合。为什么?因为没人想要融合到和自己一样焦虑、甚至更焦虑的事物中。如果母亲误解了孩子,把他的痛苦和焦虑搞混,那也很糟糕。"

如前所述,科胡特也认为共情是一种询问的方法,是一种收集材料的手段。这种观点认为共情不是一种积极的作为或影响,而是一种方式,即在咨询或投射测验中倾听并理解来访者的话语。临床工作者试图间接地理解这些内容传达的、关于来访者自身存在或其对自体和世界的体验。作为一种咨询技术,共情是咨询诠释或澄清的必要条件,它本身不是一种干预。因此,巴修(Basch, 1983)写道:

> "共情理解不是精神分析意义上的咨询,即治愈是诠释带来的。同理,共情式理解并不能代替诠释;相反,它奠定了使诠释恰当和有效的基础。"

科胡特日益确信对来访者生活或心理世界"亲近体验"的重构能够最优化他们对自体状态的理解,持续的共情浸入可以获得高水平的理解,产生最好的咨询效果。

临床(技术)方面的考虑

尽管研究者在定义共情的过程中进行了诸多尝试,但其表达仍让传统精神分析学家和其他精神动力取向的临床工作者感到困惑。甚至这个词本身也不可取，因为它有多重含义。共情被科胡特作为研究的主要工具，而他人容易误解科胡特赋予它的含义——科胡特经常为此斗争。为了澄清，科胡特写道：

"我的回答是，自体心理学家更放松，拥有更大的自由，能在深层上理解、在情绪上共鸣并回应来访者。自体心理咨询的氛围通常更平静、更友好，这些发展并不取决于自体心理学家会更多使用共情，而在于他比非自体心理学的同事们'更有同理心'这一事实。相反，非自体心理学的同事们寄希望于扩展共情的范围，这是自体心理学家扩展后的理论理解产物。"

尽管科胡特指出了共情带来变化的方式，但他发现有必要将共情式倾听作为一种技术工具，与其广为人知的内涵区分。科胡特指出：

"显然，仅仅对来访者和蔼、善解人意、热心、有人情味是不够的。现有所有证据都表明，和蔼、善解人意、热心以及拥有人情味，既不能治愈典型的神经官能症，也不能治愈可被分析的自体障碍。"

因此，假装或表现得"和蔼"与共情式倾听在本质上是无关的。就像之前过度保护造成假象的例子一样，科胡特把这种为了假装"和蔼"而表现出的品质与一种或多或少正常或可预期的表现方式区分开来。

根据他的观点，共情式理解作为一种技术手段，提供了一种识别心理动力的方法（否则它可能会被忽视）。这种方法特别有助于区分客体力比多和自体客体需要。如果重新调动的自体客体需要能够被识别、检查以获得理解，它就能促进移情诠释的作用。这种方法与驱力理论的观点形成鲜明对比，在驱力理论中，移情现象被认为是一种侵入，这种侵入会妨碍咨询师"挖掘"来访者过往的需求和愿望。驱力理论的定位是对不受欢迎的侵入进行防御性诠释，这会阻碍咨询的真正目标。因此，防御被视为阻碍咨询进展的顽固阻抗，咨询的大多数工作都围绕着对防御、阻抗及其移情表现进行诠释。科胡特认为,将防御诠释为干扰,意味着忽视了它们对来访者的情感价值。轻蔑地将防御视为需要摆脱的东西,恰恰重复了来访者在早期发展中经历的自体客体失败。在某些情况下,来访者再次暴露在对自恋的伤害中,并且没有得到任何帮助去修复。因为在科胡特看来,防御是在试图保持(若不能加强)脆弱的自体统整。如果咨询师坚持重复这样的诠释,即相信消除顽固的阻抗是有利的,来访者就会经常把防御诠释体验成羞辱或攻击。

其中一种对自体心理学的批评,是共情式理解只能提供一种矫正性情感体验。然而,这种批评是对科胡特所使用的共情的误解,将共情误解为向受伤的来访者提供温暖或抚慰。矫正性情感体验参照亚历山大(Alexander & French, 1946)的短程精神分析方法,就像有些人认为亚历山大那饱受非议的矫正性情感体验方法是明显非精神分析的,评论家们也质疑把共情作为一种分析工具来使用的做法。

托尔平(Tolpin, 1983)强调自体客体移情是矫正性的,因为来访者早期发展中未被回应的需求得到了不同程度的理解和回应。通过共情来理解临床素材——它们起源于缺损的自体客体反应,而不是冲突相关的驱力调节,咨询师可以建立矫正性的、统整性的、转化性的内化,这在咨询中至关重要。关于将共情误解为矫正性情感体验的问题,科胡特(Kohut, 1996)宣称:

"我不是矫正性情感体验的倡导者,我认为没有必要赞扬来访者。但需要让来访者明白,在这个特殊的时刻你能意识到他想要什么。从咨询角度说:'这是一种阻抗,所以让我们回到你的驱力和防御上'是不对的,这样做会在来访者前进时把他'打倒',会误解在那个特定时刻来访者身上及分析中到底发生了什么。"

批评者进一步控诉,共情满足过往愿望,绕过了真正能够解释移情中阻抗和防御的内容。虽然现在很少听到这种对科胡特使用共情的误解,但一些临床工作者仍然认为，共情-内省式的理解与诠释的主要目标相去甚远。这种误解没有注意到科胡特虽然一直强调共情式理解，但也在随后澄清了对心理动力及其遗传根源的分析工作。

关于这个问题，科胡特在一份有力的声明中写道：

"我想要提醒，咨询师不一定要镜映来访者才有效，这完全是个错误的理解。镜映这个概念的本质，不是说你必须表演和来访者'在一起'，假装赞美他、回应他，说他很棒。这是无稽之谈。但是你必须一遍又一遍地向来访者展示，他是如何防御性撤退的，因为他认为他不会得到自己想要的，他也不敢让自己知道到底想要什么。"

按照戈登贝尔格的观点，咨询师不用积极安抚来访者，而是诠释了来访者渴望被安抚的心情；咨询师不主动镜映，而是诠释了确定性回应的必要性；咨询师不积极赞美或赞同来访者过高的预期，而是诠释了它们在心理经济中的作用；咨询师不会陷入被动的沉默，而是诠释了为什么干预被感受为是侵入性的。当然，仅仅是咨询师在场或者他理解的事实，都会对来访者产生安慰和自我确认的效果，而这些效果也会被如此解读。因此，"使咨询成为可能"的咨询氛围本身就成为诠释的对象。以这种方式，整个咨询过程阻止了咨询师纯粹为了个人满足而进行探索。

此处戈登贝尔格指出，自体心理咨询就是心理咨询，它是一种支持性疗法而不是解释性疗法。这个含意是错误的（Levine, 1979；Wallerstein, 1986/1995）。科胡特和他的同事们一直认为，自体心理学取向的咨询满足了所有分析标准。自体被重建，一个全新、充满活力的自体被允许展现（Goldberg, 1990）。共情是一种技术，以内省的方式收集材料，用由此产生的理解去构建诠释。共情式理解不是"温暖"或"支持"——支持有时可以用于咨询，但它本身不是心理咨询或精神分析。

尽管自体心理学家明确反对把满足感和共情混淆，但科胡特知道咨询师有时不得不这么做。即使来访者出现这样的反应（事实上，几乎所有心理咨询师和治疗师都在不同程度上了解这种反应的必要性），最重要的是明智地关注来访者已经做了什么，以及为什么要这样做。科胡特在一次演讲中说：

"我们为来访者所做的并不是还给他已经错过的东西。事实上，大多数来访者对此非常敏感，也非常排斥。如果你这样做，他们会觉得受到了恩赐，觉得你待他们就像对待孩童或乞丐。我认为，当一个人认识到这种需要，并从一个成年人的角度向另一个成年人诠释这种需要时，它就变得复杂得多了，也成为一份真正的礼物……来访者偶尔会说：'是的，我知道，但实际上我确实需要得到一些东西。'那么也许你可以不时地认识到存在一个巨大的需求，给予他一些你了解的东西，这就目前而言是必要的。对此有一个很好的描述——'不情愿地遵从了童年的愿望'。（Elson，1987）"

科胡特还认识到，传统的中立立场在咨询中产生了一个严重的、有时甚至是有害的问题。咨询师的中立意图刺激了来访者的退行，同时为了避免移情受到污染，产生了科胡特下文中描述的假象：

"在中立和情感之间有一种长久以来的困惑。在这种中立的状态中，一个人必须以'无菌的（不受外界干扰的）'方式工作，以维持一种生理或情感上的零点，但同时来访者也有权期待的来自另一个人友好的、充满情感的行为。这种可预期的共情行为是咨询工作中真正的零点或底线，它不是一种特别淡漠、毫无感情的行为……这种行为并不会给来访者带来任何重要的心理现实，但确实产生了一些特殊的假象。这些假象可能会被误解，并被解释为来访者基础的病理状况。当然，这本质上不是什么病理状况，而是对误诊的反应……它本质上是一种医源性疾病。"

科胡特甚至更有力地指出：

"如果来访者得到……沉默的、回答奇怪的咨询体验，他真的会被误导，也会深感失望、非常愤怒。这不是他表达压抑、以其他方式神经质地防御或由性格决定的愤怒，而是由于他的核心冲突被咨询激活了，爆发出真正愤怒的自体和随之而来的内疚……这些都是虚假的，都是假象。"

蜕变性内化

如果共情式理解是咨询师识别来访者的渴望或伤害的方式，那么传达这些见解的主要咨询技术仍然是解释。咨询的目的是通过解释来修复自体失调，解释要强调，共情同调及其不稳定效应随时会中断。通过逐渐内化的洞察力，来访者能够重建或强化受伤或衰弱的自体。科胡特提出了"蜕变性内化"这个术语来指代这个过程。

解释性工作很少建立在解决心理冲突的基础上。来访者建立了一种自体客体移情，在正常咨询过程中它不可避免地会被心理咨询师或精神分析师的无效移情打断，来访者会把这种无效体验当作一种对自尊的伤害。咨询师试图传达他们对于来访者过往经历的理解，包括来访者相应反应的遗传学起源。在咨询关系中，自体客体失败所产生的挫折感是不可避免的。它揭示了来访者在接受咨询前已经存在的自体统整状态，并可能导致来访者基于特定精神病理形式的退行。

在咨询中体验到持久挫折，会让来访者再次暴露于童年经历的共情失败，这一体验唤起了早期父母对孩子自体客体需求共情同调或反应失败导致的创伤性失望。心理咨询的重要组成部分，正是探索这些早期伤害被移情失调或不合时宜的诠释激活的方式。

咨询师不可避免的误解或失误必然会导致这些激活。当咨询师试图解释来访者的无意识动力时——尤其是在咨询的早期——就容易产生误解。来访者将这些误解视为伤害或挫折，但这并不重要，重要的是在咨询早期自体统整受损时，它们被理解和诠释为"恢复活力"的过程。当它们以这种方式被理解并被一以贯之地诠释时，就建立了一个新的、充满活力的自体。这一过程和新获得的自体统整固化就是蜕变性内化，随着这一过程展开，自尊会逐渐增强。

在移情中，蜕变性内化成为"被看见"的基础，以此理解来访者试图保护自己的各种方式。当被误解时，来访者会暂时感到一种危险，威胁到了一个努力维持生存能力或活力的自体。当咨询师意识到自体状态的破坏已经发生并向来访者指出这一点时，这就成为咨询中补偿或变化的因素。随着时间的推移，当咨询师开始理解早期发展的遗传根源时，这些材料也将被包括在诠释中。经过反复的诠释，蜕变性内化的过程逐渐强化了衰弱的自体。从广义上说，蜕变性内化是咨询让虚弱的自体得以生存和强健的方式。通过蜕变性内化，自体得到加强，可以保持心理上的活力。

科胡特（1984）避开了阻抗（resistance）这个词，因为它带有贬义，被认为是有害的，会干扰咨询，必须被根除。他认为，这种观点与促进蜕变性内化是不相容的。当咨询师将防御视为阻抗时，他们有时会将其视为来访者需要努力克服的顽固因素。一个来访者被告知他或她在阻抗，而另一个来访者被告知他或她以某种方式反应是为了保护自体或自体统整，这两者是有区别的。在第二种情况下，诠释与来访者的需要是共情同调的。第一种诠释则让来访者感到被伤害或有其他不好的体验，无论它的咨询功能是什么，都不能促进自体统整。因此，对阻抗的诠释并不会导致蜕变性内化或修复自体障碍。科胡特对其著名来访者Z先生的梦的诠释写道：

> "在心理上，一个很容易被认同的侵入性的父亲与一个可及的理想化的父亲是不同的，混淆这两种情况是机械思维和非心理思维的结果。'侵入（Intrusion）'是指对孩子的需要没有反应，它不是由对孩子的共情所引导的；'可及性（Availability）'是指反应性，是由共情引导的。"

防御是在面对自体客体环境时个体自我保护的方式，这种环境对自体为了维持活力所需要的东西没有反应。自体心理学家认为，防御是来访者在心理上保护虚弱的自体的最好办法。比如，科胡特的来访者Z先生需要的是一个可及的自体客体。防御不是顽固的侵入，不会妨碍咨询师消除阻碍，揭示冲突。

通过反复解释自体客体需求，蜕变性内化得以建立。接受自体心理学咨询的来访者通常不明白他们正在与内心生活的某些方面做斗争，而这些方面必须被克服或被净化。诠释仍然是主要的咨询技术，但所诠释的内容是不同的。自体心理学方法解释了是哪些干扰阻碍了正在进行中的心理发展。在共情反应的环境中，这一过程使停滞了的发展得到延续，促进了自体伤害的修复，培养了最理想的自尊。最终，通过蜕变性内化这一过程，理想化移情转化为理想化的超我，最终通过夸大表现极移情（grandiose-exhibitionistic transference）强化了合理的抱负和目标。

经典分析和自体心理咨询取向间的另一个本质区别是，后者能够带来增强自体统整的蜕变性内化。驱力理论强调诠释冲突，强调围绕冲突及其遗传根源而产生的阻抗（防御）的重要性。自体心理学倾向诠释自体客体需求，诠释这些需求被误解或不被回应的方式，以及这种干扰的遗传学根源。治愈之道即是来访者在自体障碍逐渐修复的过程中获得的蜕变性内化，这个过程代表了自体障碍咨询的基础。因此，与经典精神分析理论的冲突模型相比，自体心理学被认为是一种关注精神病理学缺陷的模型。

补偿性结构

补偿性结构的概念不像自体心理学中的其他概念那么常见，临床工作者和理论家们对自体心理学的初步了解来自科胡特之前的著作，包括《自体的分析》。他们可能并不了解这个概念，但关注诊断性心理评估的人可能对此特别感兴趣。后四章给出了许多临床例子佐证人们可以通过诊断测验来识别个体发展补偿性结构时成功或失败的尝试。心理诊断测验可以论证初级结构、防御性结构和补偿性结构之间相对平衡的状态。

在《自体的重建》一书中，科胡特首先阐述了补偿性结构的概念（1977）。这个概念的中心，是自体的原初部分在早期发展中受伤后试图通过另一种途径来获得一种更坚固的自体感。因此，如果自体的另一个部分能够提供原初结构所缺乏的自体客体反应性，就有可能修复自体统整。典型的状态是，原初结构妥协成夸大表现极及相关的镜映自体客体功能，理想化的父母意象极也可以是有缺陷的原初结构（虽然这种情况并不常见）。科胡特认为，如果这两种情况下的损伤不是太大，儿童会试图寻找另一种途径加强自体，弥补受损的原初结构。补偿性结构代表了第二次恢复自体统整的机会，通常以理想化的形式出现，以试图弥补脱轨或长期中断的镜映。

相比之下，防御的运作方式与自我心理学理论中的运作方式非常相似。即防御行为的功能是保护一个受伤或衰弱的自体，这个自体在获得补偿性结构方面受到了限制。因此，防御并没有提供自体修复机制的可能性，它的出现意味着补偿性结构的失败。

防御结构通过限制促进自体巩固的潜力来干扰自体统整。相比之下，补偿性结构代表着重新恢复自体统整的可能性，从而使其能够继续发展。获得补偿性结构使自体统整得以加强，并重建自体。如果补偿性结构不成功，那么防御就是可能的最佳折中方案。

科胡特认为，如果自体统整没有因自体薄弱部分的自体客体反应失败而受到创伤性伤害，咨询的工作即是从防御中创造补偿性结构。个体若不能获得补偿性结构，就易做出自己更熟悉的防御行为，但防御行为是可能通过咨询转化为补偿性结构的。科胡特也很注意区分补偿性结构和升华，他对一些具有创造性的个体取得的高度成就印象深刻，他认为尽管他们有童年创伤和自体客体失败的历史，但这些成就正是通过大量补偿性结构取得的，恢复力使这些富有成效的个人有能力以这种方式获得新结构。托尔平（1993）对安娜·弗洛伊德的某些临床特质和布洛伊尔著名的来访者的重新诠释，这正是这一现象的绝佳例子。

理想化父母的自体意象极通常会被调动起来，去弥补夸大表现极或部分镜映缺陷。因此，理想化自体客体的回应可以弥补镜映的不足。同样，当镜映或被肯定的需求没有被认可时，孪生的自体客体功能可能会被用来支撑自尊。如果自体客体对理想化的需要没有得到满足，孪生关系也可以发展为一种补偿性结构。当来访者寻求自体客体功能时，镜映自体客体有时需要补偿反应迟钝的或不可实现的理想化或孪生功能，但这种模式在临床上并不常见。

戈登贝尔格（1995）指出，要使一种结构真正具有补偿性而不是防御性，那它的运作方式必须类似于力比多或攻击性驱力的中和。也就是说，一个补偿性结构应该相对没有病理性的退行，也因此没有冲突。否则，这种结构可能代表着"暂时的缓解（temporary respite）"（Goldberg, 1995），而不是修复自尊的有效解决方案。

科胡特认为，自体由主要的、防御性的、补偿性的结构组成。科胡特也认为，健康的个体在不同程度上具有基本结构及补偿性结构相结合的特征。在这些心理健康的相对状态中，虽然有些补偿性结构共存（也可能存在一些防御性结构），但基本结构占主导地位。相比之下，精神病理学的基础主要是防御性结构——虽然整合良好的来访者也会表现出一些补偿性结构和不甚完整的基本结构（Ornstein, 1990）。这展现了关于咨询意义的一种观点：将防御性结构转化为补偿性结构，带来自体的康复。

科胡特认为，部分成功的补偿性结构会导致自恋型人格障碍。补偿性结构的缺失通常会产生与自恋障碍相关的特征，如外显的性化或变态行为，以及严重的躯体化现象。戈登贝尔格（1995）认为，大多数形式的变态行为都是补偿性结构发展失败的标志。在他看来，同性恋要么是一种变态行为，要么是补偿性结构的产物——这取决于临床判断，即同性恋适应是一种发育良好的补偿性结构，还是大多数在性变态层面上的作用。

科胡特还考虑了基本性、补偿性和防御性结构之间的关系对咨询的影响。他认识到，尽管一些自体客体需求在童年没有得到共情或积极的回应，但在大多数可咨询的自体障碍中，这些需求是没有被完全挫败的。当人们获得补偿性结构时，他们就有了另一个机会来保障以前没有得到回应的、对自体客体的需求。因此，这些补偿性结构是部分受挫需求的混合物，也是自我的另一极或部分更牢固的基本结构。科胡特相信，只要受挫的自体客体功能没有变成僵化的防御性结构或根深蒂固的行为障碍，如变态行为或躯体化现象，这些自体客体需求就可以在咨询中被激活并转化为可行的补偿性结构。

然而，许多来访者在经历自体发展受挫的复苏时会感到恐惧，并预期他们会在咨询中进一步体会到失望。当咨询师将来访者的自体客体需求解释为正在被激活，而不是简单地用善意的陈述伪装成共情式理解，受伤的自体就可以从它先前的发展停滞点再度出发，以获得坚固性或统整性。

如果自体已经获得足够的坚固性，允许用咨询衍生的蜕变性内化进一步强化，来访者就可能会获得补偿性结构。有效的咨询包括进一步加强自体的这些部分，使它们能够"凭借特别的活力成长"（Kohut，1984）。然后，来访者可以从生活中的他人处寻求精确同调的自体客体回应。科胡特将获得补偿性结构的过程比作对不利环境事件的生物适应：

> "就像一棵树，在一定限度内可以围绕某个障碍物生长，以便更多地吸收阳光。类比在发展中探寻的自体放弃往某个特定方向努力，试图向另外一个方向前进。"

虽然自体的受损极或部分残迹并未消失，但其他部分的补偿性结构可以接管受损的自体客体功能。最终，随着这些补偿性结构的成熟，其强化会促成抱负、才能和理想的展现。然而，损坏的部分通常无法治愈——尽管有时在其他补偿性结构得到加强后可以恢复一部分。

科胡特认为，当获得补偿性结构的努力再次导致自体客体失败或无反应时，自体就受到了严重损害。在这种情况下，咨询工作是不确定的，或需要特别调整。科胡特比喻道，当一棵树或多或少被剥夺了生存所必需的东西时，如果没有办法改变方向，它就无法茁壮成长。环境可能会阻止虚弱的自体获得生存所需的"心理氧气"，但也因此让它具有了足够的韧性［科胡特经常使用"**心理氧气**(psychological oxygen)"一词］。

通常，在个体从钦佩母亲转向钦佩父亲的过程中，补偿性结构得以重建。这通常是出于母亲给个体带来了长期的、创伤性的失望感或无反应性，从而使个体转而向父亲求助，希望能找到一个合适的理想化自体客体，以避免母性镜映缺失带来的有害影响。因此，从心理上接近父亲可以使其服务于镜映和理想化的自体客体功能。但科胡特认为，这两种自体客体功能的失败，最终会导致个体发展出某种自体障碍。

孩子们有时会求助于父母——通常是母亲——如果父母无法为其理想化提供合适的自体客体功能，那最初提供的就是有所缺损的自体客体镜映需求，以支持自体客体失败，这种重复的自体客体失败通常也会导致自体障碍。母亲早期的自体客体失败可能是例外情况，可被归因于抑郁，但后期症状会有所缓解。如果父亲无法成功地实现理想化的自体客体功能，且母亲成功从抑郁中恢复过来，那么转向母亲寻求镜映就可能会成功。

科胡特认为，补偿性结构对调节驱力很重要。从自体心理学的角度，驱力并非与生俱来——它们以崩溃或解体的形式出现，如不正常的或暴怒的攻击：

> "成人的驱力通常是解体的产物……婴儿啼哭——当需要没有立即被满足时，婴儿就会愤怒地啼哭。但不存在消灭这一原始需要的说法，重要的是建立一种平衡。"

科胡特认为，在创伤性预期环境或自体客体环境中或长时间共情失败下，以解体形式出现的古老驱力状态就会显现。因此，就自体客体单元最佳功能的明显干扰而言，驱力是扩散的、未中和的反应。

因此，在无法建立补偿性结构的情况下，作为解体产物的驱力状态会被延长或加强。由于解体产物是在释放驱力或紧张，它们不能提供足够的自主反应，自体会体验贬值或耗尽，个体感到缺乏心理氧气或热情。一个基本结构早期的失效，连同恢复补偿性结构的失效，使来访者暴露在这样一个自体客体环境中：他们无法体验到自己活着，感受不到精力充沛、自豪和生气勃勃：

"他们变得专注于驱力，因为萌芽的自体被忽视了，没有被回应。他们转向驱力满足（后来一直专注于此），试图缓解抑郁，逃离那种没人回应的可怕感受。他们的母亲可能不断地满足自己的欲望，但却无法对期待镜映反应的孩子做出反应；对孩子日益独立的自体，她们不能给出自豪和快乐的反应。"

俄狄浦斯期的自体心理观与释梦

俄狄浦斯情结是古典精神分析理论中一个重要的解释性概念，所以，科胡特没强调俄狄浦斯阶段的中心意义是对古典精神分析理论的巨大背离。虽然最初科胡特认为他对俄狄浦斯情结的重新概念化是精神分析理论的拓展，但最终他认为弗洛伊德对俄狄浦斯情结的观点并没有说服力。

在《自体的重建》中，科胡特对弗洛伊德诠释的充分性持保留态度（而不是对分析得来的素材）。科胡特最初认为，俄狄浦斯情结的自体心理观可以与古典精神分析观共存。因此，存在原发性自体障碍的来访者可以与那些有着明显结构性神经症的来访者区分。然而，科胡特认为结构理论不足以解释自体障碍："驱力理论及其发展解释了'有罪的人（Guilty Man）'，但却不能解释'悲惨的人（Tragic Man）'（1977）。"

科胡特认为，这一发展阶段所表达的冲动或渴望是对充满爱的亲密关系或性爱亲密的一种嬉戏式渴望。对孩子们来说，心理问题并非性冲动。对处于俄狄浦斯期的男孩来说，衡量他和父亲的力量或重要性是自尊的问题，而不是竞争性或破坏性的愿望。科胡特认为，后者是对关键动力的误读。就自体而言，病态的干涉以未协调的共情失败形式出现，例如俄狄浦斯期父母的拒绝或抛弃。这种拒绝会伤害一个乐观的、希望得到认可或被接受的自体。因此，当这一发展步骤遭到拒绝时，随之而来的是自体贬低、感到失望或不足，它们代表着自体凝聚力受到了干扰。

科胡特并不认为俄狄浦斯情结是心理发展的一个支点。相反，他认为这是另一个巩固自尊的机会：

"想想某个孩子收到的回应很微弱，或者只能偶尔收到回应。他有时感到孤独，有时觉得自己不被接受。他面对着一个冷漠的母亲，她无法对孩子产生共情，或者只能做到最低限度的共情。孩子可以向父亲寻求一些确认，通过向父亲认同来组织自体，把父亲作为一个强大的男性模范与之融合……因此，俄狄浦斯情结并不是让自体撞击、导致自体破碎的暗礁。事实正好相反，在这种情况下，强烈的俄狄浦斯情结成为一个组织的中心，一个脆弱的自体可以围绕着这个组织中心再次变得连贯……

个体重复俄狄浦斯情结冲突，以继续体验令其兴奋的刺激，这种体验保护他们免受潜在的或伴随而来的恐惧，如麻木、孤独、抑郁和即将破碎……这将是最后的儿童期，强烈的婴儿期或儿童期冲动帮助自体合在一起。"

因此，并不是力比多和攻击性冲动导致了俄狄浦斯期儿童的冲突。相反，对出现的自体不做回应或做出共情不同调的回应才代表着主要威胁。根据结构理论，冲突是精神病理学的基石，其次才是自体凝聚力受损。这一立场是许多精神分析师认为自体心理学"重点错位（且基本上不正确）"的一个主要原因（Wallerstein, 1986/1995）。

从自体心理学的观点来看，俄狄浦斯期失败并不是正常发育中不可避免、必要或普遍存在的，它只出现于当在这个相对正常的发展阶段有明显的共情失败时。科胡特将"俄狄浦斯情结"一词保留下来，指的是在这个发展阶段，父母对孩子自体客体反应的需求做出不协调或不共情的反应所引起的病理性障碍。

科胡特不认为病态的性化是错位或受挫的性欲冲动，也不认为自信来自攻击性的驱力。他认为，许多传统的咨询师高估了个体对父母的恐惧，认为这是阉割焦虑的神经质表现。科胡特认为把俄狄浦斯期对自体的损伤视为结构性障碍的尝试将会失败，他提供了"伪歇斯底里"的嫉妒性色欲案例：

> "对俄狄浦斯期的解读越多，人们就会变得越糟糕，因为他们害怕这些想法会被剥夺。为什么？因为正是俄狄浦斯情结浪漫冲突中不断的活动赋予人们活着的感觉。现在，你看到了更深层次的病理性迹象……你必须告诉来访者，你认为所有这些浪漫的'坠入爱河感'可能掩盖了一种强烈的需求，以此来弱化所谓的俄狄浦斯问题。病人是真的想从你那里满足一些更基本的需求……来访者会感到被理解，届时所有浪漫、嫉妒和威胁自杀的激烈争论都将被降级处理，一个人就会开始着手处理自体的压抑感。"

对科胡特来说，"貌似俄狄浦斯情结的素材"开始出现时（Kohut, 1996）——尤其是在咨询接近尾声时——并非不可避免地需要进行分析。虽然他没有轻视俄狄浦斯情结，但显然他的主要兴趣聚焦于俄狄浦斯期提升自体凝聚力的方面：

> "这只不过是一本分析成功的长篇著作的最后一段。它不需要被分析，就算分析也不会造成任何损害。它只是一个小失误，这么多年以来你已经如此熟悉一个人，最后的一个误解不会摧毁你们所做的一切。来访者会觉得被拒绝，是因为现在他真的可以爱你，也真的可以恨你了——他有足够的力量那样做了。现在，你应该认识到他能那样做，并向他表示祝贺。"

另一个科胡特从技术和概念上背离传统精神分析理论和实践的例子，是他分析梦的方法。他区分了两种类型的梦，其中一种表达了**基于冲突**（conflict-based）的主题，可以用精神分析一贯的方式理解。第二种类型表现为因对自体过度刺激或解体的恐惧而引起的难以控制的紧张状态。第二种类型的梦——科胡特称之为**自体状态梦**（self-state dreams）（Kohut，1977）——比第一种梦（P.Tolpin，1983）发生的频率要低，它也不像第一种那样可以通过诱发联想来理解。

奥恩斯坦（1987）不认为这二者间的区别至关重要，他认为所有的梦都代表自体状态。自体状态梦通常不会带来与驱力理论框架相一致或可解释的材料。联想内容只会生成更深层材料，它们与自体和自体客体环境状态，特别是脆弱或碎裂的自体有关。

科胡特认为，自体状态梦的一个显著特征是有助于理解自体对共情失败或同调中短暂波动的反应背后的体验，它具有重要意义。通常，自体状态梦是对来自他人的断然拒绝或误解的反应，包括来访者在咨询过程中的自体客体移情。在科胡特的观点中，解释最好限定在与显性内容接近的范围内。这种方法向来访者表明梦反映了他们当前生活的一些东西，一些威胁到一个可行的自体组织或稳定的自体体验的东西（Gabel，1994；Tolpin，1983）。相应观点是，自体状态梦可能指向自体重新融合的微光或萌芽，它统一了重要的当前体验与自体结构的变化。

对于那些对人格评估感兴趣的人来说，自体状态梦的相关性以及它包含在显性内容中的意义经常与投射测验内容中类似材料的相关性相对应，这并不奇怪。从材料中重建自体状态的意义是本书下半部分的重点。

第 三 章

※

自体客体功能的中心作用

本书的前两章阐述了科胡特的观点，他认为自恋型人格障碍衍生自驱力理论和自我心理学，是对冲突和防御常规解释的"无反应"。他发现，当被正确理解时，来访者仍然能够形成稳定且可识别的移情，不需要技术上的调整就可以开展精神分析。最初，科胡特确定了镜映和理想化两种基本的移情模式，以它们代表双极自体，并首次将其称为自恋式的移情。他最初对自恋病理和自恋式移情的强调逐渐形成一个广义的自体概念，包括自体对反应能力的要求以及自体客体环境。他开始把镜映和理想化（以及后来的孪生关系）看作自体客体功能，它们能够维持和激发自尊。在咨询中，这些功能的调动会以自体客体移情的形式出现。

"我们对另一个人的感知维度与这个人支撑我们的功能有关"（Kohut，1984）。这种感知导致科胡特发展了自体客体功能的概念，它描述了一种深入体验的心理状态，一种内心深处的自体体验，它要么是活跃而坚定的，要么是受伤且失去活力的。一个人和另一个人之间的实际关系是次要的，且常常是不相干的。

自体客体是维持最佳自体凝聚力或自尊的必要条件。尽管科胡特认为对于健康的自尊来说自体客体功能是必要的，但当自体受到伤害或被削弱时，他也认识到了它们特殊的重要性。在这些时刻，自体客体的主要功能是修复一个衰弱或失去活力的自体。在临床上，自体客体功能在恢复或重建被削弱或贬低的自体状态上表现得最为明显。

在这一章中，我详细描述了自体客体功能在自体心理学中的独特重要性，并继续对自体心理学的主要概念进行理论探讨。本章的内容包括三个部分：第一，自体客体概念的是和否；第二，临床上如何理解和识别自体客体功能；第三，镜映、理想化和孪生三种自体客体功能。这些自体客体功能不仅是科胡特工作的核心；在对心理诊断测验内容进行自体心理学的重新概念化时，它们也至关重要。

自体客体功能：概念定义

当自体客体需求在来访者与他人的关系中被调动起来时，对方根本没有意识到这一点，也没对需求和愿望做出反应（即发自主动权中心）。相反，在很大程度上，对方的存在是为了给来访者提供必要的功能。来访者不"使用"一般意义上"他人"这个词，而是与这个人发生联系，仿佛对方存在的理由是对来访者自身的延伸。这一过程不是一种边界障碍或认知失败，提供自体客体功能的人在这种情况下失去了他或她存在的独立性。相反，个体体验的心理本质在决定对他人的感受中占主导地位，即他人成了个体需要他们成为的那个人。

自体客体功能代表一种移情，它是需求状态的内在心理表征，对于统整的自体或稳定的自尊来说至关重要。在临床上和人际关系中，它表现为在满足特定需求的个体感知属性基础上与他人联结的方式。

因此，在健康和精神病理学方面，自体客体是维持或加强自体的关键功能，可以通过肯定、准确同调和最佳反应来增强自体。自体客体功能是对镜映、理想化或孪生的需求，是来访者通过将咨询师作为移情对象来寻求满足的需要。了解自体客体的需求，为与来访者讨论他们在移情和（最终在）生活中所缺少的东西（即他们所寻求的自体客体功能）提供了基础。科胡特认为，镜映、理想化和孪生是一种自体客体功能，当自体缺乏足够韧性来维持自身时，这种功能就会恢复对可获得的存在的需求。

如何最好地定义自体客体？自体客体是什么，又不是什么？说它不是什么会更简单——它不是另一个个体。自体客体是另一个个体给我们提供的目的或功能，是一种心理功能。把自体客体的功能简单地看作是他人满足或提供需要的体验，并认为在没有这种帮助的情况下无法独立实现自体，这既是正确的，也是错误的。他人有时可能以这种方式出现，但人际关系只是构成一个人深层心理状态的某个方面。

因此，说自体客体是另一个个体是正确的，但只在一定程度上。更准确地说，在现象学的角度自体客体是一种功能，即一个人自体缺失、缺陷或不足方面的替代品，是修复性的或恢复性的。错误地强调人际关系的性质或质量来理解自体客体功能（如合作、养育或恶意），只会使人们直接关注中心问题。不再过度强调人际关系，可以促使人们认识到自体统整更多是一种充满活力的、具有整体性的内部体验。

关于自体客体的定义，巴修（Basch, 1994）写道：

> "什么是自体客体？自体客体不是一个个体，而是一种内在的心理事件，是一种体验。因此，举例来说，当咨询师帮助来访者处理由迄今未被怀疑的感受所产生的焦虑时，咨询师不是一个自体客体；相反，他或她的功能是促进来访者的自体客体体验。"

也许最好的表达是经常被报道的心理咨询师的体验——他们感觉自己"不在房间里"，甚至没有被来访者注意到。首先，当来访者对咨询师未能作为自己自体延伸的功能而愤怒或失望时，咨询师会在在心理上觉察到这些体验。只有当咨询师没有意识到发生了什么，并将自体客体的失败错误地理解为一种被取代的驱力或愿望（通常是破坏性的愤怒）时，这种自恋破坏才会加剧。

最初，这一现象使科胡特在分析F小姐的过程中发现了镜映自体客体功能。来访者要求咨询师只能重新陈述她对于生活事件的观点，不能做出任何诠释。科胡特没有坚持认为这种移情反应代表着重新激活的力比多冲突，也没有从这个角度诠释她的愤怒和被破坏的感觉，而是根据来访者将咨询师降级为工具的事实理解这一体验对F小姐的意义。最终，他将其描述为镜映移情的现象。

自体客体不以自我关注或自私为特征，向他人寻求自体客体的需要与自私、自恋甚至自我膨胀是不一样的。虽然这些特点有时可能存在，但自私并不等同于自体客体需要。自体客体需要可能与欣赏他人独立存在、他人的需要（包括自体客体需要）的能力并存。

自体客体需要并不总是与他人相关。它们可以通过其他方式实现，包括从文学、艺术或抽象思维中获得满足。自体客体功能甚至可能在毒品、色情物品提供的满足或缓解的形式下出现——在心理上，它们同样具有吸引力。

其他自体心理学家随后提出了"自体客体"的不同含义。其中一些定义基于人们体验自体客体功能的方式（Stolorow, Brandschaft & Atwood, 1987）或关系（Bacal, 1994）。然而，在巴修（Basch, 1994）的观点中，自体客体功能的关键特征是另一个人情感反应和行为的方式（或为个体培养一种体验的其他方式），这些方式促进了一种牢固的、充满活力的自体意识。通过这种方式，自体成为一个统整、持久的精神结构。

无论自体客体和人际关系之间有何种相似，自体客体显然不具有关系的意义。自体心理学取向的临床工作者有时会不经意提到自体客体移情，仿佛在描述一种关系，但自体心理学取向的临床工作者或理论家并不认为自体客体是一个个体（Wolf, 1988）。尽管将自体功能视为一种人际关系品质或关系是很诱人的选项，但由于早期发展中恰到好处的挫折，自体客体功能仍只是一种基本稳定的心理结构。在早期发展中，如果自体客体功能正常的、进行中的内化受到干扰，稳定的、内化的自体统整结构就不能以足够强健或可靠的方式发展。

临床和发展方面的思考

自体客体的失败在正常发展过程中经常发生，但对一个统整的自体来说，短暂的"自尊起伏（ups and downs of self-esteem）"是它的一部分，它会努力"再次平顺"（Kohut，1996）。在能够及时提供共情性矫正回应的自体客体环境中，这些失败很容易修复。更多不同步的共情破裂也可能发生，使人倾向于进入暂时的分裂状态。在某种程度自体结构已经建立的情况下，共情失败是可逆的。

然而，有时易分裂的自体状态一直是孤立或被情感隔离的，是不完整的自体结构。在这种状态下，个体的自尊水平或在日常生活中体验快乐的能力往往会下降。理想化的父母意象的缺乏，可能会导致驱力调节紊乱和自我理想化的发展不足。这些干扰会使得个体缺失部分价值观或指导原则，最终导致共情力、幽默力和智慧的受损。即使没有被削弱，夸大表现极自体也会损害个体的雄心、奋斗精神，妨碍目标的实现。

一个虚弱的自体试图保存任何从无回报的或有害的环境中"抢救"出来的自体客体反应——往往采取严重失调的行为，最突出的是各种成瘾、倒错和某些形式的反社会人格，以及对全能化的模糊渴望。修复被分裂所威胁的自体，是自我毁灭性的，也是一种穷途末路，其根源在于来访者童年经历中父母自体客体的失败。成瘾或反社会行为的发生有一定的规律性或频率，表征着个体绝望地试图提升自尊。例如，成瘾或恋物癖可以代替自我调节的精神结构。科胡特将这种适应性失败称为自体解体的产物，它构成了一个新生但受挫的自体，这个自体还没有能力自给自足（M.Tolpi，1978）。

成年期其他解体的产物是儿童期的残留，儿童在面对自体统整受到威胁时还没有能力使自己平静下来。这些产物包括强迫性、仪式化的活动，以及将正常的主张病态地分解为习惯性的自恋式暴怒。寻找替代缺失结构的尝试可能采取性化的形式，如自慰（伴随或不伴随相关幻想）、滥交（伴随或不伴随压抑的窥阴癖、暴露癖行为或相关性化）或两者兼有（Goldberg，1995）。莫里森（1984）扩展了科胡特的观点，认为自恋式暴怒与羞耻密切相关：自恋式暴怒在面对某些方面的羞耻反应时会作为最后的解体或崩溃产物出现，这本身就是一种无助感的结果，源于自体客体的失效或失败。

托尔品（M. Tolpin，1978）描述了耗竭性抑郁症，它以空虚为特征，根源在于与之相似的儿童期状态，那时个体受困于父母的错误反应且无法缓解。后来，托尔品（M. Tolpin）和科胡特描述了一些孩子的经历，他们的父母作为自体客体已经"在心理上消失了"，积极轻快和自信的感觉因此被空虚感和失去活力所取代：

"他们（这些孩子）感到世界是虚幻朦胧的，自己是空虚的；他们的环境、所有物和世界了无生气，缺乏实质；他们在忍受自尊的下降和丧失（感到自己更加'渺小平凡'，而不是为自己和自己所能做的事情自豪）；他们精疲力竭，情绪低落（'动力不足'）……来访者童年时期自体的健康、自豪和快乐的一面——他们的身-心-自体不再起作用了。"

科胡特观察到，一些病态自恋的来访者调节皮肤温度的能力也受到了干扰，他们感觉不到温暖，而且对低温异常敏感，还容易上呼吸道感染。事实上，其他病态的疑病症恐惧和躯体关注也可能表明了一种紊乱的自体状态，尤其是当这些忧虑过度且与个体"坠入毫无根据的（心理）空间"、分裂感或感觉"心烦意乱"的幻想联系在一起时。

在更严重的情况下——不包括精神病表现——出现的有症状的自恋障碍或慢性的特征状态，可能包括各种成瘾行为，或倒错、滥交、低唤起或高觉醒（或两者兼而有之）的性化。

疑病症或躯体化反应也可能发生，它们常常与崩溃幻想、解体恐惧或边缘障碍有关——最佳理解是自体统整的调节失败。以愤怒为特征的反应（理解为自恋愤怒）和相关的解体产物（包括耗竭性抑郁或焦虑），也可被视为自恋病理状态的临床表现。另一个相关的现象是他人会轻视个体做出的努力，使个体转向于期待镜映回馈。无论是在咨询过程中，还是在早期发展阶段，抑或在生活的几乎所有方面，来访者（包括儿童）都以自豪或看似健康的态度看待自己所取得的成就，他们希望从另一个应该理解自己需求的人那里得到镜映自体客体反应。当这些充满希望的努力被调动起来时，人们期待一个适当的肯定反应，而不是误解或会削弱自尊的反应。未能与正常的自体客体需求保持一致的反应，就会引发羞耻、愤怒、解体产物或破碎的倾向。

若心理咨询师不了解来访者的需求，来访者可能会不知不觉地回想起儿童时期被贬损时的先兆。较常出现的是不恰当的（但不是不准确的）诠释和共情错误，尤其是在咨询早期咨询师试图理解来访者的核心动力时。来访者可能会有这样的体验，比如感觉被误解，收到有伤自尊的建议，尤其是当咨询师坚持认为自己正确时——来访者对被贬低的反应会激活咨询师自己的受伤感。在这种情况下，来访者往往会拒绝咨询师的诠释，不过一旦这种现象被正确识别，就可以通过诠释自体伤害来修复自体统整。

若无法修正，咨询就是不成功的。因为在这种情况下的咨询富有规律，聚焦长期以来未被正确理解的来访者的发展性需要或自体状态，这种情况下症状可能会加重，发生医源性退行，最终导致咨询失败。关于这一点，科胡特写道：

> "如果说我在咨询生涯中学到了教训，那么这个教训是'来访者告诉我的可能都是对的'。很多时候我相信我是对的，而来访者是错误的，但结果往往是我的'正确'很肤浅，而他们的'正确'很深刻。"

科胡特清楚地认识到，在生活中自体客体的同调和反应性并不是绝对正确或完全一致的。偶尔下降的反应能力，为恰到好处的挫折创造了非常好的条件。这在正常发展过程司空见惯，但不是必不可少的。这样一来，如果缺少同调、共情或适应的自体客体反应所带来的挫折感不是太久或太频繁，那么这种恰到好处的挫折的体验就会带来蜕变性内化。

通过对自体客体准确和及时的响应，自体意识得以逐步增强，这个渐进的过程就是科胡特所说的蜕变性内化。如第二章所述，蜕变性内化是个体处于能够健康发展的有利环境的结果。作为自体客体的主要照护者，在这种环境中为成长中的孩子提供了足够的共情同调和回应。这种情况保证了存在一个环境（或科胡特有时提到的自体客体环境）能够识别镜映和理想化的相位适应（phase-appropriate）需求，并可靠、同步、及时地提供这些需求。

围绕着自体客体环境的情感活力是至关重要的（Lichtenberg，1991），无论这个环境在婴儿期以何种形式出现——令人满意的喂养、互动游戏或被手机吸引了全部注意力（Beebe & Lachmann，1988）。在咨询中，这种环境是通过情感参与产生的，而这是巩固被理解的情感体验所必需的（P. Tolpin，1988）。心理咨询师通过解释自体客体缺陷，有效地促进了个体显著的蜕变性内化。这些对来访者成长过程中问题的共情理解和洞察，成了咨询的一个重要组成部分。咨询师不会通过行为或情感参与来纠正自体客体的缺陷，相反他们共情地理解困难，找到方法来激活体验的情感特性，构建关于正常的自体客体需求是什么以及为什么会出错的诠释。

科胡特强调在生命的所有阶段，自体都需要自体客体的响应性，这方面的精神生活不一定保持稳定和不变。科胡特的观点是，期待自体客体在生命过程中对重要方面做出热情回应是正常现象。自体客体反应应该准确地与个体活跃的需要相同调，自体要求它的自体客体在不同时期或是作为理想化的力量，或是作为平静的源泉，或是提供镜映或孪生的陪伴功能，这也是一个正常或合理的期望。

成功的自体心理学取向咨询的一个结果是来访者能够从生活中的他人身上提取所需的自体客体反应，或建立另一种令其满足的自体客体环境。在后一种情况下，这种良好的反应环境可能通过人际关系（比如心智健康的配偶以相应方式做出反应）或奖赏性活动（比如发展能够提供满足感的职业或兴趣）来实现。

因此，强调人们终身需要自体客体反应性代表了自体心理学与传统精神分析理论和实践的另一个不同之处。在传统精神分析观点中，放弃过往的需求和愿望——包括它们在移情中的体现——是咨询成功的目标；在自体心理学的观点中，一个好的结果意味着自体并不独立于它的自体客体，只是会比咨询前更有效地使用它们。

想要澄清传统心理学观点和自体心理观点的区别，可以参考门宁格（1958）对成功结束咨询的来访者的评论：

"在结束时，他已经知道自己所希望得到的大部分东西都没有得到。相反，他知道一个人不应该期望得到某些东西，然后在失望中流着泪或愤怒地攻击别人……没有人能得到那么多的爱，也没有人能给予那么多的爱——即使很想要。个体可以做出选择，但选择涉及承担责任和做出必要的放弃……个体将继续自我完善，咨询也就这样结束，双方的合约已经履行了。"

相比之下，利希滕伯格（Lichtenberg, 1991）呼吁关注科胡特强调过的内容："自体有能力利用自体客体来维持自身生存，包括在选择自体客体时增加自主性"（Kohut, 1984）。对科胡特来说，治愈的一个基本标准是终生持续的自体客体存在和确认（就好比"心理氧气"），而不是放弃。在给一位质疑他的方法的评论家的信中，科胡特写道：

"人终其一生在时间和空间上努力将自己体验为一个统整、和谐、坚定的个体，寻求一个创造性的、富有成效的未来。（但）只要在生命的每个阶段，他能体验到某些人类在愉悦地回应他，就可以把他们作为理想化的力量和平静的来源。这些人默默地存在、喜欢他且能或多或少准确地掌握他的内心活动，使他们的反应与他的需要相同调，并在他需要支持时了解他的内心活动。"

主要移情结构

我将描述三个主要的自体客体功能,它们包含了科胡特对这个主题的最终想法。科胡特认识到自体心理学不是一个静态的理论,因此承认除了他所描述的三个自体客体功能,可能还会存在其他的自体客体功能。实际上科胡特早在1966年就讨论了镜映和理想化的自体客体功能,将其作为自体客体移情的两种主要形式(当时他指出了可以识别出这些功能的子类型或变体)。直到1984年,他才将孪生或另我自体客体功能与镜映区分开,在此之前他认为孪生是镜映移情的一个亚型。二十年后,科胡特开始认为孪生是一种独立于镜映的状态。科胡特和沃尔夫也描述了这种类型的其他几种可能,尽管目前自体客体功能的状态仍然主要局限于接下来描述的三种主要形式(镜映、理想化和孪生)。

镜映

科胡特对孩子有成就感、能自豪和满意的重要性印象深刻。他尤其注意到孩子希望在这些感受的萌芽阶段得到认可和赞赏,因此镜映或回声反应(就像"母亲眼中的光芒")作为镜映自体客体功能的原型,产生于自体的夸大表现极。

诚然,从"自恋"这个词的贬义内涵来看,夸大是个不太合适的说法。不过这个术语源于正常儿童无法理解自己的局限性,并因此倾向于高估自己的能力(M.Tolpin & Kohut, 1980)。科胡特最初在自恋框架下提出这个概念,因为他想在与结构理论紧密结合的同时扩展心理体验的这一方面。科胡特离某些经典的精神分析构想越来越远,而他是否会保留"夸大表现极自体"这个术语仍然是个猜测。

科胡特强调儿童需要他人肯定其成就——在适当的阶段,以及时的方式。最初往往是来自母亲的肯定,但类似肯定自始至终贯穿整个生活。这样,充分镜映自体客体的反应能力促成了稳定和持久的自尊内化,而这种内化是持续的价值感、韧性和活力的基础。最终，一个人的抱负、目标和奋斗会从镜映中产生，并在成年期得到发展和具体化。在面对伤害或攻击时，自体特别容易破碎，它的生存能力可能会受到自体客体长期经历的失败的影响。当临床工作者了解到反映自我客体反应的共情失败是如何发生的，就会看到这种分裂。当自体客体失败很严重时，人们更容易出现病态的自恋人格或行为障碍。这些障碍的特征常常表现为空虚抑郁及无法从工作或愉快的活动中获得真正的享受。缺乏热情是特征之一，具体表现为长期的无聊或倦怠体验，伴随着持续的不满或失望。个体的主动性或期望被耗尽是显而易见的，还会使他们无法实现与其天赋或技能相称的目标。这种现象就是所谓的水平分裂（Kohut, 1971），代表着压抑障碍，其中空虚、无聊和疑病的感觉是自体体验（自体状态）和自体与现实关系分裂的临床表现。

患有自恋型人格和行为障碍的来访者，其主要自体客体障碍集中在有缺陷的镜映上，即对批评特别敏感。这样的来访者即使受到轻微的怠慢也会表现出强烈的反应，并且恢复能力受限。他们的临床体验主要是对自己缺点暴露的羞愧或愤怒。科胡特认为，羞耻是当自体客体无法对孩子的快乐和热情做出羡慕的回应时所产生的反应。这种观点不同于我们熟悉的对羞耻感的客体性欲解释，即羞耻感是由于未能充分满足自我理想化的要求。

同样，科胡特认为自恋式暴怒是对自体客体失败的一种可以理解的反应，他的立场与主流的驱力理论形成了鲜明对比。对一些来访者来说，自恋式暴怒反应呈现出原始的宣泄形式，比如是自体统整瓦解的产物。因此，不基于健康主张的攻击性被认为是自体先前结构化外孤立的碎片。

许多有夸大表现极自体缺陷的来访者的特征描述包括人际关系中明显的冷淡感——有时伴有自大，这些自大或自体膨胀的表现防御性地掩盖了羞耻感和贬低感。但自体贬低往往会在咨询中迅速出现，有时甚至出人意料地出现在早期，即使来访者在其他方面相对没什么症状。这种现象即是垂直分裂，科胡特描述为夸大的体验与现实的体验隔离开了。

科胡特的观点不同于科恩伯格（1975），后者认为自大是为了掩饰愤怒、嫉妒或依赖的情绪而做出的防御反应。科胡特随后对镜映的进一步观点超出了其在精神病理学中的临床描述，他在更广泛的范围内强调了同步确认、呼应或肯定反应对于镜映的重要性。他明白，这些镜映反应是正常的、可预期的、合理化的需求，为实现符合个人天赋和技能的目标奠定了基础。这些或多或少的正常需求应该带来一种坚定而有力的自我意识，而不是因为忽视或不和谐的反应沦为萎缩的、脱轨的牺牲品。

通过适当反应的镜映自体客体的可及性，自体的正常发展得到加强，使个体有能力转向外在世界，确信自己的努力会被注意到，并在共情下给出反应。在这个立场上，人们能从他们的能力和兴趣中得到满足。这种反应伴随着自信、足够的活力及热情，让个体努力去实现人生目标。镜映的需要，从对一个人基本的健康能力的正常欣赏，扩展到由自尊的严重失活及性化倾向所主导的病理形式，也扩展到由成瘾、慢性抑郁症所主导的病理形式。这种镜映、呼应或确认的自体客体功能在病态的和健康的状态中都是被需要的。

在早期科胡特的描述中，最原始或最古老的镜映移情形式是合并移情，它在严重的自恋障碍中占主导地位。合并的特征是自体和客体之间的分化程度最小，而对退行的扰动最大。镜映的第二种亚型，是孪生移情或另我移情（后面的章节将详细讨论，科胡特后来将孪生移情区分为一种独特的自体客体移情）。尽管自体客体必须是一个忠实的自体复制品，但孪生移情在自体与客体之间仍旧保留了比合并移情更大的分化。

最新的镜映自体客体功能是镜映本身，或者是狭义上的镜映移情——科胡特最初指的就是这种现象。这种移情在自体和客体作为独立主动中心的分化上发展得更为先进，与其他两种形式相比，这种镜映移情更能区分自体与他人，是一种较少退行的形式。然而，个体对自体客体的需要仍然主要是赞美、肯定或呼应，也仍然是维持自体统整的核心。

理想化

随着像理想化、理想化父母意象这些科胡特对自体一极的相关术语,及夸大表现极自体的出现,另一种增强自尊的方式也出现了。

尽管理想化可以以敬畏他人的形式表现——有时甚至将他人置于崇高的地位——但这方面的临床表现并不总是存在。更常见的是相对沉默的理想化,这种理想化更微妙,也不那么明显,常常需要经过一段时间仔细检查才能被定义为真正的理想化。因此,心理诊断测验可能有助于检测其存在。

理想化的自体客体可以被体验为是全能的。当这种反应发生在移情过程中时,咨询师通常被奉为强大而无所不知的人。更常见的情况是当一个平静且强大的存在需要占主导地位时,理想化就会被调动起来。儿童对平静的力量和无限的能力的需求,会通过这个自体客体功能来表达,从而可以与一个以这种方式存在的被仰视的人融合,当自体体验到被削弱或受伤时,孩子会通过转向它来恢复平衡。

需要的自体客体反应要求自体客体的存在来提供一种平静的感觉,而不是从理想化的需要中退缩。否则,个体就会产生被抛弃感或失望感。理想的自体客体功能体现在那些于艰难险阻中依然保持方向的人身上,理想或抽象的表征也可以提供理想化的自体客体功能,如音乐、文学或思想。如果来访者倾向于以观念或艺术的形式而非人际关系来体验理想化的自体客体需要,对观念和艺术的破坏或攻击就会导致个体产生失望或被抛弃的感受。

镜映自体客体功能不会随着理想化而消失,也不一定会被理想化所取代。相反,所有的自体客体都需要在生命中持续存在并共存。在不同时期,之前的自体客体占主导地位的时间会变得紧迫。一些咨询师错误地认为科胡特理想化的观点代表了一种自体客体反应需求的转变,这种转变比镜映反应发展得更快。

尽管理想化常常作为一种自体统整的途径出现在正常发展中,但科胡特并不认为它取代了镜映,也不认为它代表了一种更高级的自体客体功能。

对一些人来说，理想化与夸大表现极自体的镜映需求会同时出现。自体客体体验的这一阶段可能会成为一个有利的发展步骤，虽然镜映需求并没有被放弃，但它们可以转化为理想化的自体客体需求。通过这种方式，孩子们欢迎那些可以被理想化的人物出现，他们提供了一个机会让孩子通过体验"与受人钦佩的他人联结在一起的感觉（实际上是在所钦佩客体的阴影下自豪地行走），来重新唤起对权力和伟大的需求"（Bacal & Newman, 1990）。

当镜映需要与自体客体失败"相遇"时，对于所有修复自体伤害的期望而言，理想化都变得很重要。为了防止随之而来的自尊丧失，我们有可能有第二次机会来支持一个虚弱或脆弱的自体，这是另一个修复自体的机会。这个过程正是第二章中补偿性结构概念的基础，科胡特看到了自体这两部分（或两极）的互补作用。如果夸大表现极自体一极不再强大到足以维持令人振奋的自尊，那么转向其他领域通过理想化来修复自体统整的可能性就至关重要。

另一种将自体客体需求理想化的方法，是让儿童逐渐意识到他们缺乏与夸大表现极自体相关联的全能表现。正常情况下，如果充分的镜映使孩子感到他们拥有价值和能力，这种认知就不会造成创伤。他们会逐渐放弃对伟大或全能的需要，不会变得具有破坏性。不过科胡特认为正常发展会有不可避免的"恰到好处的挫折"，它会强化自体，促进内在化。可以假定，自体客体失望的程度和时间并没有过度地与孩子的需求不同调，因此孩子对全能的渴望会减少，并可以将其转化为对自体之外力量的欣赏或理想化。

理想化可能充满了陷阱。首先，它需要来自一个理想化的自体客体的充分移情反应。人们希望得到对自己理想化尝试的回应，如果这些需求一再遭到拒绝，那将是毁灭性的打击。例如，一个孩子希望崇拜父母拥有的能力或长处，但他的父母可能过于自恋、脆弱或抑郁，无法提供这种自体客体功能。父母可能无法理解孩子需要什么，这是自体客体失败的一个结果，是自恋型人格障碍、耗竭性抑郁、行为成瘾或自恋行为障碍的变异之源。

自体客体需求理想化受挫的另一个结果，是人们为了与理想化的客体保持持续的联系，不断地执着于一种模糊的完美理想。这一过程代表了一种创造自体稳定幻觉的尝试，尽管是不可靠且短暂的。这种暂时的状态非常脆弱，不会促成自我统整，还会让人模糊地体验到空虚感（耗竭）或无力感。儿时孩子对"强大的父母"的强烈幻想就是典型例子，在面对逆境或失去亲人时，他们坚决拒绝放弃对强大父母的信念。因此，一个年幼的孩子可能会强烈地拒绝承认理想化父母的死亡或与之分离，有时甚至强烈到近乎妄想。

尽管所有外部证据都表明自体客体在心理上不存在或不可用，但孩子还是试图拼命抓住理想化客体来保持自尊。一个著名的文学例证是音乐剧《歌厅》（*Cabaret*）中的角色萨莉·鲍尔斯（Sally Bowles）——改编自伊舍伍德（Isherwood）的《柏林故事》（*Berlin Stories*）——她坚信自己崇拜的、忙于周游世界的父亲最终会来看她表演，尽管多年来他一再令人失望，频频取消约定，但她拒绝接受父亲在心理上抛弃了她的这个想法。

拒绝或被共情性误解了的理想化需要所带来的自体客体失败，也阻止孩子获得在自恋受伤时抚慰或安慰自己的能力。这种失败并不能保护孩子在平衡受到干扰时不经历退行或愤怒（无论这种状态最初是多么短暂或脆弱）。父母的缺陷、带来的失望或其他潜在的理想化形象，都可能会让孩子产生一种厌恶感，使他们不愿意带着足够渴望转向这些客体以寻求一种平静的存在或寄托理想化。此外，理想化和镜映需求之间的摇摆或交替也可能发生，这通常是由于对理想化客体感到失望导致的。因此，几种自体客体需求可能以一种不稳定的方式共存，并且不一定相互排斥。不过，通常其中一种需求构成了主要自体客体移情的基础。

理想化自体客体功能障碍的临床表现与夸大表现自体障碍相同，因此由于理想化自体客体失败而产生的自体障碍类似于与镜映缺陷有关的自体障碍，并可能包括体验到长期处于一种空虚、耗竭的抑郁情绪中，或体验到与难以消除的紧张状态相关的分裂现象。通常表现为飘忽不定、无法安住或"心烦意乱"的情感状态也可能形成自体障碍特征病理学的一部分，尤其是轻度的或临床症状不明显的变种。这些情况就是科胡特最开始描述的自恋型人格障碍。

解体的产物也可能出现，如科胡特原始类型学中的自恋行为障碍。其中最突出的是痛苦情感状态的性化、成瘾或因无助而强烈爆发的愤怒（自恋式暴怒）。

在健康的形式中，自体的理想化父母意象极是自我理想（超我理想化）的基础，它巩固了标准、价值和目标，并培养了创造力、幽默、同理心和智慧。自然而然，这些品质的成熟依赖于充分的自体客体理想化反应能力。自我理想的发展及其成熟、适应性的转化（如幽默和智慧）与内化同时发生，因此内化对增强自体统整至关重要（Kohut, 1966）。由此，最理想的状态是孩子在理想化客体身上逐渐经历失望——他们逐渐获得了一幅关于理想化人物真实生活局限性的现实画面。如果这些失望确实是渐进式的，而且没有造成很大的创伤，孩子们就可以放弃不切实际的、过度理想化的想法，并仍能欣赏一个人的美德和品质，这些美德和品质会内化为孩子价值观体系的组成部分。

如果理想化的客体以一种过于严重、突然或不合时宜的方式被动摇或幻灭，儿童就无法获得发展最佳自尊所必需的内化。取而代之的是对理想化客体的长期依赖，科胡特将其称为强烈的客体渴望。他认为，这种对理想化客体的依赖具有一种绝望的特性，即个体会寻找替代品来弥补重要的、自体结构缺失的部分。科胡特将这种对理想化的自体客体或"客体渴望"的依赖与成瘾者对镇静剂的渴望进行了比较：成瘾者需要药物来代替自体结构的缺陷，而该药物令人信服的本质是它抚慰或镇定的性质，它能使一个缺乏统整的自体从缺乏药物的伤痛中恢复过来。对于有这种依赖性的来访者来说，尽管有强烈的需求，但其他人——比如潜在的理想化自体客体——太难以获得、太令人失望或因自己太害怕而不能被内化了。从对他人的自体客体需求中退出，使经历了这类自体障碍的来访者很少采取求助的手段，更常出现的是破坏性行为或具有成瘾性质的伤害性自恋行为障碍等。

当有能力参与咨询时，一种受驱动的、无情的和理想化的自体客体移情有时会出现在搜寻全能客体的咨询性再激活过程中。实际上，这一过程可能使来访者对咨询过程本身上瘾。在不利的咨询环境中，个体可能会试图永久依赖自助的结构或组织来内化理想化自体客体功能，诸如各种所谓的"自助××步计划"。这类来访者通常长期依赖于这些制度性（institutional）移情的等价物，因此其心智很少发生结构性变化（即转化性内化）。这种类型的咨询（或支持性心理咨询）情况通常不会带来最好的内化，事实上咨询师或类似咨询环境是"被整个吞下的"，就像饥饿是对古老自体客体需求的满足一样，它需要永久的营养。

科胡特发现了三种形式的理想化父母意象。在最古老的类型中，个体与"无所不在的自体客体"的认知结合，以保护自体免受创伤性过度刺激的影响，导致扩散的自恋紊乱。更新一点的类型与自体和自体客体之间更大程度的分化相关，理想化的自体客体在控制或中和驱力方面起到了强健衰弱的自体的作用。科胡特还描述了一种理想化自体客体移情形式，它发生在俄狄浦斯情结发展的时期，与自体和自体客体的最大分化有关——自体客体的力量和完善是指导性理想和价值所需要的。

孪生

科胡特较早期的工作涉及"广义的镜映移情"和"狭义的镜映移情"。他希望这个宽泛的定义能普遍概括各种形式的镜映：融合、孪生（另我）和狭义的镜映。科胡特认为，孪生自体客体功能本身已经足够重要，可以与镜映区分开。因此，孪生作为一个独立的自体客体与镜映和理想化是等值的。对一名特定来访者的分析表明了这种孪生功能，而其他几项临床观察进一步证明了这一点。

自体客体可以是某人（有时是一件事或一个物体）——可以交谈或陪伴；当需要时它也可以作为一种无声的存在——以孪生自体客体对抗自体的耗竭、孤独或相关的自体失活体验。科胡特认为，孪生功能是个体作为群体中一员的体验，个体从这种认知中获得深切的安全感。它的核心目的是表明自体客体需要作为自体的孪生或忠实复制品运作，因此作为自体客体的个体会表现得像自己，但没有融入自体意识。

孪生是归属感或心理联结的基础。拉菲米纳（LaFemina, 1996）是这样描述的：

"孪生维持或协助自体的统整和活力。孪生指的不是两个人之间的实际关系，也不是一种旨在保持防御目的的关系幻想。建立一种孪生关系是为了提供特定的自恋功能。"

孪生自体客体功能的一个重要特征是孪生被体验为自体的一部分，特别是被感知为是和自己一样的一部分，这种"另一个我"的特征让受伤或失去活力的人感到不再孤单。当一个人的自尊受到损害或变得脆弱时，孪生自体客体被唤起为一个安静的存在，提供了一种平静的感受。孪生需要的出现，是为了恢复一种基于相似需求或共情理解的陪伴感。

科胡特的例子是一个人对另一个人做出反应，使两人彼此感到快乐或愉悦，内在体验最终是充满活力的。人们寻求一种自体客体的体验，来创造"他人和自己一样"的感受，创造一个忠实的复制品——他们需要另一个人来分享自己的经历。自体客体被体验为"灵魂伴侣"，个体可以因此感到平静或安慰。当完成自体客体功能的他者复制了这个人的自体状态和移情反应需要时，这种反应就会发生。因此，"灵魂伴侣"的体验就像一个人对自己的体验一样，要么是受伤的、要么是伟大的或是力量的源泉。

陪伴的功能可以有数种形式，科胡特的现象学描述尤其引人深思：

"来访者的童年记忆中会逐渐出现某个人，他不同于患了忧郁症的、焦虑的、无法维持社会功能的家庭成员，后者曾经是坚强和理想化的……对这个人来说，来访者早期的存在和行为是其真正的快乐源泉……就像孩子觉得存在着另一个自己或双胞胎兄弟姐妹，这个幻想将逐渐清晰。"

科胡特还认识到，从外部相似性容易错误地推导出孪生功能，他强调"意义的同一性，功能的相似性"（Kohut, 1984）应该被认为是主要心理因素。因此，将某个人与双胞胎和长相相似的人进行比较是肤浅的认知。正是体验的核心使孪生自体客体对个体自体统整具有紧迫性或重要性。孩子会和心爱的玩具说话，就好像这个玩具正在体验孩子体验到的感觉，这一描述就更接近于孪生的内涵。自体客体可以是一个人、一个物体，甚至是一个抽象的概念。形式是次要的，因为其基本功能是陪伴，是忠实的复制特性。

科胡特讨论了如何将孪生与其他自体客体功能区分开。举个例子，当某人感到困扰或受伤时，朋友会安慰地把手放在他的肩膀上。科胡特观察到，如果朋友能准确地理解这个人受伤的程度，那这个手势可能代表着一种孪生的自体客体功能。不过他排除了这种可能性，将虚弱或受伤的自体与被母亲抱起的、不快乐的婴儿进行了比较。母亲的照料使婴儿与母亲的平静态度和全能融为一体，这一解释强调抱起婴儿代表着镜映自体客体需要的重新活化，就像拍着肩膀的手一样。科胡特指出，在特定的临床情况下手的姿势可能意味着一种孪生功能。

音乐剧作家乔恩·罗宾·贝茨（Jon Robin Baitz）和演员罗恩·里夫金（Ron Rifkin）之间强烈的创造性关系就是健康的孪生关系的一个例证。他们之间直觉理解的深度深化了两人的作品，以至于剧作家把演员视为"缪斯"，演员则认为作家"是我的一部分"。他们可以为彼此补全后半句话（A. Klein, 1996）。《纽约时报》（*New York Times*）的一篇文章描述他们的合作关系为："剧作家和演员之间罕见的共情联盟，就好像一种独特的审美认同源自合作"（A. Klein, 1996）。

托尔品（1995）阐述了安娜·弗洛伊德和多萝西·伯林厄姆（Dorothy Burlingham）之间相关但更微妙的孪生动力性关系。托尔品认为，对于确保安娜·弗洛伊德的自体统整而言，多萝西·伯林厄姆至关重要。托尔品认为，他们的友谊对于巩固安娜·弗洛伊德所说的"健康圈"至关重要。在这个圈子里，她可以坚持多萝西·伯林厄姆给予了坚定不移、无条件、自我肯定的态度，并认为这是一种根深蒂固的内在心理结构。因此，通过与伯林厄姆的孪生关系，安娜·弗洛伊德能够重振一个严重受伤的自体状态。安娜·弗洛伊德可以把自己从失败的镜映和不够持久的理想化中解放出来，去追求那些富有成效和令人满意的工作——她和伯林厄姆一起完成的工作。托尔品（1995）指出，这种富有成效的"我们—自体（we-self）"引导了她们对受战争创伤的儿童的富有成效的研究，并为儿童精神分析做出了开创性贡献。

如果在正常发展过程中受到很大程度上的或长期的干扰，无法确保孪生自体客体需求存在，就会导致一种严重的脱节状态——在定义个体的工作或存在的群体间。这样的失败导致了一种与人类疏远的感受，对一些人来说这些失败可能会使他感到自己与所珍视的价值观格格不入。

就像镜映和理想化一样（但更微妙），孪生往往会被忽视，直到它被打破。例如，如果咨询师暂时不再像来访者一样思考，或者不再拥有与来访者相同的价值观或观点，那么原本顺利进行的心理咨询可能会遇到困境，表现为抑郁、躁动或愤怒的中断，是来访者自体客体需求变得不安的标志。如果咨询师认为来访者主要表现的是镜映移情，那么当来访者对咨询师的怠慢或误解表现出强烈的抑郁或愤怒时，咨询师一定会很惊讶。

就像某个重要功能被打断了一样，来访者突然间出现情感爆发或做出紊乱反应，孪生的种种需要经历了共情失败。这个情况可能会与其他自体客体功能同时发生——实际上，镜映和孪生常常同时发生。例如，当来访者感到咨询师不再作为与来访者完全相同的另我存在时，他就会变得焦虑。如果咨询师被认为是独立的存在，超越了来访者需要一个精确复制品的自体客体需要，这种感觉可能会引发来访者对丧失的恐惧、引发分离状态或孤立感。

第二部分

自体客体功能：心理诊断指征

第 四 章

※

心理诊断检测内容分析：
理解自体状态的途径

前几章介绍了精神分析自体心理学的一般原理，本书的第二部分将提出一个框架，通过使用心理诊断测验来概念化相关现象。我希望通过描述自体心理学的关键概念与心理测验结果之间的联系，阐明自体心理学概念（特别是自体客体功能），也希望可以用测验材料评估这种联系。我想强调的是看待一系列心理投射测验材料的方法。从自体心理学的观点出发，言语展开、联想、幻想的内容及与测验者接触的方式，可以带来一种系统地理解材料的方法。虽然我强调了对测验内容解释的概念性指导原则（从科胡特的观点中得出），但是不应该期望由此产生具体的、标准的、正式的测验分数或指标。

正式的分数、算法或产生决策策略的分数组合最终可能能够被推导出来，但基于分数的解释策略必然滞后于对科胡特关键概念理论基础的精确阐述。我提出的解释心理测验的一般方法，是拉帕波特（Rapaport）和沙弗尔等所描述的方法。

并不需要延续之前的传统，或论证超越另一个概念的方法。我的目的是提供一个理论结构，利用衍生内容的解释策略来测验和理解自体障碍。首先，我根据当代临床精神病理学的理论构想重新考虑了诊断测验的适应证种类。其次，我回顾了几种对心理诊断测验进行临床解释的惯用方法，包括门宁格学派的方法和欧内斯特·加夏特尔（Ernest Schachtel）、利恩（Leeners）和埃克斯纳（Exner）对罗夏墨迹测验综合且系统的临床贡献。最后，我还涵盖了阿罗诺（Aronow）、列兹尼科夫（Reznikoff）和莫兰德（Moreland）对内容分析的贡献，以及对主题统觉测验和人物绘画测验重要的解释方法。

本章的一个主要部分集中在心理诊断测验或人格评估的推理策略。焦点是实行广泛原则的推理思维，而不是概念框架的不同。我详细论述并整合了测验组系中的结果，并特别强调要综合测验的结果来分析。正如在第一章和第二章中描述的那样，这些结果与区分冲突状态和缺陷状态有关。在建立这个基础之后，我用案例描述了在使用心理测验理解自尊调节、自体状态或自体障碍以及自体客体功能时，要如何将自体心理学方法纳入医疗情境。

心理诊断测验的发展

第二部分中临床案例的处理受到罗伊·沙弗尔（Roy Schafer）的影响。沙弗尔的著作写于1960年左右，建立在戴维·拉帕波特（David Rapaport）在门宁格诊所（Menninger Clinic）开创性工作的基础上，对诊断测验的临床思考产生了重大影响。我提出的概念构想与沙弗尔及其同事的理论命题有所不同，但他们改进的推理方法成了我的模型。在很大程度上，出于对其传统的尊重，我使用了"心理诊断和心理测验（psychodiagnostic and psychological testing）"，而不是更流行的"心理评估（psychological assessment）"或"人格评估（personality assessment）"。这不仅承认了一个在临床写作和实践中不再那么流行的传统，还将我基于内容分析的方法与研究人格的经验方法区分开来。

不仅在心理学领域，整个科学和应用技术领域的从业者都越来越关注测量的信度和效度，建立人格心理测验经验基础所必需的复杂的统计方法和测量方法越来越受到重视。很少有人能否认这种发展。诚然，进步有时是有代价的，语言表达背后的内容价值在降低，也正是这个因素使得我们熟悉的投射测验在一开始就具有真正的投射性。

人们重新对罗夏墨迹测验产生兴趣的原因，不仅是它可计分，还因为它受到当代心理测量理论和方法所能提供的且实际需要的再审视。其他以大量经验为基础构建的工具也因为同样的原因引起了关注，如明尼苏达多相人格量表（Minnesota Multiphasic Personality Inventory，MMPI）和米隆临床多轴调查表（Millon Clinical Multiaxial Inventory，MCMI）。因此，像主题统觉测验、人物绘画测验和语句完成这样的测验没有从深入研究的经验基础中受益，而是相对被忽视了——这可能是因为这些工具的评分基础太不稳定。它们的使用频率渐渐降低，有些人也不愿审查它们的潜在效用。

人们对主题统觉测验和相关投射测验的兴趣相对减少，与之形成鲜明对比的是，自从引入综合测验系统（Comprehensive System，Exner，1993），人们对经验主义基础的罗夏墨迹测验分数和指数的兴趣又开始复苏（Exner，1993）。此外，年轻的临床工作者对许多投射测验的方法并不熟悉，因为临床心理学课程不再常规教授它们。罗夏墨迹测验的内容和序列分析也是如此，尽管勒纳（Lerner，1991）做了相关工作，并且这个主题的少数几卷书籍最近都有再版（Aronow et al.，1994）。

贝拉克（Bellak）关于主题统觉测验的书籍"幸存"下来，并经历了多次修订。汉德勒（Handler，1996）对人物绘画测验的评论则是一项富有价值的贡献。其他书籍虽然被许多人认为是经典，但要么绝版，要么很难买到——它们被放在满是灰尘的图书馆里，而不是临床工作者的书架上。可以说，其命运或许是必然的。

一些主要的测验工具也进行了修订，如韦克斯勒成人智力量表（Wechsler Adult Intelligence Scale，WAIS），它于20世纪40年代及50年代初投入使用后经历了三次修订，拉帕波特和沙弗尔还研究了它。第二版MMPI和第三版MCMI则代表了过去十年间的修订成果。

当然，罗夏墨迹测验的综合系统与门宁格评分和管理程序有着本质上的不同。拉帕波特对认知和知觉功能的精神分析含义非常感兴趣,尤其聚焦于将自体心理学对高级心理过程的观点与实验室的发现进行整合。这种兴趣使他倾向把记忆看作一个特别重要的心理过程,还影响了他的决定,即让来访者在看见每张卡片之后的联想阶段进行罗夏墨迹测验,以尽量减少记忆因素在两个阶段间的潜在扭曲。

心理测量学的进步总是伴随着测验修订,也包括改进标准参照组和关注当代统计分析的程序。人们对这些兴趣已经超过了对测验工具的深入理解——对诸如冲突、防御和自尊等心理现象的解释。与第一版DSM出版前的诊断方法相比,基于MCMI或基于综合系统的诊断规则(使用当前的术语和标准),人们可能更相信旧版本手册影响了拉帕波特及其同事的观点。

然而,对使用这些工具来评估自我功能、冲突防御结构、客体关系的质量和性质以及自尊调节的理解是否彻底或足够深入,这一点并不清楚。

这仍然是一个重点问题,对于拉帕波特等人(1945,1968)来说,这个问题基于投射性假设的基本原理:

> "一个主体的每一个反应,都是他内在z世界的反映或投射。这种测验方法与通常被称为'心理测量学'的方法形成了鲜明的对比,其主要目的不是将人口的百分比排名或任何据称能代表个体的数字标准归因于一人,而是要了解他,给他一个机会,让他在有足够信息的情况下表达自己。已被充分探索的天性,使心理学家能够从主体的反应中推断出其人格构成的大概轮廓。(Rapaport et al., 1968)"

显然,心理测量学的发展至关重要,比如更复杂的测量诊断统计方法(灵敏度、特异性和效果量)。

然而,正如拉帕波特的引文指出的,即使是更新后的测量方法也不能彻底解决这个问题。心理诊断学的科学基础要求它仔细注意复杂的、心理测量性质的测验工具,但在理解具有可靠分数、结构良好的测验内容的意义方面,仍然存在滞后。这种滞后可能导致人们对心理学原则的忽视，后者是门宁格小组发展到如此高临床标准的原因。尽管将这种方法简单地视为一种艺术形式是错误的，但在概念和限制理解所允许的范围内，人格评估领域的从业者最好重新审视艺术，将其作为一门科学去公正地对待。

心理测验领域的变化图景

临床适应证的评估

咨询师普遍认为，临床访谈是了解来访者症状和适应问题的主要方法。访谈或回忆仍然是收集临床信息的主要参考点，以了解来访者某一近期事件或急性事件（诱发因素）对其一贯生活及与他人相关（临床历史）的习惯性模式的影响。一般需要进行几次全面、深入的诊断性访谈，来概念化一个人的问题，并设计咨询方案。

如果临床工作者训练有素、见多识广，往往不会额外再做心理测验，心理测验通常于非典型情况下使用（儿童和青少年来访者可能除外）。

一般来说，当临床访谈结果不确定或特异诊断问题仍未解决时，标准是（而且很可能会继续是）按咨询目的要求进行心理测验。这种情况包括大多数需要紧急咨询或干预的、以症状或行为障碍为重点的主诉，以及影响咨询结果的慢性人格特征或综合征。

好的心理测验有助于揭示临床适应证，包括：患情感或认知障碍的来访者待区分的精神病症状；确定混合抑郁—躁狂—焦虑综合征来访者的主要特征；加强对难治性来访者完整的诊断研究。有时，即使在非最佳条件下，诊断测验也可以提供不合作或不服从的来访者的相关信息，包括那些急性精神病或精神错乱状态的来访者，以及受酒精中毒、药物滥用和相关毒副作用影响的来访者。

我强调最好要在了解当代疾病分类学和描述性症状综合征临床表现的背景下使用心理测验。不过，我们也很容易想到其他紧急咨询或法医心理介入的例子,比如把受虐待的儿童从家中带走、非自愿住院或强制托管等情况。此外,在区分精神疾病和神经疾病时,近来确证的高级皮质过程紊乱的性质和模式在心理诊断测验中占据了中心地位。当必须像检查神经心理构成一样全面地检查精神病方面时,使用人格测验可能是有价值的。当精神因素是神经系统疾病的重要组成部分时,尤其是当病变前的人格因素很重要时(如头部创伤性损伤),就需要对来访者进行人格和精神病理学评估。

另一类诊断测验并不一定发生在特定倾向的诊断或临床环境中。它旨在评估人们生活中的慢性适应不良,也会偶尔让人们求助于长期高频的心理咨询或精神分析。这种心理诊断测验提供了很好的机会来利用其最大优势,特别是投射性的测验工具。现在,很少有临床工作者接受了足够的训练,有充足的经验来进行此类对人格动力学特征条件的深入分析。

尽管存在这种可能性,许多具有相应特征和人格障碍的人仍在寻求咨询,他们中的一些也可以通过合理地服用药物获得良好的咨询疗效。但对许多人来说,药物是一种辅助疗法,而不是首要策略。甚至对一些人来说,行为疗法可能都没有提供足够的症状改善。

对于这些人来说,使用投射测验来仔细评估其隐秘但顽固的特征可能很重要。无论最终选择哪种咨询方法,这些特征可能都会使咨询复杂化,并且不容易被检测。这些特征包括轴 I 紊乱及轴 I 和轴 II 间的共病。对这类疾病间的生物学和遗传学关系更多的了解,是通过药物治疗的有效性来实现的。

神经病学和生物精神病学的重大进展几乎没对心理测验的发展有什么影响,这些进展既不意味测验和评估的没落,也不表明心理学和精神病学间不稳定的交界有着日益扩大的裂痕。不过,对精神疾病的性质及躯体治疗的知识方面有了相当大的进展,这有助于确定心理测验的目标范围。随着对现代诊断标准和症状复合体认识和敏感性的提高,诊断更加可行。综合系统、第二版 MMPI 和第三版 MCMI 都受益于更加完善的诊断学。

与此同时,诸如主题统觉测验和人物绘画测验等工具未能跟上生物精神病学和心理测量测验复杂的发展步伐,虽然这些工具对识别人格病理学来说非常有用。临床工作者明白人格和特征一直存在,无论是继发于还是独立于药理学指向的综合征。事实上,即使不能得到更好的治疗,一旦轴Ⅰ综合征能持久得到缓解,人格特征也能被更好地理解。

如前所述,慢性人格障碍也可能影响轴Ⅰ障碍的临床结果。这些人格特征有时表现为明显的人格障碍综合征或根深蒂固的人格缺陷(发病前)。在后一种情况下,这种人格缺陷可能是亚综合征,但通常是持续性的并在临床上有所表现。它们经常表现为急性综合征,并和执拗或令人恼怒的人格特质绝望地纠缠在一起,对于一个临床工作者来说,想要理解整个临床状况中的特征因素角色极其困难。

虽然人们曾经希望心理测验能够解开这些复杂的问题,但对分数和结果意义的理解总有一个限度,就像对令人困惑的、不一致的临床访谈结果的解释也是有限度的。

测验可能有助于解决不一致之处和微妙之处,但也可能增加混淆。随着临床复杂性越来越高,有效的、强有力的、有针对性的咨询能比以往更快地实现其效益——在战争这一最恶劣的条件下,进行心理诊断测验的临床适应证大大减少。当测验不超出诊断能力时,它就可以达到最有益的结果。因此,人们不必指望测验能够解决"经验证据经常不可靠"的问题,尤其是像主题统觉测验和人物绘画测验。一些心理学一直认为,心理测验最大的用处在于它们对人类经验深度的描述,以及对冲突、不足、心理结构、防御和客体关系动力的描述。

自体障碍和心理诊断评估的扩展观点

一些急性轴Ⅰ疾病的来访者也有亚临床但仍不具适应性的人格障碍,后者加重了轴Ⅰ障碍。好比自尊调节紊乱的来访者,这些紊乱可能不被认为是影响整体临床状况的因素。至于其他人格障碍、自尊受损或明显自体客体失败等情况，是一些轴Ⅰ疾病的重要诱因（包括心境障碍、成瘾和性变态）。因此，自体障碍的识别往往很重要。

当然，一些自体障碍可以独立存在，也就是作为轴Ⅱ障碍。自体障碍也可能导致或促成许多通常不被认为是自恋障碍或自尊调节相关障碍的情况，这些情况可能是继发于急性轴Ⅰ紊乱，如精神病发作、严重的情感性疾病发作（包括躁狂）、焦虑综合征，以及亚综合征情况如心境恶劣、重度抑郁症（若共病即为所谓的双重抑郁症）或躁狂（Akiskal，1980）。

通常需要特殊的诊断来检测这种自体状态障碍。从临床的角度进行仔细的访谈常常有助于识别潜在的自体障碍，但有时也需要进行心理诊断测验来诱发自体状态障碍。若经验不足的临床工作者没有认识到异常状态的本质，或者由于急性疾病过于突出或紧急，共病自体障碍容易被掩盖，因此可能会出现诊断困难的情况。

事实上，本书的主要目的是明确自体心理学的主要概念与其相应心理测验指标之间的理论联系。为了提供一个连贯的概念性方法来连接这两个领域，我会依据自体心理学来推断测验指标和内容，本书的第二部分全部聚焦于这个任务。

这里讨论的临床推理过程，不应该被解释为在努力描述自恋本身或自恋人格障碍。根据我在第一章、第二章和第三章中详细描述的自体心理学的发展，这里自体检验的观点来自对经典精神分析理论几个原则的重新表述。我重新定义了一些精神分析的概念，把它们作为修复或保持自尊和自体凝聚力的次要因素，比如驱力和俄狄浦斯冲突。这种重新概念化是自体心理学的拓展，它不是一个自恋病理学的理论。

在第一章中，我已经详细讨论了自体心理学如何超越自恋型人格障碍的临床理论。这些概念观点影响了对投射测验结果的解释，它们在理念上和内容上都不同于沙弗尔（Schafer，1954）等的解释。我所研究的自体心理学并不是驱力理论或自恋理论的扩展，而是对精神分析理论的显著修正。第五章和第六章中心理诊断测验的例子，说明了另一种心理动力学框架——自体心理学——会如何理解驱力理论和自我心理学角度概念化下的反应。

心理诊断测验的概念方法：一般原则

心理功能测验已有一百多年的历史。早期的主要成就是智力测量工具，尤其是比奈量表和韦氏量表。人格测验的发展也随之而来。那个时期测验的重点是确定个体性格或气质在正常人格中的维度，包括这些人格特征的异常形式。强迫症、精神障碍和情绪失调等症状性疾病后来才受到关注。

再后来，受精神分析理论的影响，无症状特征的神经症成为投射测验的研究对象。心理测验的框架受到弗洛伊德关于焦虑的二级理论概念的影响，该理论在他的结构理论和随后的自我心理学发展中被具体化。在其他理论框架（例如社会学习理论）中，人们通常不太用心理测验检查心理动力学机制下冲突防御的结构，而更多地用于识别特质或人格状态。

在这一时期，戴维·拉帕波特写了大量关于精神分析元心理学的文章。他相当重视人格投射测验理论基础和临床解释的重要性，他对认知功能的非投射性测验也很感兴趣，尤其关注它们用作对自我自治或无冲突自我领域的评价工具的意义。拉帕波特很熟悉赫尔曼·罗夏（Hermann Rorschach）的墨迹测验技术，他的专题论文讨论了罗夏墨迹测验是一个尝试性的人格构想。这些工具与亨利·默里（Henry Murray，1938，1943）的主题统觉测验一起，构成了第一次系统深入研究人格分析心理测验的基础，当时的精神分析理论为这些测验提供了依据（Rapaport，Gill，& Schafer，1945，1968）。

拉帕波特和他的同事们一起研究了这些测验工具，其中一些是非投射性的，比如巴布考克-利维故事回忆测验（Babcock-Levy Story Recall Test）、韦氏-贝尔维尤量表（Wechsler-Bellevue Scale）、汉夫曼和卡萨宁的客体分类测验（Hanfman and Kasanin's Object Sorting Test）。拉帕波特等人开发了一个解释性框架，使用这些工具去诊断特定的病理状况，描述了如何确定主要的冲突、防御行为和适应水平。虽然拉帕波特可能是最著名和最受尊敬的杰出精神分析理论家之一，但直到罗伊·沙弗尔（Roy Schafer, 1948, 1954, 1967）发展了罗夏墨迹测验和主题统觉测验，拉帕波特的贡献才在临床应用上得到充分实践。梅曼（Mayman, 1967, 1970）、夏特尔（Schachtel, 1966）和霍尔特（Holt, 1978）的重要贡献则是对这一早期工作进行重要补充。

作为近年来精神分析理论的杰出贡献者，沙弗尔在诊断性心理测验领域的早期贡献是阐明了投射测验解释的主要原则。该原则与门宁格传统一致，其他学派的思想也对其产生了影响，尤其是那些基于前俄狄浦斯期困扰的客体关系测验。在过去二十年里，科沃尔、勒纳和舒格曼将客体关系应用于心理诊断测验。埃克斯纳（Exner, 1993）的综合系统代表了对于得分最系统、经验上最可靠的全面检查，这对于可靠并有效地解释罗夏墨迹测验的符号和指标来说必不可少。

拉帕波特和沙弗尔等的解释方法产生了持续而深远的影响，这一影响甚至超越了自体心理学的应用。拉帕波特-沙弗尔方法系统性地影响了基于客体关系的投射测验以及综合系统。这一特定的传统正是下文解释心理诊断测验所强调的，夏特尔（1966）和勒纳（1991）的贡献强化了这一传统。虽然这种选择性的强调并没有忽略不同的方法，但它强调了拉帕波特-沙弗尔方法对临床内容的解释。该方法是将科胡特的自体心理学与影响心理诊断测验的精神分析概念相结合的基础。

门宁格方法的一个重点是使用一组测验作为主要结果的基础，而避免依赖一两个测验。拉帕波特考虑了其缘由，包括"所有测验都可能出错"的观点。过分依赖一两种工具，会最大限度地增加可能的误差，这些误差因来访者波动的精神状态、不受控制的疾病因素或态度因素造成。这种考虑部分出于心理测量原则，担心测量的可靠性和有效性受到影响；部分出于精神病理学对心理功能的影响具有选择性。因此，鉴于无冲突自我领域的运作，以及各种投射测验对人格功能特定领域的敏感性差异，有必要进行多种测验，以尽量减少由假阴性引起的诊断错误。

心理诊断测验的概念方法：具体原则

无论诊断研究是否强调内容、补充的语言或测验者与来访者之间的互动，所有的测验解释和分析方法都基于正式的测验分数。常见方法是汇总主要分数、指标或百分比，这些汇总基于测验条款，如罗夏墨迹测验的结构概要、第三版WAIS子测验概要或指标评分模式、第二版MMPI临床量表概要或结构，或其他一些心理测量模式。某些测量方法是孤立的，需要特殊考虑。例如，需要特别强调罗夏墨迹反应的异常维度——出现在统计上的罕见的决定因素（如远景或纹理描述）。推论基于符合经验推导的解释性决策论模式，解释性决策具有不同程度的重要性，有时可以分层考虑。

例如，显著的综合系统精神分裂症指数比任何有助于该指数的发现（例如思想障碍变量或 $X\text{-}\% > Xu\%$）都更受重视。因此，对经验支持下总体指标、比率或特定分数的分析，为分层临床解释提供了依据。对于主要指标的组成部分（二级指标或分数）的考量会带来其他精神病理学变量，这些变量对评估整个临床情况很重要。仅在罗夏墨迹测验上使用精神分裂症指数或仅依靠日渐完善的第二版MMPI量表6和量表8的结构来考虑精神分裂症诊断适用性的分析水平，通常不足以包含的信息，例如确定偏执型、分裂或回避型、显著或非显著的综合征类型或急慢性感情涌动。

很少有精神诊断学家不认可这种方法，其重要价值是作为临床诊断评估的起点。分析的性质和随后的结构是该领域争论的基础，焦点集中于应在多大程度上、以何种形式进行更深入探索。探索的深度和使用的数据，取决于各专家所依赖的理论框架。

更深层次的分析可能涉及内容、反应的顺序、测验中的行为和语言表达。

这些领域的研究，通常不建立在理论信念、临床智慧或体验之外的经验基础上。因此，像内容分析这样的推理策略是推测性的，需要谨慎和明智的应用，以防止得出错误结论——也许"解释很迷人深刻、才华横溢，但它们可能与具体的来访者毫不相关"（Schafer，1954）。

心理测验与临床思维并没有什么不同，临床思维指导着大部分心理咨询，但它很少享有自我纠正的好处，因为它是心理咨询师从与来访者长期相处的经验中积累出来的。每个临床工作者所持理论的说服力，决定了与人格概念化相关的分析深度。一些临床工作者不考虑没有经验依据的发现，另一些人则认为客体关系、防御、核心冲突、自体凝聚力或韧性等概念在临床上很重要——他们更倾向于去理解这些指向深层心理特征的投射测验指标。他们还试图接受这样一个事实，即自己正在用测验结果去探索一个未知领域，这些测验结果不像高阶变量那样可靠。不错，虽然进行此类研究应当细心谨慎，但没必要如履薄冰。

罗伊·沙弗尔：门宁格传统

沙弗尔对解释的临床证据的评论和他第一次写这个主题时一样重要，但其重要的原因不同：如今的心理测量的复杂性是当时难以想象的。内容分析被认为是解释的关键，因为仅靠经验分数是不够的。虽然理解内容对拉帕波特和沙弗尔来说是必要的，但在今天则完全可以省去——就像在计算器出现之前，学生需要学习基本算术法则一样，理解内容分析类似于理解数字运算的基本概念，而不是简单地按下计算器上的按钮。

霍尔特在1968年修订的《诊断性心理测验》（*Diagnostic Psychological Testing*，Rapaport et al., 1945, 1968）中坦率地批评了原始心理计量学，这些批评如此尖锐，以至于压倒了该著作丰富的临床见解。1945年的人们还能很好地被理解（甚至在1968年）项目分析、能力、诊断效率统计（如敏感性和特异性）和多元设计采用的严格方法。当时的问题集中在确定测验分数和内容分析间的最佳平衡,从而得到概念严谨、内容深入的临床人格分析。该方法避开了表面特征,赞成探究每一个反应的深度,以寻找在理论上连贯、内在一致和富有意义的合理推论。

促使沙弗尔考虑推理思维标准的,是如何从心理测验中确定逻辑上、临床上可支持的程度。测验解释与当时占主导地位的精神分析疾病分类学是一致的,甚至早于第一版DSM。因此,冲突性神经症被着重强调,如歇斯底里症和强迫性神经症。当代临床工作者熟悉现在的自我心理分析理论,也对第二版DSM命名法进行了重大修改,他们很少能像门宁格小组那样认可拉帕波特和沙弗尔所强调的分类。

因此,在受到第三版DSM及其后续修订版影响之前,解释的深度意味着一些不同的东西。如今的临床工作者不需要过分关注那些对他们来说似乎过时的术语,主要原因是解释深度的标准变得更重要——从沙弗尔提出这些标准到现在,心理计量学方法也只"走"了这么远而已。

因此主题分析是必要的,以达到拉帕波特和沙弗尔所要求的复杂理解水平。与此相反,当代心理测量学的进步使得依靠经验分数来解释临床测验成了可能,并得到了成熟的信度和效度支持。尤其是在非精神分析取向的临床工作者群体中,越来越多诊断测验专家认同这样的观点,即基于心理计量学的发现是充分的,而缺乏经验支持的内容分析在临床上很难有效。

这个问题没有得到解决,部分是因为临床氛围。除了考虑内容分析是否是理解投射测验结果有效性或可信度的方法,它还得益于结合了精神分析理论重新思考和心理计量学的进步。因此,对许多倾向心理动力学的临床工作者来说,沙弗尔关注解释标准的方法不会被视为错位的或过时的。相反,不管精神分析的观点是否影响了心理诊断测验,不论这些理论是自我心理学、客体关系、自体心理学、拉康的法国学派(1978)、人际关系方法(Greenberg & Mitchell, 1983)或自体心理学分支下的主体间学派(Stolorow, Brandchaft & Atwood, 1987),其标准都可以被应用。

沙弗尔（1954）问道："如何判断自己的探索会带我们回家，还是走向歧途？我们手中握着的是闪闪发光的金子，还是闪闪发光的石头？我们如何区分思虑周全和鲁莽行事？"他提出了一个解决办法，即建立标准判断解释是否充分，这些标准为内容分析和观察来访者的测验行为及相关语言表达提供了基础。它们最好被认为是达成诊断决定的合理指南，而不是确定的、基于经验的规则。因此，沙弗尔的标准为基于内容分析的项目测验结果调查研究提供了规则。他的著作写于多年前，但到现在仍提供了一个强有力的、令人信服的观点，提供了系统的、符合逻辑的策略，以帮助我们对这些潜在的模糊领域进行主观分析。这些标准也为通过心理诊断测验进行自体心理学概念化提供了良好基础。

充足的证据

在判断临床解释是否充分时，最重要的是要有足够的证据，这一标准通常是通过综合的证据线来满足的。它有时是来访者基于特定主题重复的言语或行为，有时是对特定测验反应的联想——这些反应的特点是试图澄清或修饰具体内涵背后的动机或驱力状态。沙弗尔（1954）写道："通常，来访者会提供很多信息——大量的图像、评分模式和态度表达——来帮助我们确认、修改、抵消或弱化一个反应提供的解释性线索。"

若要扩展沙弗尔"不要盲目飞行"的这一比喻，那我们可以把该策略看作驾驶飞机——飞行员通过仪表盘、副驾驶和领航员反馈的信息来操纵飞机，而领航员则依赖控制塔台或其他设备数据的反馈。类比心理咨询，则是来访者用记忆、梦或联想来回应诠释，它会进一步深化或纠正诠释，从而将诠释导向更精确的方向。

当执行诊断测验时，这个标准的具体表现如何？以非特定的方式呈现的图像或语言，可能在测验者的联想过程中引起共鸣性的假设，但仍不能产生决定性的、确定的解释（正如科胡特指出的，引起共鸣的是心理诊断测验本身，它相当于咨询中的共情式理解）。一种反应可能是不寻常的，因为它在统计上不显著，或者因为它暗示了比表面看起来更多的东西。这种反应被感知或描述的方式也可能是不寻常的，不管它本身是否平平无奇。

例如，当看到罗夏墨迹测验卡1时，来访者可能会给出一个常规反应——一只蝙蝠或一架飞机。该墨迹本身是一个比较少见但不算奇怪特殊或引人注目的图像。来访者也可能报告看见一棵树——这是一种罕见的反应，尽管它仍然在正常范围内。来访者还可能注意到蝙蝠在坠落/摇摇欲坠/受伤、飞机即将坠落或者树的叶子在掉落。好在大多数评分系统都捕捉到了来访者阐述这些认知客体时的不规律性，将之作为一种独特的模式或者是特别的关注，提高其分值。要使分数明显偏离规范值，必须出现若干这种不正常的现象，而不仅凭一项单独反应。特别的标志代表一些引起测验者注意的反应，如 M 代码、中等或极度显著的特殊分数、混合的颜色或与 FQu 及 FQ 代码相结合的具有特殊意义的决定因素*。

就常规分数而言，其精确度相当不错，但可能不足以充分捕捉认知对象背后的动力学意义。某些异常反应［如在"恐怖（morbid）"上的得分特殊］的弥散特性可能会被检测到，但其现象学意义可能会被忽视或被最小化。如何以分数或代码的形式注意、记录及捕捉来访者的反应或推断常规分数背后的一些含义，是与沙弗尔证据标准直接相关的问题。

测验的重点是统计数据出现或异常的频率，依据一个特定的反应是否与众不同或引起了心理上的共鸣，可以证实生命力衰弱或活力减弱的推论。还需要考虑的主题是个体在其他反应或测试中的持久性。因此，可以检查诸如"光秃秃的树""处于不健康状态的树"等对具有类似唤起意义的其他图像的认知，以确定它们是否也提供了与工作假设一致的证据。这种方法也扩展到更高层次的解释推论上，如对完整性的关注或是不是将自己的体验锚定为稳固和安全的。

---

* M、FQu 及 FQ 均为罗夏墨迹测验中的统计代码。——译者注

以来访者在投射测验中反应的方式或细微的差别为判断基础，是很难确定相关唤起的确切含义的。例如，沙弗尔（1954）描述了攻击性意象的不同表征——从爆发到敌对，从吞噬到穿透。他提醒测验者在判断这些形容词引起的情感内涵时要谨慎，还呼吁人们对内外影响的强度变化保持警惕。例如，这类可变性也许能大大揭示某种强大防御背后的微妙"漏洞"。

解释推论中的另一个问题，涉及基于测验反应的起源性重构。这种类型的推论甚至比估计一种情感状态的强度——比如"愤怒的动物"和"凶残的动物"在认知上的差异——更具有猜测性和不确定性。测验者在起源性重新建构方面需要非常谨慎，比如以一个"高大的怪物"的形象推断来访者对其父亲的看法。然而，这种猜测并不一定是错误的，也不应完全不予理会。尽管相对其他证据，它的确定性或可信度较低，但也应该纳入考虑。

沙弗尔（1954）赞同另一种类型的起源性重构，临床工作者对此也可能更有信心。这种类型关注性格病理学，它是从对退行到特定心理发展水平的概念理解中衍生出来的。

例如，如果有证据表明被试的人格结构主要是偏执型或强迫型的，测验者就可以推测其防御和冲突的类型。这种方法可以帮助人们理解由此产生的中心冲突，以及防御的类型和成熟度（即发展水平）。它还允许重建被试的家庭系统排列，以及这种排列引起的、与特定发展阶段有关的冲突发展方式。

虽然这听起来像是经典驱力或自我心理学理论中的表述，但这种形式的起源性重构可以很容易地扩展到其他理论体系中，如客体关系或自体心理学。它不需要局限于基于性心理阶段的经典发展轨迹概念化。沙弗尔（1954）认为，在所有情况下这种水平的遗传学理解都比基于对特定反应（如"高大的怪物"）涉及家庭系统排列和人格动力学的先入之见更可靠。

聆听投射测验反应的过程，要求测验者将临床推断的范围拓宽。为了防止假设生成过程过早停止，基于理论框架的先入之见可以指导诊断测验，但不应该太快或太狭隘地阻断推测。然而，测验者早期试探性的预感并不一定没有规则,更应该秉持的临床态度类似于弗洛伊德的均匀悬浮的注意(Freud,1923/1961)。测验者听取被试提供的素材,进行恰当的联想,并判断其临床相关性。正如科胡特所希望的那样,这个过程是一个共情式的理解。当想象力漫游于素材可能的意义上时,测验者非正式地推测待考虑的各种可能性,同时在自我功能的另一个层次上运作整场测验。

尽管观点不同,戈登贝尔格(Goldberg, 1990)提出了一个相关问题,关于"要多少根毛发才能形成胡须,或织物磨损到什么程度才会显得破旧"——答案都是当它被"视为如此"时。分数和频率有助于决定选择某一种解释,但对内容规则的印象会带来一些有用的东西。就像胡须不仅仅是面部的一些毛发,投射测验的推论也不仅仅是分数。只有当这些推论被合乎逻辑地、谨慎地考虑时,投射测验的推论才有意义。

霍尔特(Rapaport et al., 1968)写了一篇文章,有关拉帕波特如何从共情和分析的角度理解测验反应。这一过程与心理咨询性倾听并无二致。在咨询过程中,虽然临床工作者不知道口头表达的具体含义,但随着时间的推移,比起测验者,他们有更多的机会去澄清内在相关性。相比之下,在投射测验中,澄清的机会可能只存在需要评估的罗夏墨迹反应或主题统觉测验故事的数量。因此,咨询和诊断在这方面情况并不相同。

一些罗夏墨迹的图像具有象征意义,因为其普遍的意义或引人注目的内涵往往可以在众人间达成共识。沙弗尔(1954)认为,象征性参照物有独立的验证性基础,梦、口误、精神分析治疗中的自由联想和某些类型症状提供了必要的可验证性。他认为,投射测验主题材料中的象征性引用具有足够的说服力,表明"我们不是在盲目飞行"(Schafer, 1954),相关例子包括与教堂、枪支、魔鬼、羊羔、木偶等有关的图像。

不盲目飞行,并不意味着图像和意义之间存在一一对应的或绝对的联系。同样的想法也延伸到具有共同象征意义的图像,比如主题统觉卡8上的"步枪"。众所周知,存在与机械应用符号解释规则相关的问题。尤其是对于遗传性重建，必须在充分认识到其可信度局限的基础上传达基于符号含义的推论。反之，应完全放弃这种推论。

正如沙弗尔（1954）所说："罗夏墨迹测验既不能支持也不能反驳这种解释。实际上，这一解释不过是在提醒报告提交的对象——咨询师——弗洛伊德和菲尼谢尔等人所说的"压倒性的父亲形象"。

梦为如何思考这个问题提供了一个很好的例子。自我心理学通常的做法是通过自由联想来理解诱因，而不是依赖符号意象的意义建立解释。解释初级过程的内容，如把梦中一条具有威胁性的蛇作为一个阳具的象征，与解释一个广泛的心理动态模式是有区别的。

例如，蛇可能被解释为一种个体正在经历危险或令人不安的事情的迹象，而不一定是阴茎的象征。自体心理学中也有类似的梦境处理方法，科胡特（1996）在一次讲座中说：

"我认为，在一些非常清楚的情况下——即当症状表现为慢性抑郁——父母的性格在某种程度上被描述为没有响应能力，或者'父亲退行，母亲抑郁'等，诊断成功的可能性会很高。如果在诊断访谈中个体开始描述长时间的孤独感、有关于被遗弃的梦的材料、有孤独的风景或雪景等……有一些事情会让诊断确定无疑。"

科胡特（1996）接着说：

"非常频繁的涉及机器和机器被干扰的梦，通常会给我们一个很明确的想法：来访者体验到自己不是一个个体，就像没有生命一样，并且自身一系列功能也被干扰。从这个意义上说，梦展示了来访者小时候就有的一些特定倾向——觉得不被支持，不被回应，觉得自己不够活泼，不够有人情味。"

在这个框架下，来访者的梦以及罗夏墨迹测验反应可以被看作一种普遍的不平衡状态。无论这种状态是不是由失能的机器、雪景或枯萎的树叶代表，其内涵都不是特定的冲突或人格特征，而是一种正在发生的分裂状态。不同的理论对扰动有不同的看法。和梦一样，测验者对梦的具体解释也有不同的看法。

证据充分的检验也意味着最显著的人格动力学应该广泛地出现在投射测验中。真正的动机状态会在不同测验中典型地出现，尽管每个测验都可能显示出对各种心理动力特征的选择敏感性。例如，在罗夏墨迹测验上，防御冲突机制可能会出现得更加清晰；在主题统觉测验上，人际动力学和客体关系可能会更加明显；有时自我意象或自尊则可以通过人物绘画测验来确定。将这些心理模式的组成部分整合起来，就成了一个综合的自我功能。

也许没有比这种情况更好的例子来说明测验组合的不稳定性了，沙弗尔（1954）指出：

"在寻找安全、具体又深刻的解释时，其他测验必不可少。此外，还需要在不同测验之间建立更趋同的规则和互补点"。

通常，我们很难知道像"受伤的动物"或"被破坏的物体"这样的罗夏墨迹图像是用来代表来访者自己被伤害的经历，还是其带着敌意或恶意的冲动。类似的困境也可能发生在主题统觉测验或人物绘画测验中。即使有许多类似性质的知觉或反应，这个问题也并不总能得到充分澄清。来访者有许多类似的感觉并不罕见，测验者几乎没有什么其他办法，只能指出其中的心理动力学表现——尽管个体反应的某些关键方面仍有不确定的临床意义。这种策略也是一种方式，表明某些证据不具有结论性或还不充分。最终的结果总还需要在诊断中寻找验证性证据——通常也要在不同测验之间。

解释的深度和表现的内容

"临床推论应该多深入？"的答案是复杂的。沙弗尔认为，如果罗夏墨迹测验的整体方案中包含了对食物、牙齿或动物进食的频繁观察，那么把口腔相关反应理解为口欲期的迹象就是合理的。从更广泛的实证性反应基础来看，孤立的例子价值有限。沙弗尔还补充了一个重要但经常被忽视的条件，即测验者必须考虑个体惯用的主要调节功能，比如驱力的强度以及与驱力表达或压抑相关的防御措施。一个反应本身——好比"嘴"——远没有对它的理解重要（例如，来访者想到被喂食时嘴是张开的还是闭上的）。

沙弗尔还讨论了有关临床推论的不同置信度。至少从驱力理论的角度来看，罗夏墨迹测验对"口腔"的观察可能是个体口欲期愿望相对清晰的表现，但是个体对诸如"圣诞老人"之类的反应可能不是那么令人信服。

尽管这样的反应可以被认为具有暗示性，沙弗尔仍然认为它们是非特异性的。这种反应介于直接的指示和更不具体的认知对象之间。非特异性推论的例子是在没有额外实质性阐述的情况下，解释与诸如"等待某物"或"听音乐时休息"等反应有关的口腔依赖愿望。在这种情况下，沙弗尔建议要警惕过度解释。

他认为，测验者应该说明是来访者的防御在发挥作用，只有当防御而不是古老的冲动或驱力被"看到"时，才应保留对其存在迹象强度或潜在冲突的推论。沙弗尔推荐了一种保守的方法来解释模棱两可的反应，对潜在心理动力学特征的描述来说，这种反应很无力或不确定。例如，除非明确指出，否则将"收缩"的反应评论为一般的防御姿态比评论为特定的防御行动更好。沙弗尔通常建议对可能会超出其范围的解释深度保持谨慎。

我注意到了沙弗尔关于避免过于具体的遗传学重构的谨慎建议，特别是当这些重构来自固定象征意义时。大多数这种类型的解释都毫无必要，如此"不管来访者的情况如何，都武断地、自以为是地努力深入解释"（1954，150）。这个警告适用于所有投射测验，如主题统觉测验、语句完成测验以及人物绘画测验。我在这里重申，这些投射工具没有一个像罗夏墨迹测验那样有明确被接受的正式评分系统，或有固定保护措施和规范参考点。在基于对以内容为基础的材料理解的深度或水平上，罗夏墨迹测验之外的测验在产生解释性发现方面存在更大的问题。

基于规范的"保护性"特征的正式评分制度,仍不能完全解决解释深度的问题。因为过分依赖分数和比率,有可能妨碍对较深层含义的检测。尽管在考虑像罗夏墨迹测验这样的测验分数时方式有所不同,但问题仍然存在。这些分数通常基于反应的形式,如思维质量、感知准确性和语言组织方式。

例如,对于罗夏墨迹测验卡3,来访者可能报告说看到有两个人相互绕着转,但忽略了更常见的关于卡片上人物腿部区域的描述。这些分数反映了人类感知特定区域吻合度的不准确性,但运动分数的评分并没有捕捉到"相互绕着转"的特定性——这与相互注视等活动不同。至少当来访者这样表述时,它也不被评分系统视作值得单独使用代码的活动,用来表示具有进攻性的运动。

与之类似,一个语句完成测验的主干是"妈妈是_____",来访者可能会回答:"需要她时,她有时候就在那里的人。"主题统觉测验卡1中的小提琴则容易被来访者误认为吉他。这些反应特点的防御机制可能具有解释价值,但正如常规的解释并没有持续关注知觉的不准确性,这种情况与仅仅使用罗夏墨迹测验的正式分数而不赋予"相互绕着转"解释性意义没有什么不同。

在没有正式评分系统的投射测验分析中,沙弗尔所描述的解释深度或水平问题并不比有可靠评分系统的测验更严重。问题的关键在于如何解释人们的反应,评分系统本身并不能解决问题。

例如,对"相互绕着转"的解释是应该局限于这种反应与指导语间的不协调,还是应该被认为是代表着敌对或攻击的冲动?在所引用的语句完成测验的例子中,被试加入了"有时候(sometimes)"这个词,我们应该不进行解释还是应该去推断她在抱怨母亲的忽视或冷漠?

沙弗尔对解释的深度或层次的讨论适用于这些情况。对于"充分证据"的标准,他赞成"解释不应低于被试防御的水平"的观点(1954,150)。沙弗尔给出的许多临床例子清楚地表明当有足够证据时,他愿意尝试去解释驱力或冲突。在这方面,解释深度的标准和证据的充分性密切相关。解释的水平受到证据充分性和质量的影响,容易使解释超出防御分析应有的水平。

沙弗尔用另一个标准判断一项解释是否充分——来访者有没有使用明显的内容或继续从对防御分析中的断点出发。我把这两项标准结合起来，因为它们相互关联。当一个人确定了其作为防御基础的冲突是什么时，他就加深了解释的水平。现在，显性内容被认为是隐含意义的基础。沙弗尔带着适度的谨慎，认为证据至少得支持对显性内容某种解释的考量——这样的时候太多了。他写道：

"事实上，有充分的理由支持我们纳入这一标准，特别是如果修改它为：'只要可能，就应详细说明解释倾向的显性形式'。"

沙弗尔承认，防御性和自适应的临床表现比驱力的临床表现（显性内容）更容易理解。然而，当纳入显性内容时，测验者可以更容易地尝试解释驱力或冲突。可以肯定的是，当能依赖正式的分数、病史的临床验证、重复的分数或反应模式以及一系列测验去解释时，争论也会增多。最好先考虑基于内容的解释能否解释防御取决于其他证据，这就是支持或呈现更深层次临床解释的不确定性。

特定特征在整体人格结构中的强度和等级

在本节中，我将讨论沙弗尔解释诸如冲突和防御等人格动力学强度的标准。我把这个话题和他的观点结合起来，即强度应该决定每种动力在整个人格结构中的相对重要性。强度和等级虽然不同，但在概念上紧密相连。因此，将它们结合起来讨论各自的重要性和依赖性很有意义。

临床方案中针对特征强度的象征，也代表着它在投射测验反应内容中的强度或持久性。因此，说来访者怀有敌意本身并不是什么不得了的事——没有人是不带敌意的。然而，当来访者在其他临床特征中专门点出这一特征，或提到一个非常明显甚至是压倒性的充满敌意的愿望，会使人注意到这一特征在来访者整个人格结构中特别突出。

人格由类似特质的性格、防御、冲突以及自体凝聚力程度或自恋受挫的脆弱性组成。重要的是驱力之间的相对平衡、反对这些驱力的愿望以及使用各种防御机制的程度。

沙弗尔强调，强度的标准应该根据人格特征对来访者中心问题的相对重要性来确定。对一些人来说，防御和防御的失败可能对其整个精神病理学状态至关重要；对另一些人来说，紧迫或突出的问题可能集中在驱力规则、内疚感或自体凝聚力上。从自体心理学的角度来看，临床工作者应尽可能明确自体客体功能或移情在自尊调节管理中的差异突出程度，如镜映、理想化和孪生移情。至于如何确定强度，沙弗尔承认，标记的、极端的或明显的定量分隔并不精确，且与基于临床访谈的相对标准（如轻度、中度和重度）相比准确性并不高。

沙弗尔认识到，强度和普遍性间的联系需要对完整的人格理论体系有全面的理解。这种层次的理论概念化超越了孤立地掌握某些术语或概念，而是需要对概念间的关系有清楚的理解。因此，他写道："关键是要避免链条式的解释，在这种解释中，每个倾向只是与其他倾向并列存在，没有建立关于重要性、普遍性、刺激和反应、推动和抑制的等级"（Schafer, 1954）。

沙弗尔的推理假定投射测验结果所锚定的工作理论为心理动力过程的层次提供了基础。他还提出了一个强有力的主张，要求理解精神分析理论某些方面固有的层级可能性。这种方法需要测验者对理论有严格理解，以避免心理测验报告中的"废话"。例如在结构理论中，冲突先于防御，防御的失败会导致症状形成，因此谈论产生防御的症状或产生冲突的防御毫无意义。正如沙弗尔（1954）所指出的，层级整合应该从系统的理论体系出发，该体系指定了层次联结或因果关系，"而不是临时的、以测验和以象征为中心的即兴创作"。

埃克斯纳（1993）也有类似倡导，即遵循一个系统的维度联结，即集群策略，并以解释罗夏墨迹测验发现的关键变量为基础。

最后，沙弗尔认识到，任何单一的测验都很难产生精确的层级结构，而且测验人员必须使用成套测验。否则，对人格整体运作的理解，就会变得过于简单化和易于妥协。沙弗尔观察到："在组织分层测验图片时，一组测验是无价的，且单凭罗夏墨迹测验无法做到这一点"（Schafer, 1954）。

具体说明适应性和病理性的倾向

沙弗尔（1954）在提出诊断测验证据标准时受到了当时盛行的自我心理学影响。因此，存在与人格维度适应性相关的标准也就不足为奇了。尽管症状性的抱怨反映了相对成功或失败的抑制焦虑防御，但人格特质（其中某些可能源于根深蒂固的性格）仍然具有其适应性的方面。僵化的、对抗敌意的反向形成，可能使人们表现得慷慨大方。而尽管这一防御带来了束缚，使人更加脆弱，分裂型的退缩反应也可能会大大激发人们对艺术的兴趣。许多患有慢性心境障碍或抑郁的人（Akiskal, 1980）可能会很自虐，但他们也会很无私、有责任感并愿意为他人的利益牺牲自己的需求。这些人有时被视为社会栋梁，尽管他们有着强烈的绝望感、自我贬低和负罪感，但他们会用沉默和无私把不幸和痛苦"掩埋"。

科胡特（1971，1977）在对自体心理学的贡献中指出，正常的健康自恋会促成成熟的目标和抱负，使个体发展出幽默和智慧的能力。他还指出，镜映和理想化的一些病理表现可能具有适应性的后果，例如忠诚感和对事业的奉献感主要源于理想化的自体客体需要。

类似地，许多患有自体障碍的来访者对他人反应或评论中的细微差别表现出高度敏感，这种敏感来自对自体客体功能受损时可能受到伤害或轻视的高度警觉。他们似乎有更强的共情能力，对他人有更敏感的理解力（"共情"这个词的使用，并不一定符合科胡特在技术上的用法）。

投射测验材料的适应性通常是学生最不喜欢的部分，有时经验丰富的实践者甚至也需要提醒。适应性是最不可能被教授的，学生们很容易忽视它们，转而一心一意地追求病理特征的。为了给老师留下深刻印象，证明自己有能力深入探索人类人格，学生们经常会忽视被试适应性的迹象——除非他们自己的防御妨碍了对精神病理学真正的理解。

心理诊断测验首先是一种鉴别精神病理学的方法。显性干扰或异常人格表现得最明显、最强烈，有时检测到这一点可能会弱化测验者对适应性指标的注意力。心理咨询师有时难以识别思维或行为适应性的方面或相对健康的方面，测验者更难把握这些特征——因为他们与来访者的接触更为有限。尽管有尽量减少将来访者视为"样本"的倾向，但由于临床测验的性质，测验者与来访者简短而直接的临床接触会将他们的注意力转移到更狭窄集中的区域。

沙弗尔最关注的是精神分析元心理学的地形学和结构性观点，但他也认为埃里克森（1950）的自我同一性概念有望成为适应性特征的心理诊断评价之一。沙弗尔对这一领域诊断测验指标的讨论不像他对其他标准的讨论那样透彻，可能是因为埃里克森的观点过于新颖，还没有得到充分理解。他建议考虑与驱力相反的愿望。与认识到适应性潜力相关的，还有矛盾心理、愿望及相反愿望的表达、同一基本本能冲动的自我矛盾或自我和谐方面。

结合埃里克森的贡献，沙弗尔描写了交替的同一性状态，例如被评价为"好看"或"希望拥有"的意象，突出显示或抵消了来访者不高的身份认同感或被拒绝感。

尽管如此，他仍然观察到：

> "在解释测验结果时，我们在识别病理可能性和权衡病理趋势方面，做得往往比识别和权衡健康、自我整合的'正常'趋势方面更好，这是一个主要弱点。"

几十年过去了，这种说法仍然正确。尽管埃里克森的工作是理解自体早期的尝试，但他对同一性形成的强调源于与科胡特不同的理论立场。虽然科胡特关于人格成熟或适应方面的观点并不比埃里克森对同一性的理解更有潜力，但科胡特的理论提供了健康心理生活方面的另一种观点。科胡特的自体心理学还使测验者能够通过分析投射测验的意象，获得关于自体状态和自体对活力和凝聚力追求的洞见。下面几章的临床例子阐明了这些观点，特别是在自体心理学维度重新解释许多沙弗尔给出的临床例子。

主题内容分析：他人的观点

阿罗诺、雷兹尼科夫和摩兰

　　罗夏墨迹测验的使用者经常强调量化分数。事实上，大多数富有争议的诊断测验都集中在关于特定测量方法或计分方法相对优点的争论上。诊断学家很少将罗夏墨迹测验的内容作为解释的主要依据，尽管拉帕波特-沙弗尔传统的一个标志是试图将评分和内容分析方法结合起来。关于内容分析的文献很少，其中一些发人深省、合情合理，但也还有更多未经证实。对内容分析的了解再全面，也很少能超越资深临床工作者的经验带来的理解点。

　　除了关于定量分析和内容分析方法的科学争论，大多数临床工作者们还认为因为特定病例的气质或要求，这两种形式的证据对彼此有利。临床工作者对内容的理解就像他们对面谈材料的理解一样，具有鲜明的特点。

　　因此，临床事实有时可能没有幻想和相关内省材料那么重要，比如梦、早期记忆、对父母的联想以及对童年事件和来访者生活中他人动机的选择性记忆。这种方法类似于祖宾、艾伦和舒曼（1965）将投射性内容作为一种面谈类型的建议，尽管他们对投射测验的科学可信度或价值不屑一顾。

　　阿罗诺和列兹尼科夫的著作（Aronow et al., 1994）清楚地展示了内容分析如何增强临床解释的平衡性，尽管只针对罗夏墨迹测验。阿罗诺等人（1994）在一定程度上受到门宁格学派方法的影响，本着内容分析与评分相结合的精神得出了临床解释原则。他们把自己的工作描述为内容—个别化方法，并说明情况：

> "我们认为试图把这一临床敏感的程序'编入（regiment）'某种墨迹测验犯了基本错误，这个过程得不偿失。人格心理评估应把研究一般规律和特殊规律的目标与投射测验的方法相结合，从而承载各自的

独特优势。如果要进行客观测验，可以使用更多合适的工具，对心理学家的时间要求也要适度得多。既然如此，为什么要牺牲临床上灵敏性和常用的罗夏墨迹测验技术来追求这个目标呢？"

尽管此种陈述讨论了人们对综合系统某些局限性的看法（Exner，1993），但选择特定系统或评分方法并不会遮蔽其广泛的背景。仇恨有时仅产生于概念上的争论，在临床科学中关于临床解释指导原则的争论中没有一席之地。因此，史密斯（1992）的评论"美国人常常因痴迷数字而在概念上站不住脚"最好被视为过于个人化的言论。

阿罗诺等人（1994）描述了三种类型或层次的推论，他们将第一种类型或层次定义为"信息性（informational）"，由低层次推论深度的陈述语句或评论组成；第二种类型或层次与主题信息理解有关，涉及与心理动力学理解有关的"象征性联想（symbolic associations）"，类似于沙弗尔判断反应内容的临床适应证标准；阿罗诺等人（1994）提出了第三种类型或层次——"复杂的具体意象（complex idiographic images）"，它出自对具体联想的明确探索，表现为旨在引出来访者对罗夏墨迹认知对象的感受，以及认知对象唤起或暗示的问题。

虽然这种形式的探索往往令人生厌，但对于阿罗诺等人的第三种类型或层次来说却是必要的。如果采用这种方式，则必须明智地以非主导的方式进行探索，以尽量减少偏见，避免影响后续测验。如果严格执行必要的保障措施，那这种探索几乎是不可能实现的，因此问题的解决取决于平衡潜在丰富性和反应过程被干扰的困难。

主题统觉测验强调探索的态度（如果不是这类引导性询问的话），对询问规则的约束更少，对反应过程影响的了解也更少。一些诊断学家使用某种调查形式，旨在引出幻想的材料和自体表征，通过绘制两种性别的人体图形联想其他的内在状态。这样的探索更具体、更富有针对性，也容易引出更简单的特征描述，或者在探索个体动机、现象学经验深度和复杂性方面具有启发性。测验者希望了解来访者心理体验的深度，这无疑会影响探索性询问的程度。一位知识渊博、训练有素的临床工作者会仔细观察个体准确性动机和强迫性动机之间的界限（并仍深入探索）。

值得强调的是，阿罗诺等人（1994）认为临床解释第三层次的探索性询问过程具有双重性质。首先，探索性或启发性询问对于发现这类内容分析所需的幻想材料至关重要。其次，对于获得理解自体客体功能所必需的心理诊断信息，深入细致的询问至关重要，这也与本书的中心内容相关。

阿罗诺等人（1994）认识到，基于具体描述或内容分析得出的类型学远远不能满足严格的要求。他们认为，加快心理咨询过程的需要推动了对具体分析的倡导，但对咨询速度的强调很少促成咨询的深化。他们讨论了判断临床内容解释有效性的几个准则（如谨慎的推理思维，特别是对不确定性的意义和不确定参照物的反应）。

和沙弗尔一样，他们避免使用固定的含义，也避免机械地使用象征联想，强调要警惕测验者的"盲点（blind spots）"。

阿罗诺等人（1994）还强调了区分真实预测与常见反应的必要性，并提醒临床工作者注意应采取何种程度的解释。在序列分析中，他们强调，要将注意力集中在选择反应上，将其作为对来访者内心世界体验的中心方面的进一步联想或阐述。

阿罗诺等人（1994）认为序列分析很重要，但建议不要盲目滥用这种方法。

沙克特尔

欧内斯特·沙克特尔（Ernest Schachtel）对罗夏墨迹测验研究和思考的顶峰体现在其1966年的著作中。在这本书中，他提出了对主要决定因素和分数的看法，特别是基于经验基础和测验情境性质立场。沙克特尔的方式根植于罗夏墨迹测验、拉帕波特-沙弗尔及贝克和克罗普费尔的传统著作。这些流派影响了他对心理诊断测验史上一些最优秀的传统的整合。

沙克特尔的独特贡献集中在对罗夏墨迹测验技巧经验性的强调上。他的观点源于自我心理学传统，关注罗夏墨迹测验的感性和认知特征与情感和动机状态的关系。沙克特尔关于人格动力学和知觉之间关系的思考，受到哈特曼（1939）的初级和次级自治自我装置概念和拉帕波特（1951）的主体概念方法影响。不要把他关于体验过程的观点与当代术语混淆，比如哲学现象学、罗杰斯学派或格式塔心理咨询学派的术语，或者就此而言与精神分析自体心理学中的共情理解相混淆。

沙克特尔（1966）区分了非自我中心知觉模式和自我中心知觉模式，以及它们对罗夏墨迹测验反应的影响。非自我中心知觉强调的是知觉过程的客观化，比如罗夏墨迹测验知觉的客体是根据它的相似程度来描述的：一个人"象征性地/切实地抓住或试图'抓住'某个物体"。

相反，以主体为中心的自我中心知觉模式强调关注投射测验刺激物的情感基调如何影响一个人。这种反应在感官质量和情感状态之间创造了一种融合——被沙克特尔描述为本质上的快乐或不快乐。

沙克特尔（1966）从这个统一了感知、情感或动机状态的观点出发，考虑了罗夏墨迹测验的主要决定因素，并指出即使是同一个人在不同的时间进行测验，评分特征也可能是非自我中心或自我中心的。他阐述了形成罗夏墨迹测验反应的认知—知觉过程，以展示认知对象是如何被理解的（例如，形式如何被感知会影响个体产生或抑制特定反应）。沙克特尔描述来访者最初通过考虑物体的轮廓和其他形式的元素，以某种方式理解某个墨迹。非自我中心模式使得一个试探性的、类似于对墨迹的联想对象浮现——吻合度主要由对相似性的积极评价或批判性评价来决定，来访者最终决定接受或拒绝这样的联系。任何给定的反应要么产生、要么导致个体寻找更好的替代方案，以符合现实取向、批判性分析和判断的能力。

沙克特尔（1966）指出，自我中心模式影响了个体这种形式生成过程的经验。例如，像抑郁和无聊这样的情感状态可能会干扰个体形式知觉的处理。尽管感知的准确性通常不受影响，但兴趣的减少抑制了相似形状范围的生动性。

沙克特尔（1966）对罗夏墨迹测验反应过程的研究，为理解反应如何形成以及情感或动机状态如何影响决定因素提供了一个概念性基础。然而，对整个方案的最终解释是另一回事。沙克特尔使用内容分析作为正式罗夏墨迹测验评分的补充，这一思考显示出他对基于内容材料的使用比拉帕波特和沙弗尔更为狭隘，且与埃克斯纳（1991）的观点没有什么不同。沙克特尔的内容分析方法基于正式的反应特征（例如使用特定的决定因素），与沙弗尔和勒纳方法中广泛而明智的对内容的使用形成鲜明对比。沙克特尔的方法当然比他所批评的"字典法"更加严格，就像他在之前（1954）所做的那样。

沙克特尔（1966）认为，基于言语化和联想的内容不适合理解驱力状态、防御和适应性的努力。他认为，用内容来区分人格的这些特征是困难的，"在大多数情况下是不可能的"。他特别强调了人们将特定意义归因于卡片细节的倾向，并建议不要解读卡4和卡7上的父母意象，这是大多数使用罗夏墨迹测验的临床工作者普遍接受的建议。因此，除去对特定认知对象没有根据的推论和发散联想的评论，沙克特尔（1966）解释策略的精髓最能在以下陈述中体现：

> "罗夏墨迹测验的数据是被试在这些墨迹中所看见以及如何看见的内容，包括他所看到且完整具体的认知对象、所有的情感色调和'暗流'，所有知识和情感上的体验——品质、过程、顺畅度，也包括进入认知、联想、判断认知对象适宜性工作时遇到的冲突。从被试的话中，我们试图重建他的体验。分数只是对这种体验的抽象表达，而反应的语言内容也是一种抽象表达。"

勒纳

勒纳、沙弗尔和阿罗诺等人（1994）也强调内容分析的有用性和这种解释形式所需要警惕的部分。勒纳等强调，通过纳入产生解释过程的每一个步骤，将推论追溯到作为其来源的主要反应数据很重要。勒纳（P. M. Lerner, 1991）强调，要仔细搜索来自其他测验结果的验证性证据，并在来访者总体人格框架下考虑基于内容解释的内在一致性。勒纳等是特定诊断测验方法的拥护者，该方法借鉴了当代精神分析理论，包括科胡特的自体心理学观点。在这方面，他们认为内化的客体关系至少和驱力—冲突—防御分析一样重要。

勒纳（1991）也认为，序列分析是内容分析的一个重要方面。他同意沙克特尔（1966）的现象学观点，即序列包含了来访者对投射测验过程的体验或感觉状态的主要线索。勒纳在沙克特尔（1966）和克勒普弗的基础上进行了扩展，强调在序列分析中使用与阿罗诺等人（1994）相兼容的更广泛方法，使用正式的罗夏墨迹测验分数。

勒纳（1991）讨论了使用序列分析来识别心理分析中冲突和亏损模型中概念化的退行转移。在理解退行及其对现实测验的影响时，他特别依赖于形式水平和思维紊乱分数的排序。

勒纳（1991）重申了沙弗尔关于有效内容分析的指导方针，并对此做了进一步澄清，强调应在测验情境中尽量接近来访者的体验。因此，勒纳强调要持续关注每个来访者独特的特征，这会使临床测验有效性大大提高。

综合系统

在罗夏墨迹测验数十年的历史中，没有人试图将这一工具提升到一个超越埃克斯纳（1993）综合系统的、在科学和临床上值得尊敬的水平。埃克斯纳的工作立足于当代心理计量学理论，并受益于诊断病理学、可靠测量和测验验证方面一致的进步。罗夏墨迹测验不仅实现了必要的复兴，它的综合系统还为其他人格投射测验提供了复杂性的标准。本文的讨论集中在内容作用上，埃克斯纳将其用术语表述为语言表达和分数序列（verbalizations and sequence of scores）。

埃克斯纳并没有拒绝解释内容分析。他认为，如果在综合系统评分序列和主要评分组合产生集群之后，将内容分析作为一种次要的方法明智地加以应用，就可能是有用的。关于这个问题，埃克斯纳（1991）评论说：

"尽管对结构性数据在形成解释性假设方面提供最大效用的期望是合理的,但一些假设可能过于普遍或狭隘,甚至具有误导性。因此,在结构性数据相关发现的背景下,明智地审视其他数据归类非常重要。通常,分数序列提供的信息澄清或扩展了从结构性数据发展而来的假设,有时不寻常的排序效应则会产生新的假设。同样,尽管从语言化中发展出来的新假设必须被极其谨慎地考虑,但聪明的解释者应该能够从与测验中其他数据相关的口头材料里获得相当多的信息。"

埃克斯纳的综合系统方法并不提倡忽略内容分析,而是主张以一种经过仔细考虑的方式去囊括内容分析。大多数内容分析的倡导者都提出了同样观点,即遵循正式的评分进行内容分析,其谨慎应用,以明确的指导原则为基础。因此,埃克斯纳这样表达时并不孤单,他写道:"这幅画通过整合常规而独特的信息,以一种突出主体独特性的方式聚合在一起""产生于语言材料的假设,当内容或措辞方式同质时,相应的复合反应可能具有最大有效性"。

然而,综合系统主要依靠结构性总结出的正式分数和比率。解释的主要策略是从选择最合适的心理测量学衍生的集群搜索例行程序开始,这个程序由表示解释性工作起点的关键变量决定,并很少偏离这一过程。

主要的方法有两部分,首先系统地检查每个集群的发现,然后将所有集群中的发现编织在一起评估总体人格。在此之前,数据驱动的测验从核心集群评估开始,评估压力源和适应性资源,重点关注这些因素如何通过基本的内隐—外显轮廓进行协调。埃克斯纳倾向于从集群搜索选项开始,该选项提供了一个起点,优于以前从核心操作集群开始的方法。他确定了十个关键变量,这些变量决定了在不同的人格和认知变量集群中搜索的优先级。这一策略已成为最终临床解释的主导方案。

和沙克特尔一样,埃克斯纳(1993)也赞同罗夏墨迹测验的观点,对"让被试对系列墨迹做出反应是想象力测验"这一观点不感兴趣。他避免去修饰创造认知对象，并认为这项技术本质上要求被试"错误识别（misidentify）"刺激。由此带来的、解决问题的练习需要"违反"一些现实，这种过程引发了一系列认知加工操作，且受到被试当前的心理状态和心理平衡水平影响。

这个过程包括三个阶段：视觉输入和接受可能性的初步排序、删除低优先级反应选项的决策过程及最终反映个人个性特征或风格的、与反应匹配的选择。

埃克斯纳（1991，1993）认为，投射"只是罗夏墨迹测验中的一种可能性"（Exner，1991），且在主要的知觉—认知处理方法中的作用最小。这样看来，投射通常作为一个状态变量出现，它可能会粉饰语言的丰富性，而不是作为主要反应过程的一个基本特征。几乎所有从事罗夏墨迹测验研究的杰出人物都观察到，投射是参与反应形成的几个心理过程之一。在罗夏墨迹测验开发者的侧重中，它作为一个主要机制的重要性各不相同，尽管所有这些人物都承认投射是由工具本身引起的。

主题统觉测验和其他投射方法

如前所述，大多数关于解释策略的心理诊断文献都致力于强调罗夏墨迹测验，这可能是因为正式的评分系统已经开发出来供人们使用。罗夏墨迹测验仍在继续流行，尽管关于特定代码的优点及其含义的问题一直存在。有这种情况是好的，它可以促成对经验主义答案的启发式提问，这对于人格测验这样临床性质的科学来说非常重要。可靠的罗夏墨迹测验评分系统使我们能够继续发现最优的组合分数策略，从而产生准确的心理推论。内容和序列分析的问题也陆续激发着研究者们相当大的兴趣，但这种分析形式经验方法的缺乏，是困扰许多精神动力临床实践和理论的问题所在。如何将主题分析与形式评分相结合，是投射性测验心理学中另一个尚未解决的主要问题。

除了罗夏墨迹测验外，投射测验的价值也存在着矛盾——很大程度上归咎于缺乏被广泛接受的评分系统。其他投射测验很容易在研究时被忽视或轻视，但令人惊讶的是实际上它们仍然被许多临床工作者非常频繁地使用（且常常与罗夏墨迹测验结合使用）。当然，像主题统觉测验和人物绘画测验等还是被认为是重要和有价值的，尽管临床工作者对其价值有所保留。

虽然数个工具还在作为许多测验组合的一部分使用，主题统觉测验可能仍然是这批测验中使用最频繁的，尽管没有一个公认的评分系统，但关于它的临床应用已经有了很多经验。多年来，利奥波德·贝拉克（Leopold Bellak）一直是这项研究的主要倡导者之一。为了在本章中给使用诊断测验的策略提供一个平衡的观点，我的描述包括了贝拉克对主题统觉测验的观点（Bellak & Abrams，1997）以及理解该工具的其他方法。

贝拉克假设，来访者对卡中人物的反应不像作为真实情境中真实的人的反应，而是由内心的感觉和需求状态决定。像大多数写过临床解释的诊断工作者一样，贝拉克建议，主题统觉测验的解释应该建立在多个数据源重复的模式之上。他认为，主题统觉测验分析的主要元素是表示主题或冲突的部分以及显示与来访者关系最密切的人物象征。通过研究情感、愿望和冲突如何与不同的主题统觉测验人物象征相关联，贝拉克重建了来访者的心理世界，包括来访者心理环境中的重要人物，这些人物可能被赋予了剥削、敌对、仁慈等特性。贝拉克试图得出对焦虑的结构性描述，包括它是如何产生防御和适应的，这些都在主题统觉测验的意象中有所体现。

其他心理诊断工作者也提出了对主题统觉测验的解释方法且在许多方面是重叠的。默里（1943）对主题统觉测验反应的传统分类强调内部需求状态或压力，因为他认为这些会对来访者产生冲击。亨利（1956）强调了反应的形式特征（如组织特征、语言结构）与内容特征（情感基调、积极或消极内容）的区别。罗特（1947）强调几个突出的原则，分别聚焦反应发生频率或主题持久性、故事重要方面不寻常的程度（比如非典型情节或被误认的人物形象或客体）、对认同的核心人物的描述。罗特提出了解释性假设，强调家庭态度、社会性态度、学术—职业态度、个性特征和病原学方面。

拉帕波特等人（1945，1968）在对这一工具的讨论中将主题统觉测验故事结构的形式特征与内容区分开来。故事结构代表被试对任务指示的遵从，包括遗漏和扭曲的信息、过分强调的具体画面（而不是所描述的情境），以及测验卡中没有出现的人物。为了与来访者的总"产出"保持一致，测验者还对故事结构进行了评估，可以从整个主题统觉测验集合对常见主题的偏离和变化中看出这种一致性。最后，对故事结构的分析还包括要注意言语化的特殊特征。拉帕波特（1945，1968）和贝拉克（Bellak & Abrams, 1997）一样，认为故事内容分析考虑了情感基调、对故事人物的认同、故事中可能出现的障碍以及故事内容所代表的抗争。

这些文献大多出现在20世纪40年代和50年代，之后对主题统觉测验的临床研究就日益减少。自拉帕波特等人（1945，1968）以来，主题统觉测验的修订或临床再概念化的次数变多。人们分析主题统觉测验的许多方法也可以应用到人物绘画测验中。基于经验主义对主题统觉测验、人物绘画测验、罗夏墨迹测验的内容和序列分析的解释原则，并没有跟上这类工具的发展，这是事实，但这并不意味着这些测验就没有价值了，它们的潜在有效性需要得到更好的检验。如果没有精确的经验基础，要想使用这些工具，就只有用传统上宽松的应用方法了。

可以应用沙弗尔（1954）的充分证据准则来判断罗夏墨迹测验对主题统觉测验和人物绘画测验的解释是否充分（Schafer, 1967）。与罗夏墨迹测验的认知对象一样，不同寻常的特征也适用于不同的故事和图画。在同一张卡上，小男孩更喜欢和朋友们一起玩而不是练习小提琴的故事是一回事；他在父母的惩罚威胁下被迫练习小提琴的故事是另一回事。当故事指向男孩的父母不知道或不关心孩子想把小提琴拉好的愿望或被朋友接受的愿望时，又呈现了另一种心理状态。因此，偏离规范的故事可以提供来访者心理上突出关注内容的线索。

如刚才引用的主题统觉测验故事，投射测验的内容在各种理论框架的影响下可以有不同的理解方式。因此，测验者可以根据他或她的概念性观点来"听见"或听取素材。事实上，测验者可能会在理论偏好的影响下，选择不同问题进行探究。

只有当某个反应被忽略或者按照测验者希望发现的意义被注意到时，这种情况才会成为一种偏见。当一种理论取向影响了测验者寻找证据来支持或反驳临床假设的方式时，如果能以一种自律的方式进行探究，并冷静地考虑其他隐含意义，这就不是偏见。

例如，在"被要求练习小提琴的男孩"这个反应中，一个受传统训练的测验者可能会选择从惩罚行为、内疚感或超越父母的角度引出更多关于"不练习的后果"的联想。客体关系理论可能会使测验者更加好奇个体因被命令或主动性被压制而产生的愤怒情感或惩罚行为。自体心理学取向的测验者倾向询问男孩对于没有达到父母期望的担忧。

主题统觉测验比罗夏墨迹测验更容易受这种潜在偏见的影响。理想情况下，测验者应该在不将注意力引向故事任何特定方面的情况下，引出来访者可及范围的所有联想。然后，测验者再决定哪一种推论最接近来访者对主题统觉测验卡所代表的情境的现象学体验。虽然可能听起来很客观公正，但临床工作者并不以这种方式工作。以这种方式定义的公平或公正，与临床思维几乎没有任何关系。不偏不倚或试图摈除偏见，并不一定会让相应的解释比那些以习惯性的思维方式获得的解释更准确。这类客观探究失败的主要原因，在于理论取向正确与否不是根据"获胜者"来决定的，测验者不得不做他们自己——他们理解他人和他人体验的框架就出自自身。

因此，这的确是一个问题。不在于测验者有多少正确性，而在于承认他们是从自己所偏好的概念方法的优势位出发来看待临床素材的。

与心理咨询一样，寻求认知行为治疗的来访者，不被建议与精神分析师工作。精神分析师和认知行为治疗师对来访者的评估方式是不同的，就像耳鼻喉科医生和牙医对下颌疼痛的病人的评估可能也不同。因此，不同的理论观点或方法并不等同于偏见。从内容分析的角度来理解人格动力学时，我们可以合理地要求测验者对其他理论的可能性保持开放。持有某种理论偏好，并不是一种偏见；只有当偏好排除了其他观点，偏见才会产生。

沙弗尔在看待证据充分的解释标准时认为，主题统觉测验故事的独特特征应该作为一个贯穿所有卡的连续主题持续存在。因此，反复出现的主题、冲突或防御偏好，应该可以在多张卡上检测到（可能也可以在其他测验中检测到），尽管不需要每张卡上呈现的程度都相同。这种连续性的要求反映了证据的趋同度，从而为突出个性特征的一致性匹配了有说服力的实例。一些特定测验的解释证据在不同的测验中强度也不同，但重要的是临床工作者应该检查各种测验的证据，以增强对最终解释准确性的信心。

将主题统觉测验卡1上的男孩解释为一个在被迫练习的人，并不一定意味着来访者认为其父母是教条主义者或独裁主义者，也并不意味着卡2中那个留在农村而不是去城市追求事业的女孩一定是被父母束缚着的。测验者可以考虑这种可能性：卡1上的男孩在心理上感到被抛弃了，而不是被父母压迫；卡2上的女孩病理性地理想化父母的价值，从而感觉无法与他们分离，而不是因离开他们而体验到内疚。

测验者会假设在整个测验中自然而然地有足够的证据支持这样的解释推论。对罗夏墨迹测验上的特定图像赋予特定含义的态度，同样适用于主题统觉测验和人物绘画测验。

测验者应提出探索性的解释，当内容的独特性迫使我们得出某种结论时，这种解释就会获得可信度。在投射测验材料中，没有固定的或通用的象征参照物。随着理论知识的进展，测验反应的意象和联想性线索可以帮助我们对扩展的解释保持开放态度。因此，拉帕波特和沙弗尔所使用的驱力理论或自我心理学框架，并不需要排除其他关于测验反应意义的观点——无论这些观点是自体心理学、客体关系还是其他。

同样，从人物绘画测验中推断出的材料，也不需要例行公事地关注象征性表述，比如"手放在背后"和攻击性冲动之间存在等价性。尽管这样的解释是一种可能，梅科威（1949）和哈罗尔（1965）也为此做出了有益的贡献，但这种解释的普遍性和许多其他等价类型从未被牢固地确定下来。不应忽视"手放在背后"反映了攻击性冲动的可能，但测验者还可以考虑被试缺乏自信、感到羞耻甚至自尊脆弱等解释，从而适当地从其他投射性内容中获得支持，以发挥其潜在的解释价值。

投射测验解释的自体心理学方法

沙弗尔的标准直接遵循自我心理学的观点。因此，需要考虑的关键因素是分析防御及其强度、广泛性和韧性。传统的驱力理论方法虽然与自我心理学没有根本上的冲突，但除了分析防御行为及其变迁，内心冲突的类型及具体的动力更值得关注。

客体关系概念化的重点有所转移，例如关注原始或古老的吞噬-攻击性冲动，就像梅兰妮·克莱因（1935，1975）所描述的偏执-抑郁位置，还有冈特里普（1969）所描述的分裂性退缩-回避适应。勒纳等（1988）著作中的几位来访者为温尼科特（1953）关于过渡性客体和虚假自体的概念提供了丰富例证，有助于我们理解投射测验的内容。因此，自尊或自体凝聚力的调节以及自体客体功能的本质也以类似的方式成为自体心理学的焦点。

当拉帕波特和沙弗尔关于心理诊断测验的开创性著作问世时，自体心理学还不为人知。精神分析的主要理论观点是自我心理学，受哈特曼等的影响。当时梅兰妮·克莱因的工作也在积极进行中，当代客体关系理论家的著名先驱——如伊迪丝·雅各布森（Edith Jacobsen）和玛格丽特·马勒（Margaret Mahler）——对前俄狄浦斯病理也有其他表述。由于弗洛伊德的结构理论自然地导致了自我心理学再度得到重视，精神分析不断发展的观点不可避免地把重点放在说明防御、人格病理学和自适应综合的自我功能上。

安娜·弗洛伊德（1936）对防御的关键性研究在这方面起到了重要的桥梁

作用。这一时期精神分析思维的主流观点，为拉帕波特及其同事在实验心理学中发现临床精神病理学与认知-知觉功能之间的互补提供了兼容的理论观点。这一努力的结果之一是一套人格和知觉认知的测验，它成为人格评估或心理诊断测验（diagnostic psychological testing）的基础——用拉帕波特的话说。

那么，如何将科胡特的理论融入投射测验中呢？我们没有理由相信，沙弗尔为从驱力理论推论所提出的相同标准不能像逻辑上系统化应用于自体心理学的表述一样。由于基于经验的测验分数或标记并不存在，有关自尊调节或自体凝聚力的结论必须几乎完全依赖内容和序列分析。沙弗尔的标准可以很容易地扩展到对自体状态和自体障碍的研究，因为分析反应模式的方法不受影响。相反，指导临床解释测验结果的理论观点已经改变。

例如，让我们考虑一下沙弗尔关于"解释性地评论反应"的启发性观点。当被试提到一个偶然的特性或一个不常见的（也许是特殊的）阐述时，这一点就变得明显了，好比罗夏墨迹测验反应中某个墨迹被描述成"一架坠落下来的飞机"或者是"一片枯萎的树叶"。类似这样的反应多次出现，增加了关于"坠落"或"枯萎"的意象解释的显著性，比如一个关于健康状况不佳或不断恶化的主题统觉测验故事。在这种情况下，人们注意到某类反应并试图了解其心理意义，这并不是任何特定理论所特有的。

在驱力理论解释中，"坠落的物体"或"枯萎的树叶"反映了相对成熟的性心理发展水平，代表了阴茎嫉羡的挫败、俄狄浦斯情结的失败或客体爱的丧失。如果根据总体反应记录判断个体的防御发展水平和成熟度，以表明退行水平，那么同样的意象可以被概念化为恐惧失去客体的口欲期或肛欲期表现。客体关系理论家可以把"坠落"或"枯萎"等意象看作自体或客体世界解体的反映，从这个意义上说它代表了一种精神病理学的缺陷观，而不是一种以冲突为基础的观点。

从一个相关但不完全相同的角度来看，自体心理学的观点也可能认为"坠落"或"枯萎"的意象并非根植于冲突之中。这样的反应表明一种自体状态，它传达了"自体无法以持续或活跃的方式体验自身"的感觉。

习惯上，人们将特定的意义归因于心理组织水平，而不是恰当的联想内容，包括结构性冲突或缺陷、防御的质量和成熟度，以及由此产生的病理综合征或临床现象。虽然形式评分和经验决策规则对临床判断有典型的决定性影响，但反应的内容应与症候或特征诊断相一致，内容的具体含义也应遵循临床发展的诊断。因此，如果诊断主要涉及结构化的神经性冲突，则"坠落"或"枯萎"的意象遵循阴茎嫉羡和俄狄浦斯情结的解释。同样的反应可能象征着个体在短暂的精神病状态或代偿失调的边缘状态中，体验着对分裂的恐惧，如果将其定义为一种自体障碍，它将被视为虚弱的自体镜映。

一般来说，罗夏墨迹测验所感知的与恶化状态有关的意象是值得注意的，无论是物体（剥落、瓦解、枯萎、摇摇欲坠、渗漏、岩块掉落、破碎、衰落、腐败），还是人或动物（摇摇欲坠、衰老、委顿、受伤、生病）。自体失调或脆弱的自体凝聚力的相关迹象，在主题统觉测验故事中可能表现为与失败、不同程度的退化或疾病有关叙述。同样，在人物绘画测验也可能表现为身体某些部位受伤、衣服凌乱不堪或者细节上对个体虚弱状态的暗示，比如一把坏了的雨伞、一个需要修理的纽扣或一个破旧的钱包。蔫巴巴的树、漏水的屋顶或需要粉刷的房子，也蕴含了脆弱的自体凝聚力的相关迹象。

在询问时，来访者对于人物或看到的主题统觉测验故事的叙事描述，可能甚至比特定的图像——如受伤的身体部位或物体——更能显示出自体病理的迹象。这些叙述中所包含的自体心理意义，可能与确认自体客体的功能或需求尤其相关。因此，一个撑着一把破伞站着的人可以被描述为有能力寻求另一种方法保护自己，比如去修伞而不是无助地被雨淋透，或者可以寻找一个强壮的、能给予保护的人来帮助他完成自己无法完成的任务。

若用自体心理学方法进行说明，卡1的主题统觉测验故事可能是"某个男孩试图在没有父母或老师的帮助下学会拉小提琴"。这个故事可能伴随着一种绝望或无助的情感状态，也可能只是简单地描述一个解决方案，带有中性的情感。因此，关键在于来访者的情感状态及其表达的意义。若表示绝望，来访者可能描述了自体被摧毁的程度——事实上视野中没有任何潜在的自体客体；若强调无助感，被试可能是在表达自体的无能为力，这唤起了一种动力不足或脆弱的感觉状态。此反应还表明尽管需要额外的证据来支撑特定类型的自体客体功能，自体客体的回应依旧很重要；若来访者除了描述与解决问题有关的深思熟虑，没有其他特别的情感状态描述，则可能代表一个足够独立的自体——既不会在无助中动摇，也不会因绝望而崩溃。

若把缺乏强烈情感表达看作一种防御性的反应形式，例如隔离或压抑，可能是错误的，中立性还可能反映出被试因自己的才能而自豪。虽然科胡特认为自体并非完全没有任何自体客体，但必须从其他测验指标中确定隔离或孤独的体验是防御性的还是健康的。

探究情感品质对于这些临床特征至关重要，尤其是对于主题统觉测验的故事和人物绘画测验的意象。一个敏感而精明的测验者可以在不牺牲临床客观性或偏离方向的情况下获取信息，测验者必须记住，诊断测验的目的是揭示和暴露人格的深度，而不是支持或教唆一种防御姿态。心理诊断测验不是在令人恐惧的打针后提供的安抚棒棒糖，它就是打针本身！进行诊断测验应追根究底，而不是例行公事般的机械重复。测验通常不会使来访者感到不安——如果他们感到不安，那可以很好地加以探索，让来访者从中受益。

从自体心理学的角度来解释主题统觉测验卡1，那么故事的一个常见结局是"男孩成了一位著名的小提琴家"。这一结局有时被误解为是一种夸大的迹象。实际上，一个更接近科胡特观点核心的推断会认为成果是对一个人的能力或成就的骄傲声明。在发展过程中，它与初学走路的孩子探索世界时的快乐是平行的。尽管源于科胡特所谓的自体夸大表现极，但自大的解释可能并不正确——它可能夸大了病态的骄傲和雄心勃勃的主张。很快地假定这是病态的夸大，会错失对一个充满活力的自体的关注。若要进一步探索这个故事的结局，最好引导来访者想象成功的结局中男孩会如何被回应或镜映。

对卡1故事更典型的描述是父母或老师强迫孩子练习。通过理解男孩和父母之间给予和接受的关系,能最好地理解自体客体功能的性质。难道父母看不到孩子的需要吗?父母有没有猜到孩子需要什么?父母在不在孩子身边——无论在现实生活中还是在心理上——有没有让孩子独自承受了太多压力?男孩是否以控制、惩罚、关注或其他的情感形式从父母那里寻求某种程度上的回应?家长或老师能不能在履行权威职能的同时给孩子留下空间,让他感到有人在听他说话,或者赋予他一些求助权利?这些都是重要问题,要试着在探索中回答。它们对于理解男孩(也就是来访者)对自体客体环境的体验至关重要。

从这个角度来看,家长所代表的自体客体功能是一个重要特征。对于这点,测验者应该能够感同身受。精神分析师和心理咨询师以同样的方式倾听,但听取的是不同材料。测验者可以通过关注来访者对卡1中男孩自体状态的幻想以及来访者所看到的内容,来了解其自体客体功能缺失的部分或者干扰来访者发展的部分。同样重要的是,要注意那些看不见的、但仍然是来访者描述男孩自我体验和自体客体反应需求时重要的人物心理特征。不管是采用自体心理学的方法,还是采用其他心理动力学方法,仅仅贴近图画表面将一个故事简化成相对简短的形容词,是不符合要求的。

可以从前面的例子推断关于来访者自体状态的有用信息。故事中的父母都十分忙碌、经常缺席,这个孩子绝望的感受暗示着他缺乏共情式的理解,也暗示着父母对男孩的困境一无所知。这个故事预示着来访者的期望——他或她没有被听见,是疲于满足别人需要的、无助且无名的小卒——即镜映和理想化的自体客体需求。缺席的父母无法满足男孩自体客体需求的例子也暗示着来访者的自体客体功能可能存在缺陷,此时男孩经历的是无助而不是绝望,那么对自体的伤害就能通过足够的共情反应来修复。最后一种描述说明自体客体功能很可能在相对正常地运行,不存在对自体凝聚力的潜在伤害或失活——它可能意味着来访者拥有能给出最佳反应的父母,他们能与孩子一起工作,允许孩子追求自己想要的东西,同时仍然能坚持父母自己想要的或认为对孩子有好处的东西。虽然并没有特别描述镜映或理想化功能，但可以假定这两个功能都不存在缺陷或不可用。

这些例子表明我们可以用主题统觉测验的故事推断自体状态，但是它们对于特定的自体客体功能来说是中立的。怎样才能在主题统觉测验的故事中看到来访者需要的镜映和理想化呢？为了回答这个问题，我再次描述同一张卡延伸出的不同故事方向。

其一，描述了父母坚持让男孩练习，而没有意识到或关心孩子想要的是什么。针对父母动机或需求进行的探索询问显示，他们不倾听孩子，也不许他做其他事情——比如和朋友一起玩。这种描述指向的是"男孩的抱怨被忽视或缺乏回应"，是镜映不充分的一种表现。故事中的男孩想让别人知道自己的需求，却总是被忽视，这会让他觉得自己没有得到肯定、是微不足道的，他无法坚持自己的立场或者无法感到受鼓舞。如果来访者继续描述这个男孩的努力没有得到重视，并感到无助、悲伤或受伤，那么预示着来访者缺乏镜映的情况更加严重。

其二，错误的理想化。故事中男孩被赞赏的愿望被忽视或拒绝，因此觉得自己毫无价值或感到羞耻。男孩可能因为担心达不到老师或家长的期望或预期老师会否定他，缺乏练习的热情。或者男孩觉得没有一个合适的榜样来告诉他该如何演奏小提琴，他学得太无聊，父母得提供一些鼓励或理由，才能让他继续。父母不在场的情况下，他也无法继续练习。我们可以据此推断理想化的自体客体功能被破坏了，特别是如果伴有更早期尝试中的镜映需要未被满足的证据。

其三，来访者可以描述这个男孩在寻找一个像自己一样的人，让他能感觉到对方对他的依恋，他们经历着一样的共情理解失败的困境。孪生自体客体功能可以为自体提供足够的活力，使男孩能够应付这种情况。重要的是，要确定这种充满活力和成就的自体状态是否需要自体客体持续存在，从而以足够有力的方式维持自身。

通常需要测验者更有力地询问，以及一个有能力陈述这种影响的来访者，才能确定投射测验刺激所激发的自体客体功能的性质。来访者可能无法足够详细地阐述许多主题统觉测验故事，而这一反应只表明自体客体体验还没有被激发出来，探索性阐述往往没有充分说明其所调动的具体自体客体功能。缺乏共情反应并不一定意味着缺乏共情式理解，但在一些主题统觉测验故事中反复出现长期且持续地缺乏对需求的反应的迹象，确实表明了某种自体客体功能的紊乱。

尽管对卡1常见的叙述具有代表性地表现了涉及来访者和向来访者提出要求的权威人士之间的关系，但它可能不是描述自体功能最合适的卡。这些例子表明，常见故事会提供自体状态的一般迹象，但自体客体需求的深层本质通常伴随着更丰富、详细的描述——要么由来访者自发提供，要么只有在积极地询问中才会被探索到。

根据主题统觉测验卡自然唤起的"牵引力（pull）"，可以得到更好的自体客体功能例子。对卡片的叙述若涉及不止一个人物，那就代表着某些类型的关系。

例如，卡2经常包含一条故事线，揭示来访者如何处理与原生家庭分离的发展过程。女儿和母亲之间关系的本质也可以在故事中被捕捉到——特别是如果母亲不能放手让女儿独自成长，女儿在独处时就会产生一种孤独或脆弱的恐惧感。这种反应提供了一些虽然假定但有用的信息，即女儿的自体客体需要来自一个不能忍受丧失或者分离的母亲。来访者可能描述说卡中的母亲将失去自身的一个重要部分，而女儿可能被体验为是母亲自恋的延伸。这个描述暗示着母亲感觉到她的母性功能不再被需要，也感到不被镜映、空虚或枯竭。母亲可以从女儿那里得到骄傲和寄托，而女儿则把母亲当作理想化的对象。从母亲的角度来看，母女之间的联系如此紧密，以至于可能的孪生自体客体功能潜在被中断，这代表了一种特定的威胁或脆弱性。

一个与此相关但并不相同的模式也可以出现在卡6上。要充分理解这种关系的心理动力，需要进行一定程度的探索，而不能仅简单地确认来访者经历中已经发生的分离或关系破裂。应该确定分离的幻想意义，以理解它对两个角色的意义。卡7围绕母女关系的亲密本质，经常被视为母女互动的表征，也可以帮助我们理解来访者的自体客体功能。可能的描述是"母亲在给女儿读书，但女儿目光游移，沉浸在内心的幻想中"。从更深层来理解，来访者注意到的是把目光移开的女孩——她已经不再关注母亲了，与"在母亲的陪伴下感到满足的女儿"相比大不相同。只有当来访者真的受到压迫，故事才会揭示母亲和孩子之间破裂的关系是否存在共情失败，也能有助于我们探索该如何补救。母亲有意识到女儿此刻的心不在焉并试图重新进入她的世界、与她融合吗？或者如果不是不关心女孩当下的心理状态，只是对此没有察觉，那故事中的母亲还会继续给孩子读书吗？

测验者需要确定来访者是如何感知母亲的情感同调性的，并通过推断来确定其生活中的亲密人物。即使是一个表明母亲有参与其中的故事，也并不意味着存在共情同调反应。在某种程度上，若母亲坚持让孩子继续听她讲故事，或者把孩子的顺从听话理解为一个好的自体客体环境，那么就会错失共情同调的良机。

这些反应的一个显著特征，是孩子们在设法得到其所需的自体客体功能——通常是从父母那里寻求赞赏或肯定（而父母往往不知道孩子在寻求些什么）。服从的故事暗示着为了赢得母亲的反应性镜映，来访者几乎遵从所有安排，即使故事的结果表明孩子感到压抑或者在默默地忍受不充分的自体客体环境带来的悲伤或失望。自体客体环境没有以最佳状态存在，女儿可能要么别无选择，在心理上被固定，只能被动地服从直到母亲的"演讲"结束；要么因此感到抑郁，开始幻想自己是怀中洋娃娃的母亲——不同于自己母亲的好的照顾者；要么会很生气。

来访者也可以着重强调女孩和洋娃娃的关系。对于理想化的或孪生的自体客体功能，这个反应很有特色。一些常见的故事会描述卡中的女孩在想象她变成了自己的好母亲，而身旁的母亲在教孩子如何照顾她的洋娃娃。若这样的故事情节还直接涉及母亲对孩子不感兴趣或感到怨恨，那我们可以从中看到理想化的自体客体功能在健康地复兴。孪生移情在某些方面也可能存在，如果来访者强调女孩对待洋娃娃时是在精确复制母亲对她的同调或照顾，那么可以理解为女孩在通过模仿将自体客体功能延伸到洋娃娃身上。

从病理学的角度来看，当故事为母亲对女孩的需求不回应，女孩也不设法与母亲共生，或者在幻想通过某种方式与洋娃娃获得自体凝聚力的修复，这会是最不令人满意的情况，意味着自体障碍可能无法治愈。在这个故事中，镜映和理想化都不能正常工作。

这种反应表明来访者不仅有初级心理结构缺陷，还缺乏补偿结构，没法以之作为恢复受伤自体的另一种途径。对于充斥着悲观或抑郁情绪的主题统觉测验故事来说，一系列重复的结果有时是一种绝望的表达，这源于自体意识被严重破坏或丧失活力，而自体客体的资源有限，无法帮助其修复。

第 五 章

※

自体客体功能的临床指征：镜映

在本章中，我会考量镜映的自体客体功能在投射测验中出现的情况。我把镜映作为一种自体客体功能来关注，它能让自体充满活力和韧性。镜映是一种方式，人们以此来体验被肯定或被赞赏的感觉，这一观点与科胡特（1977，1984）对镜映的最终思考很接近。虽然镜映源于自体的夸大表现极——这里借用的是科胡特（1966，1971）早期的描述——然而他后期的著作强调，情感支持而不是表面上的夸大才是更基本的自体状态。我首先讨论了夸大的心理诊断测验指标，但需要强调应该从拓展的视角——受干扰或镜映不足的观点——来重新讨论我们在投射测验中看到的夸大。

本章的其余部分涉及大量有关镜映的临床例子。我认为，赞赏是一种正常的镜映自体客体需要，而幻灭和贬低是镜映自体客体失败的病态形式。这些例子包括来自沙弗尔、勒纳、霍尔特和舒格曼主导的罗夏墨迹测验和主题统觉测验中来访者的反应。在讨论中，我试图证明镜映的自体心理学观点可以应用于投射测验反应，从而提供一个超越了驱力理论或客体关系框架的替代观点，以更好地理解人格动力学和精神病理学。

本章所要展示的临床片段属于投射测验中的一些反应，而不是完整的案例。虽然第七章和第八章才会呈现有关完整病例的深入资料，但我并不提倡将完整的临床解释建立在孤立的例子上。下面的例子只是一种描述，不一定起关键性作用。

夸　大

心理诊断测验长期以来的传统，是将夸大等同于自恋。科胡特扩展了这一传统，将夸大重新定义为一种正常需求的表达，即对准确的、共情的反应或镜映的正常需求，而不一定是病态的（当然它也可能代表病态）。科胡特（1966，1971）首先认识到镜映移情的重要性，因为它起源于自体的夸大表现极。因此，他在早期的临床描述中使用"自恋障碍"一词可能并非偶然。科胡特和他的同事后来不再强调夸大和"自体的夸大表现极"，这种对病态夸大的淡化，是因为人们越来越清楚地认识到它的出现（以及它的其他表现形式——通俗地称为"自恋"）从根本上来说是一种对共情同调的正常发展需要。

从这个角度来考虑自体失调，夸大在心理诊断测验中就有了不同的含义。在投射测验中很容易存在明显的夸大现象，常见的例子如罗夏墨迹测验中"已知人类历史上最好的飞机""能摧毁这个星球的最强大力量""一个国王坐在宝座上，看着自己的王国"等反应；也如主题统觉测验中故事可能的结局——"他成为本世纪最好的小提琴家""这个年轻人说服全国最好的律师帮助他免除超速罚单"。这种与夸大有关的测验指征不一定要解读为自恋，更确切地说，它是一种防御性的努力，用来提升摇摇欲坠的自体凝聚力。测验者应该寻找来访者反应中那些自尊缺乏的方面，而不是自尊夸大的方面。这样的测验指标往往很微妙，不能被立刻察觉。

下文许多例子都是夸大的表现，其中一些来自来访者的反应，这些来访者往往自尊膨胀或者权利意识很强，按照标准可以被诊断为自恋障碍。虽然大多数例子都暗含自恋障碍的诊断，但相应情况十分罕见、短暂，难以令人信服。我之所以选择这些例子，是为了证明许多让人联想到夸大的反应，很可能是伴随着自体失调的防御性虚张声势，虽然有几个例子实质上超出了个体对赞美的正常需求。典型的情况是，渴望赞美要么揭示了镜映的缺陷，要么表明自尊受到了伤害，这是未能共情地镜映自体客体反应的结果。

科胡特认为，夸大是身心健康的孩子对自己的能力感到快乐和自豪的某种夸张表现。只有当个体期待自己的傲人成就可以被回应但长期求而不得时（或者更糟），或当个体对实际上很正常的"自夸（tooting one's horn）"过度羞愧时，夸大才会成为一种病态的自体失调反应。科胡特认为，在正常的发育过程中，对孩子表现出的全能感的恰当反应，就是愉快地接受——他所谓的"母亲眼中的光芒（the gleam in the mother's eye）"，这构成了自豪感内化的基础，孩子从而发展出正常的自尊。只有当正常的自尊萌芽被他人忽视、压制或贬低时，这种特性才会以夸张的形式存在。

随着年龄的增长，如果发展正常的话，孩子无限的全能感就会变成雄心和奋斗的基础，并且变得不那么醒目了。只有经历了挫败或失望且自尊水平没有下降，个体才会逐步走向成熟——前提是自体客体的反应能力处于最佳状态，足以使个体容忍天赋和能力有时会衰退的事实。共情功能好的父母或类似客体会传递这样的感觉：尽管孩子有"缺点"，但他们依然爱他或愿意关心他。否则，孩子们可能会重新体验到失去活力、抑郁或愤怒，这些都是被低估或未被镜映的自体特征，会持续到青春期和成年期。因此，当一个萌芽的自体需要被认可、欣赏或肯定时，镜映是一种正常反应。它是产生稳定、内化的基础，能使人们在追求抱负或志向时充满自信、活力充沛。缺乏镜映会带来自体失调特有的感受，包括抑郁、乏力、愤怒以及防御性夸大。

"最高级的飞机""强大的国王"或"想要努力成为最伟大的小提琴家"的例子都说明了个体宏伟但过度的愿望。在虚张声势的外表下，往往是飘忽不定的自尊。因此，最高级的飞机可能会坠落、强大的国王可能会被推翻，男孩最终也并未能成为小提琴家。

涉及活力或力量的投射测验内容并不像前面的例子那样采取夸大的表现形式。比如在罗夏墨迹测验中，详述并强调宇宙飞船起飞的宏大场面、令人印象深刻的雪人、威风凛凛的狮子（强壮还长着浓密鬃毛）等反应，强调了个体想要被赞赏的需要，有时还会额外附加来访者被误解、被忽视或其他表明共情失败的感受。

其他例子则更加微妙。下文是一名37岁消防员在暴怒时的罗夏墨迹测验反应。他曾亲眼目睹父亲死于一场车祸且无力阻止，还继发了急性反应。这位来访者用"隐形轰炸机"解读罗夏墨迹测验卡5——"宽大的机翼，油光锃亮，但无法被监测"。尽管这种解读含有保密、攻击和不想被发现的含义，但它也可以被看作暗示夸大性质的意象，比如"成为同类中最好和最强大的"。这种反应传达了一种渴望，即个体希望因其光鲜的外表而受到赞赏。就心理发展而言，这与以下情景并无不同：小女孩炫耀漂亮衣服，小男孩钓到大鱼想要受到赞扬，或者一个人评论自己的新车："这车真漂亮啊！"

这位来访者还给出了几条反映其脆弱感的回答，表明了对伟大的幻想很容易与不那么讨人喜欢的自体观念共存。在隐形轰炸机之后，这个人解读卡6："是一种我不认识的微生物。它看起来像是在显微镜下，被压在两片玻璃载片之间。"对卡8，来访者的反应是："像两个在爬行的啮齿动物被粘在一堵墙上，只露出一只脚，看起来像快掉下来了。像一幅卡通画"，在卡4上："一只海狸躺在路边，看起来没精打采，惨淡的毛色让它看起来虚弱无比，像一具陈年干尸。"

在海狸的意象之后，他试图恢复自己虚弱自体的韧性，但这种努力很短暂："它看起来也像一架航天飞机，就是炸毁了的那架——挑战者号。"他想要借此唤起另一个强有力的意象，但众所周知这架飞机在一次灾难中爆炸，丧失了功能。在有关自体障碍的精神病理学中，来访者通常会先描述一些让其自傲、生机蓬勃的意象，比如航天飞机或隐形轰炸机，实际上随后的内容会显示出被贬低的自体。

这个来访者之前对卡2的解读如下："我看起来一直在修车，还弄伤了手指，画面中全是污垢、油脂和血"。他在后续询问中详细描述道："如果别人这样流血，就会放下工作做点什么止血，但是我只希望尽快完成工作，只是出点血而已,我会一直坚持的。"

尽管有几个综合系统代码能显示出来访者的病理程度,但仅凭这些代码并不能完全捕捉到这些例子中自体凝聚力强烈的脆弱性。无论是虚张声势、夸夸其谈还是坚韧不拔,这个人的反应戏剧性地表达了他为隔离自尊威胁的强烈影响所付出的代价。骄傲、有力的意象与暗示衰弱的投射测验反应交替出现。

在其他投射测验中,这个来访者继续表现出他对自己的严格要求。他坚定而专一,努力履行职责,而这有助于他不惜一切代价维持最佳的自尊。来访者将一个传统的主题统觉测验故事与卡1联系起来,他认为卡中的男孩在被要求练习小提琴并顺从地接受了。这个故事背后的问题,不是这个男孩是否想要这样做,而是他必须有所付出才能掌握这些技能。

因此,"他学习、练习,乐于为自己和他人演奏音乐"。表现自己有能力的愿望很好,是自体向世界寻求赞美的基础。到目前为止,来访者的反应并没有什么特别值得注意的。直到感到自己的能力不足时,来访者对成就的期望开始显现出自责的一面。

在卡3上,他描述道:"女孩受到惩罚被关进房间,觉得自己就像个囚犯,感到寒冷、孤独和备受折磨。"在故事的结局中,女孩屈服了,完成了工作,并承担起自己的责任。后来,在描述人物绘画测验时,来访者强调人物"长大、成熟"的一面,这个人对自己无法控制的意外情况很担忧,比如"看到自己无法纠正的错误"或"做得还不够的地方"。

将这些与他在罗夏墨迹测验中的反应一起综合考虑,我们面前会浮现出一个画面:一个强烈地想要胜任、负责、有控制力的男性。这些特征可以被看作在表现自体夸大极,出现在每一个合理的预期中——以肯定其成就为形式的镜映自体客体反应。任何可被察觉到的弱点,会使来访者在情感上离被贬低的感受远远的,这些弱点会破坏一个精力充沛、有成就的自体的快乐感和自豪感。这种特性不是一种以不道德的行为为特征的内疚驱动型自责,更确切地说,这个男人感到如此孤立无援,是由于他强烈地觉得自己是不合格的。来访者感到无力而不是内疚，他在维持自尊方面的困难本质上并不是夸大，而是因为他没有达到高标准——他认为值得获取自体客体镜映的骄人成就。这一失败导致暴怒和自体解体，或许源自来访者发现自己无法让父亲从车祸中幸免于难。

下面一系列临床例子也强调了夸大的表现与实际上自我贬损的根源间密切的关系。和之前的片段一样，这些例子包括从主题统觉测验、人物绘画测验以及罗夏墨迹测验中截取的内容。这些例子还考虑了要把镜映和理想化的自体客体功能进行区分的问题。

一名21岁的女来访者，因焦虑不安等精神病性反应住院。她对罗夏墨迹测验卡4的解读如下：

> 是一个像《杰克和豆蔓》(Jack and Bean Vine)中的巨人。杰克顺着豆蔓爬上云层，这时巨人出现了，杰克赶紧溜下来并把豆蔓砍断，巨人掉了下来。杰克拯救了这个城市，他是一个英雄。

也许有些夸大，但她确实认为自己当得起英雄一说。对这位来访者而言，无论何时何地，她都面临逃离某种具有威胁性的、要坠落的东西的状况。一个高姿态的表象，承载着个体作为英雄征服世界时所有的荣耀时刻，并紧随着一种坠落的幻想。来访者后来还产生了这样的意象："看起来像魔法师梅林或巫师在谈论些什么，但我不知道他是坏巫师还是好巫师，也不知道他是否会帮助人类"。

她可能是想把梅林塑造成一个神话人物，从而与伟大而仁慈的力量联系在一起，但这一意象存在的时间很短，很快就被令人不安的意象所取代。在她剩下的罗夏墨迹测验反应中，这两种表现脆弱自尊的意象都很典型。其他反应还包括"吃垃圾的苍蝇""一只被压扁的卡通猫"以及"一只小熊的爪子"。

在主题统觉测验卡1上，来访者讲述了一个故事：祖父把小提琴作为礼物送给男孩，男孩则想要独自学会演奏小提琴。男孩似乎因不会弹奏而手足无措，也觉得"有些无聊"——这或许是抑郁的一种委婉说法，或者自体心理学中的

"失活"。在对卡2的叙述上，来访者继续保持着被动不活跃的状态——"女孩在等一辆公交车，准备去学校"，因为"希望父母为她感到自豪"。被动地等待着被带到某个地方、让父母为自己的人生骄傲，这都体现着积极追求或实现目标并不是这个来访者自体体验的一部分。相反，作为一个被动的接受者，无论她遇到什么、被给予什么，她都只能顺从地接受。一个充满生机的、蓬勃向上的自体能感到自我充盈或内在的强健，也不会做出如上解读。在心理学上，这种被动或依赖的自体代表着来访者在必要时，无法做些什么让自己精力充沛。

看到卡7，来访者解释说这是保姆在给一个小女孩读书——这个女孩似乎对保姆的照顾无动于衷。然后，这个女孩"出去玩了"。保姆很细心，女孩则"闷闷不乐"。当被要求详细描述她画的人物绘画时，来访者没有一个很明确的认识，比如这应该是谁、是什么样子的。她评论道："我把它草草画成一个孩子。她可能不开心，也可能开心。我不知道。她在往别处看，在等什么东西，也许是一辆车，也许是一个人——等着来接她。"

她画的男性形象，是"一个角色而不是真人，是书中的童话人物，是一个王子，骑着白马，好善乐施，保护他人。如果出了什么问题，他能力挽狂澜。"

空虚和飘忽的自体感以及错误的镜映在这个年轻女性的投射测验反应中表现得尤为明显。这幅图描绘的不是一个有凝聚力的、充满活力的自体，而是一个被耗尽了的自体外壳。

看到罗夏墨迹测验卡10时，来访者试图把墨迹描绘成一头雄狮，但进一步解释时却变成了"像是王冠或者胸针上的狮子图案，就像我祖母的胸针上的一样"。——最开始的"雄狮"意象无法持续下去，而是转变成了一件珠宝首饰的图案。我们必须考虑这样一种可能性：祖母是她的力量来源，她可以依靠祖母来实现理想化。这种可能性也适用于来访者先前在罗夏墨迹测验中对魔法师梅林的解释。

然而，这种解释未必真实；在之前的询问中，来访者含泪提及墨迹有点像魔法师梅林，但并未保持对力量的理想化期待。此外，之前提到的童话中的王子或英雄杰克都是不祥的意象。祖母胸针上的狮子图案和魔法师梅林的解读虽然对她帮助很大，但仍很难让人安心——这些解释代表着修复受损的自体凝聚力的尝试是徒劳的。我们可以再回想一下以下描述的内涵：她被动地期待别人开车来接她，或者带她去某个地方，陪她一起"学习"。

通过来访者强调联想——强大的、理想化人物——是不真实的，是童话中的，我们可以看到理想化作为一种补偿结构的可能性被弱化了。虽然祖母胸针上的狮子图案可能暗示着一种可复活的、理想化的自体客体的可能性，但相比较而言她更强调无助而不是潜在的力量来源。这一点支持了这个观点，即缺乏镜映是其主导自体状态。

这些例子表明，对夸大本质或明确或暗示性的解释意象（包括对强大人物的描述）并不一定代表夸大的自尊。其他表示软弱、贬低或自尊受损的感觉往往会代替充满活力的、不受伤害的感受。夸大的反应并不说明来访者心理健康，它往往代表着某种注定要失败的尝试——试图维持所有活力。正如这些例子所说明的，这种努力通常不会持续很长时间，来访者通常很快就会败下阵来。

赞　　赏

我对夸大的讨论考察了一个问题，即夸大自尊的外部表现可能更多地与潜在的防御性自体失调有关。防御是人们保护自己以免自尊受到伤害的一种方式，当自体客体无法同调振奋、感激或理解的需要时，人们就会被伤害。这类反应尤为重要，这些需求也都是镜映自体客体功能的表现形式。

在诊断测验发展的过程中，我们重新考察了各个时期主要的投射测验文本，下面几个反映自体客体失败的例子即来源于此。讨论这些经典案例本身就很有价值，并且证明了投射测验内容的解释遵循了最初构建它的理论方法。这些观点中的一部分可以根据精神分析后续的发展重新进行概念化，例如自体心理学和各种客体关系理论。我在这一章中精选了一些例子，来说明一个自体心理学取向的临床工作者会如何理解这些材料。

沙弗尔（1954）给出了一个被诊断为转化性歇斯底里症的女性的罗夏墨迹测验解释，该诊断强调了歇斯底里及自恋的人格特征结构。从自我心理学角度看，沙弗尔认为来访者的主要问题是过于天真和自我中心，除了一直感到的不足感，来访者还寻求着一位既贬低又赞赏她的保护者。来访者最初把卡1解释成一朵兰花，沙弗尔认为其核心是一种自恋，是被动接受女性魅力的象征。来访者寻求赞美或表扬时的自我表现，代表了她性格上的弱点，她寻求关注的行为是自恋和虚荣的防御性反映。

采用自体心理学的解释，临床工作者可能会认为这种反应与精神病理学（甚至性格缺陷）一样是中性的。兰花代表了来访者对"被尊重"的正常需求，就像孩子向敬仰的父母寻求认可一样。最初对卡1的解释可以比作精神分析的开始阶段，分析师要求来访者进行自由联想。如果治疗早期的联想是在回答"你过得怎么样"，她的核心动力就是想要被看作是和善的或者是能胜任的。关于一个刚开始接触陌生的罗夏墨迹测验的人来说，类似的问题很容易就会被体会成"兰花会是一个足够好的回答吗？"因此，对于"兰花"的理解和反应来说，解释自恋的性格结构并不重要，但可能代表了来访者想要努力获得认可（健康的镜映）的动力。

来访者进一步把卡1解读为"女性服装"，这个反应也不必像沙弗尔认为的那样被解读为暗示着自恋。沙弗尔认为，在来访者对卡1关键细节的解释中，服装作为一种装饰优先于人本身被关注，可能显示出个体持续需要认可和赞赏，似乎来访者在请测验者欣赏衣服或外表——也就是自己的象征。这就像再次被问"你过得怎么样"，意味着要欣赏一个人的内在品质。

呈现卡2时，来访者的解释是"小矮人照顾白雪公主"，这表明了她希望被欣赏或被注意的愿望失败了——至少从科胡特对镜映需求的理解来看。正如沙弗尔所暗示的那样，小矮人的意象可能确实蕴含着对人类的贬低和嘲弄。同样的意象也反映出来访者感觉自己被削弱——她是被小矮人照顾的，不过缺乏一个更合适的自体客体来证实来访者觉得自己像白雪公主一样，是世界上最美丽的女性（这一联想是我的，不是来访者或沙弗尔的）。这个思路认为，来访者想成为最美丽的女性的愿望并不那么夸大，而只是简单地期待他人赞赏或被肯定自己是有价值的。白雪公主的意象代表了正常预期——能有最理想的自体客体反应的水平，这似乎可以代替沙弗尔自我心理学对于虚荣、歇斯底里的"美人"的解释。

这位来访者的大部分治疗记录都是由一些意象组成，比如沉重的靴子、动物标本、兽皮、老鼠、甲虫和一根枯死的树枝。来访者将卡9解释为穿着盔甲的骑士，不难想象，她在一次又一次地描述自己的体验，即受伤的自体需要自体客体反应来镜映，盔甲代表她需要被保护的脆弱的自体意识。

由此看来，"穿着盔甲的骑士"不是卡2中白雪公主和小矮人意象的另一种表现，这和沙弗尔强调的歇斯底里或来访者需要隔离敌意不太一样。

沙弗尔认为，来访者在卡10上看到的令人厌恶的毛毛虫（以及甲虫）是原始的、以自我为中心的病态性恐惧和防御的表现。自体心理学取向的临床医生可能会认为这些反应与来访者未能充分修复的创伤一样，会让她产生自我厌恶。来访者对卡10的另一个解释是花蕾，沙弗尔认为她这是在担心失去青春和魅力。自体心理学解释的核心是把这样一种花蕾意象作为自尊可再生的内核，等待着一个有反应的、共情性的自体客体帮助她恢复衰弱的自体。驱力理论和自体心理学在临床解释上的差异也说明了不同的观点，即人类的需求本质上或者是为了增强衰退的自尊，或者是为了释放驱力及其衍生物。

来访者在罗夏墨迹测验快结束时描述了一朵含苞待放的花的意象——很像她开始时提到的兰花。正如沙弗尔所说的，这种意象可以理解为自恋需求的一种表现，也可以理解为来访者需要一些东西来维持自尊。测验者对罗夏墨迹测验解释的共情反应，正是这些意象所表征的需要。自体心理学视角下的共情与通常意义上的共情不同，它关注一个人的困境。在科胡特对自体的概念化中，有了这种对于共情的理解，个体就会认为像"一朵花"这样的意象代表着自体的状态。更特别的是，它代表着自体需要"开花"，即凝聚力或活力。因此，这些意象不仅揭示了自体需要保持韧性的内容，也揭示了自体健康或受损的状况。

来访者最初"兰花"的反应也可以被理解为自体期望被重视，就像孩子成功地学到了一些技能后欣喜地望向母亲，期待着母亲的表扬。这正是镜映自体客体反应的机制。来访者在对兰花和花蕾等的许多反应中都呈现出了蔑视的态度，而正常的自体或多或少都希望能够有表征着坚定和活力的镜映，她那蔑视的感受反映了其经历过的共情失败。"盔甲"可能代表了自体想要保护自己免受进一步伤害，而"花蕾"可以被理解为来访者在尝试再次获得共情性、回应性的镜映反应。这种动力暗示良好的预后，且不代表被沙弗尔描述为自恋型的相对僵硬的人格或防御性立场。

勒纳（Lerner, 1988）来访者报告的罗夏墨迹测验反应提供了一个类似的例子。来访者看到卡5后报告："一只蝙蝠……美丽的，在上下翻飞、羽翼绽放光彩……然而它却感到翅膀一阵阵疼痛，看起来像折断了。"还有一种回应是："像在拉斯维加斯看到的穿着华服、佩戴头饰的舞女。"

尽管勒纳将这些例子视为温尼科特虚假自体概念的证据，但他指出来访者最初强调的是自体的表现性，即"绽放光彩"以求欣赏。紧接着这一反应的是对无回应的预期（或在科胡特看来的自体客体的失败），并导致自尊心下降，"崩溃"且患上抑郁症。

勒纳认为，以华服作为参照物，"舞女"是虚假自体的一种防御性表现。一个自体心理学取向的测验者基于科胡特的著作，可能会注意到"穿着华服的舞女"代表着个体想要修复失活的自体——这个自体已经"崩溃"，无法绽放光彩。因此，认知对象并不一定要被看作是防御性的，而可能是一种健康的尝试，即自体在寻求它所需要的活力，防止抑郁情况进一步恶化。

再来看看另一个来访者，在某些方面，他对卡5的反应类似于前一个来访者说的"穿着华服的舞女"或沙弗尔的来访者所说的"花蕾"，这对我们很有启发。这位来访者报告说："春天来临，万物萌生，鲜花盛放……一定程度上很是繁茂……是一种全新的感觉，一个新的开端"。尽管沙弗尔指出它包含"纯C元素*、荒谬的F元素**，和孤独症有一定的联系"，但在门宁格评分系统中，这种反应被认为是虚构出来的。这个反应是否明确地满足综合系统标准还有待确证，但毫无疑问，来访者在整合性上是失败的。这一解释为我们提供了一个不同的视角，即"萌芽和新生"和前面的例子一样代表了重新焕发的自体状态。

这一反应也呈现出来访者对情感、形态和认知组织较差的利用质量，可能会影响自体状态，提示测验者考虑个体在精神病理学上的共病情况。沙弗尔指出，这种反应令人意外，因为来访者测验结果的其余部分都指向空虚和抑郁。因此，在评估这一反应时，测验者必须考虑到轻度躁狂性否认的可能性。这是一个有用的提醒，即在分析内容时我们不能忽略整体记录，包括形态质量、情感调节和认知组织主要分数的分配。没有考虑整体记录的情况下无节制的解释是很危险的，这一点至关重要。

与此相反，阿希（1986）报道了另一种反应：个体情感丰富但缺乏认知——也就是情感整合失败，这也是来自来访者对卡10的解读（1986）："是某种火星生物……整体看起来异常华美喜庆，它甚至像在欢呼或飞翔……我猜我想到的是国庆时放的烟火……就像烟火绽放时的色彩和光芒，整体上给人一种轻盈活泼的感觉"。

阿希注意到，与沙弗尔的来访者不同，这种潜在的纯C反应并没有不恰当地与形态元素结合，并且来访者在联想的过程中仍然是以测验任务为中心的。该反应中不存在思维障碍或认知整合问题，也没有明显的知觉—认知失败，这使得我们可以集中分析来访者快乐的情感，这种情感未被糟糕的反应形态破坏。这更类似于看到"花蕾"的来访者，但与刚才提到的轻度躁狂来访者的"萌芽和新生"反应不同。

---

* 即纯颜色（color）反应，指示着个体完全被情绪/冲动占据。——译者注

** 即形态（form）反应，指示着客观的、非情感的因素。——译者注

这些例子旨在提醒读者，我在本书中强调的内容分析方法要在正式评分之后使用。我的目的不是主张内容分析应该是临床解释唯一的基础。

幻灭和自我贬低

前面的例子说明对正常的自体客体需求镜映不足会损害健康、强健的自尊。镜映是自尊的基础，如果镜映不准确、不合时宜或不够充分，就会导致自恋人格和行为障碍——或者更普遍地说，自体障碍。自体失调的主要表现之一是抑郁症，与之相关的问题有空虚感、长久的无聊感或对生活的幻灭感。这些问题经常表现为自我贬低，尽管它们也可能被防御性地转化为贬低他人。下面的例子说明了在投射测验内容中可能出现的幻灭和自我贬低的临床表现。

下面一个来访者的罗夏墨迹测验反应比之前引用的沙弗尔和勒纳的来访者的自我贬低更严重。尽管如此，他仍在尝试修复似乎全面贬损的自体状态。来访者是一名35岁的男性，他的工作经历多次波折，求职多次被拒，之后因严重的抑郁发作而住院。他对卡6的回答是："两头野牛，头上有好多小犄角，腿很畸形。"他接着说："也像两条毯子，上面是熊的图案，但熊只有一条胳膊。"经询问，他补充道："可以缝在一起做成一条地毯"——两部分试图结合起来成为一个整体。

自我心理学家自然会被吸引到冲突—防御结构上，可能会认为"野牛"是在表达攻击性的愿望（联想到野牛强大的意象），感到被报复的威胁（野牛缩小的犄角和畸形的腿；熊毯上丢失的——被阉割或截去的——手臂）。这种解释很可能认为是惩罚性的超我对来访者的抑郁有影响。

或者这个来访者的反应也表明他想表现出一种力量，以野牛的意象为代表。但是这个意象很快就被"小犄角"和"畸形的腿"所破坏。"缝合在一起的熊毯"揭示了一种自体状态，在这种状态下，来访者不能"自食其力"——无法很好地维持自体凝聚力，因为它表明来访者在有缺陷的状态下感到自体是畸形的或不完整的。

另一个例子来自霍尔特(1978)，他讨论了一名年轻男大学生的主题统觉测验故事。其中一个故事是这样的："他是一个潦倒的人……试图在一家纸浆厂做研究，但到目前为止，他活得像行尸走肉——没有进取心，没有激情，他的思想扭曲了。"

霍尔特认为，这种反应象征着一种刻板的从众心理。这位来访者接着又讲了另一个故事："除了生活中现有的一切，她对其他事物都不抱任何幻想，所以她回家结婚了……过着和她母亲完全一样的生活……听天由命。"霍尔特强调了幻灭和顺从，他认为这个年轻人的被动性是自尊受到威胁时的防御反应。尽管这个观点很明确，但可能还不够深入。科胡特认为，自体得不到回应时会体验到自尊下降，这有助于我们去理解这些主题统觉测验反应中所反映出的绝望和气馁，而不只是防御和被动。这些反应不仅反映了来访者真实的感受，而且反映了他们的迫切需要。具体来说是一个充满活力的自体客体，它有反应能力，能够为个体提供必要的镜映，让他恢复自信和雄心。

进一步的证据表明，在缺乏最理想自体客体回应的情况下，来访者的自体凝聚力被削弱了：

"这个人一直在实验室里工作，试图研发一种新汽油，想要彻底颠覆市场。在第165次试验后，他成功了；一家石油公司买下了这款产品，但却被束之高阁，这个人意识到……他又将从头开始。他对科学不再抱有幻想，对他来说，科学已经没有什么用了。他已放弃了造福人类的想法，潦倒又绝望。"

霍尔特没有指明主题统觉测验的卡号，所以我们不清楚这个故事是不是发生在前一个故事之前。然而，只要主旨不变，顺序并不重要：虽然付出许多努力，他的工作成果仍被"束之高阁"，就像他用来维持自尊的所有希望一样。他需要活化来支持自己蓬勃和活跃的自体意识，但却未能被镜映和回应，他的雄心（献身科学和造福人类）和自体凝聚力（指一个破碎的人）未能扎根。与霍尔特将这个主题统觉测验故事作为"自我理想受损"的描述不一样，科胡特强调自我理想先决条件的健康的、韧性的自体，增加了对自体客体功能支持自尊的进一步理解，以努力实现生活目标。

这位来访者的另外两个主题统觉测验故事说明了一种贬损状态。来访者发展出这种贬损是为了保护他免受反复体验到的低自尊所伤害："他反对一切……反对其他所有人的做法，因为他永远不会满足于现状。他总是心有不平，怀恨在心。"而且"对他来说，听到的声音根本就不是音乐；渐渐地，他开始讨厌上音乐课……练习变得无聊，成了一种负担……他开始讨厌他的老师，讨厌他妈妈让他上课。"

霍尔特在处理对这些故事的描述时突出了来访者的消极和怨恨。一种反应性的（防御性的）自卑模式的目的是保护来访者，让他退行到一个一切安好的虚幻世界。科胡特则很可能会让人们注意到无聊和无精打采的体验，以及机械地以不快乐的方式处理生活事务的体验。这种失去活力的自体状态，是因为缺乏必要的、能够提供能量或快乐的镜映自体客体经验，来访者追求目标和享受生活的动机被愤怒、怨恨和空虚所取代。

镜映的需要并没有完全消失，而且可能会重新出现，就像在主题统觉测验故事中能发现的那样。来访者说道："慢慢工作，直到他拥有一家公司……因此，尽管没有父亲的帮助，他还是相当成功""他是一个伟大的空想家，经常认为自己是骑着白马的骑士或能帮助所有病人的良医。"此外，来访者还讲述了一个故事："农场不再生产任何东西，但他们仍然继续经营……他们没有未来……但他们会再次尝试，年复一年。"霍尔特对这些反应的描述强调了来访者对成就的幻想，但不清楚这些反应是否构成了他解释的基础，即"来访者退行到一个一切安好的虚幻世界"。"骑士"的故事不过是退行的迹象，就像一个受伤的自体试图寻找任何还能维持生存的资源一样。从自体心理学的观点来看，这在临床上是错误的，将"拥有自己的公司"视为一种神奇的想法或一种宏伟的幻想也是不对的。在这位来访者不断经历修复受损自体的斗争时，我们不能忽视这种尽管一再失望，仍要坚持尝试的挣扎。

夸大和贬损

镜映需求的一种典型方式，是批评、吹毛求疵或夸大的优越感。这代表了夸大的各个方面，有时表面的防御几乎掩盖不了潜在的自体夸大感。事实上，若仔细分析，这种夸大似乎掩盖了"重要性在减退"的感觉。傲慢或权利意识往往只是表面现象，掩盖了患有自体障碍的来访者因被贬低而痛苦的可能性。

虽然科恩伯格（1975）给予了权利突出的地位，就像《精神疾病诊断与统计手册》第四版中自恋型人格障碍标准在症状特征中所强调的一样，但科胡特并没有在自体障碍中强调这种品质。科胡特倾向于将注意力引向冷漠的高傲感或夸大性，而不是权利意识，然而这并不意味着他思考这个问题时低估了权利的重要性。夸大的吹毛求疵并不像英国客体关系理论的偏好或科恩伯格对贬损的立场那样，被视为源自嫉妒。相反，自体心理学的重点是脆弱感或自体贬低。因此，考虑一个西班牙男人对卡2的反应："两只猪嘴对嘴跳舞……在人群中跳舞的欧洲中部农民"或类似例子——比如沙弗尔（1954）和勒纳（1991）提供的涉及贬低或命令测验者的几个例子。像这样的反应在自体心理学框架中被理解为在揭示来访者脆弱的、被削弱的自尊，而不是来自主要的攻击性冲动、虐待狂或嫉妒。

在对心理动力学的客体关系进行解释之后，勒纳也认为贬损是投射测验中出现的一种主要临床现象。从这个观点来看，贬损可能代表嫉妒。勒纳提供的一些例子包括了扭曲的人类形体，比如"一个面目可憎的人、无头人、邪恶的女巫或来自外太空的人"。这些例子描述了不完整的、扭曲或失败的自体意象。自体体验的这些方面与科胡特的贬损概念不同。在科胡特看来，贬损似乎是一种防御手段，通过掩饰来访者如何体验妥协下的自尊来保护自体免受进一步伤害。

以下片段出自一名53岁身患抑郁症的女性高级管理人员，她目前正因自杀未遂而第三次住院治疗。来访者有思维奔逸史，睡眠减少，但没有明确的躁狂或轻躁狂发作记录。她最初对罗夏墨迹测验的回答是"一只蝴蝶"（卡1），在进一步询问时她说："最重要的是翅膀本身，而不是翅膀完美的挥动。这个东西并不有趣，但是称它蝴蝶会更有说服力。尽管它并不完美，但我给它起了个最好的名字。现在再看感觉这些翅膀好像要淹没了，但一开始我没觉得。"

她对同一张卡的另一个反应是"一只青蛙"，随后的阐述如下："在我看来，青蛙就是个丑陋愚蠢的动物。"接着是"一只蝙蝠"："看起来瞎了，不聪明。"这位来访者对卡3有5个反应，第1个反应是"有两个管家"，第5个反应是"某种生物在和管家们交谈，它们似乎知道自己在做什么——不像我们刚刚画的那个身材高大的笨拙女人（罗夏墨迹测验开始之前的人物绘画测验）"。一开始她就对这一反应进行了探索，并评论道："伙计们（指的是那些和管家交谈的生物），你们最好把事情做好，这是一件非常重要的事情，不要搞砸了。"

以傲慢夸大为特征的反应常常与其他表示自我贬损和发现自己有所缺失的知觉共存，因此这位女士产生了诸如"像蝙蝠的触角，是一种非常敏感的东西，类似于蝙蝠的生命中枢和神经中枢，如果你毁了它，就毁了所有"（卡5），还有"像一只动物，趴在那里保持平衡"（卡7），她详细解释道："我就像所有活跃的物体一样缺乏幻想。我内心一定有一个巨大的空白，没有那么爱幻想。"

甚至在卡3上，来访者也报告看到了小矮人的意象："这个图像是用来填充画面的装饰物。它看起来像领带上的图案，但并不那么有趣……只是挂在那里。"最后一个例子是同一名来访者对卡4的反应："干枯的叶子，非常薄，是卷曲着的"，她补充道："我看到了衰退的荣耀，非常戏剧化。我觉得既奇妙又有一种温暖感，而其他人则认为一切都在死去。"这种反应可能为否认轻度躁狂提供了一个很好的例证。

与此同时，这也很好地体现了她在面对当体验到被削弱的自体状态时，一个人需要"走多远"才能保持一个充满生机的、充满活力的自体。

这位来访者虚张声势和贬损的结合，超越了罗夏墨迹测验的内容。主题统觉测验和人物绘画测验中的反应延续了她在罗夏墨迹测验上所显示的相同主题。因此，在详细描述自己画的人物时，这位来访者说："她缺少一个能很好地投射自己的投射对象。这个可怜的人没有吸引力，也不是很有趣，平平无奇。她的线条偏女性化，但我不知道如何让她变得漂亮，她有点被这个滑稽的身体困住了——带着一个愚蠢的表情，一张平淡无奇的脸，因为使用激素而满脸横肉。"

来访者用她那挑剔、嘲弄的声调，企图与被贬低了的自体形象保持距离。她的反应与之前提到的对罗夏墨迹测验的知觉是一致的。来访者试图摆脱她的知觉，比如一条无趣的领带或一只不完美的蝴蝶。她的努力并不完全成功，因为她说自己内心空虚，没有"幻想"。在投射性绘画中，她尽量避免去认同不好看的人，但她唯一的办法是责怪投射对象不能很好地投射人物。在描述主题统觉测验的卡1时，来访者讲了一个故事："一个男孩被告知要拉小提琴，但他根本不在乎，他百无聊赖地、愤怒地拿出小提琴，搞不懂家长怎么能指望他从这个精巧的玩意儿里学到什么。"在结局中，男孩把小提琴弄坏了，"……他双手插在口袋里，挫败地耸了耸肩，母亲为此很失望"。

在被询问关于母亲的失望表现后，来访者改变了她的叙述，以男孩"感到沮丧"作为结局，而不是像之前那样以"挫败地耸了耸肩"作为防御。再一次，在三个不同的投射测验中，来访者表现出了防御性的虚张声势、批评性的夸大和与缺点保持距离的特性，这都很容易引起她的羞耻感或者被贬低感。她脆弱的自尊经常通过智力、吸引力或天赋下降的意象表现出来。

沙弗尔（1954）报告了两个来访者的罗夏墨迹测验反应，二者似乎有着十分明显的相似动力。一个来访者对卡3的反应是"两个小个子男人"，沙弗尔注意到了这种卑躬屈膝的态度，从俄狄浦斯情结竞争或男性争斗的驱力理论立场对其进行了概念化。另一个来访者对卡1的反应是"一个看起来很邪恶的形象，小脑袋，大身体，举着短短的手臂，好像他需要伸长胳膊来增强力量……没什么头脑,像是史前生物"。在卡3上,来访者报告说:"枯掉的树干……一个衣衫褴褛的老流浪汉……一只猴子挂在树上。"

在评论这些反应时,沙弗尔认为在卡1中来访者提到男性形象在寻求力量,是指对男性气概和男性形象贬损的不稳定概念。他指出,来访者可能不确定阳刚之气意味着力量还是软弱。他把来访者"流浪汉"的反应解释为"男人是无用的失败者",以此佐证他的观点。沙弗尔还将"枯掉的树干"作为弱化的男性阳刚之气和男性作为不称职的养育者的进一步表现。显然,尽管沙弗尔没有忽视贬损,但这些主题都表达在驱力理论框架下。从这个角度看,俄狄浦斯情结竞争是叠加在口欲期敌意上的——来访者抱怨男性作为养育者的不称职。

沙弗尔的来访者继续提供类似性质的反应,都是有关知觉的,如"侏儒"和"可怕的老人"(卡5);"奇怪的图像"和"雕刻在岩石上的老人——并非出自一个优秀雕塑家之手"(卡6);"狒狒的脸"(卡9)和"孩子的画——但房子画得太小了""一根年久失修的旧电线杆"(卡10)。这些反应的贬损性内容和语气,揭示了来访者对脆弱的关注。她感情的投射与她的无能感有关。

这位来访者表现出理想化自体客体功能的迹象,同时她的回答中带有贬损的含义。稍后我将回到镜映和理想化同时存在于自体客体功能时所具备的临床意义,目前只需注意到这些自体客体功能不必然相互排斥。事实上,它们之间的相对平衡以及某种自体客体功能更成功地实现了自尊调节的作用,是解释投射测验结果时进一步考虑的重要因素。

科胡特的观点不会忽视"男性被视为无能"的可能性,尽管"死掉的树干、衣衫褴褛的流浪汉、需要伸长的手臂"等意象不一定只指男性。我们注意到沙弗尔的来访者很吹毛求疵,这被认为是她在试图防御性地保护自己,不让自己再次暴露在令人感到匮乏的环境中。同样的动力也适用于反复发表夸张批评的来访者。

因此,对投射测验反应的虚张声势或夸大抱怨,本质上是自体明显地感到缺陷的外化。从理论上讲,沙弗尔的来访者所表现出的夸大和贬损,可以被理解为源于一个没有被镜映过的自体。自体客体环境能够理解自体对活力和凝聚力的需求，长期缺失对此的共情性反应会使来访者很脆弱，并导致他们防御性地依赖傲慢的夸大以保护失去活力的自体。

沙弗尔（1967）也报告了一系列主题统觉测验下的故事，故事出自一位52岁的男性，他有慢性酒精成瘾的问题。这些故事混合着虚张声势和贬损，与自我贬低交替出现。来访者从卡1开始讲起："怎么说呢，他没有把乐曲练得令自己满意。他是一个敏感、体贴的孩子，像我一样，还需要理发了……哦，你把所有的东西都记下来了（注意到测验者在逐字记录）"。

沙弗尔的临床解释充分考虑了"失败"主题，不过强调了防御性的部分，来访者表现出自己很有修养，同时轻描淡写地评论了男孩的发型。对测验者工作一句漫不经心的话难以掩盖来访者的贬损态度，延伸到对他故事中男孩（他所认同的对象）居高临下的态度，并呈现在后续主题统觉测验反应中。沙弗尔评论道："从性格特征角度来看，他防御性的居高临下态度、对投射对象的短暂认同、寻求地位又漫不经心的表现，是一种稳定的自恋"。自体心理视角关注的是创伤和来访者渺小和微不足道的自我意象。从这个角度看，自体客体对自尊缺失的不协调反应是其核心的动力学特征。

自尊心受损的问题，贯穿了这个男人的整个主题统觉测验方案。因此，卡7的故事显示了在自体客体环境中当来访者感知到自己需要舒缓时会立刻表现疏离。来访者讲道："男孩和他善解人意的父亲一起出现在法庭上，父亲试图提供一些建议。男孩懊悔又挑衅地听父亲说话，但为时已晚，他被判入狱……"沙弗尔注意到了来访者"对人性和道德讽刺和超然的态度"。然而，很明显，主要的解释是"对破坏性的强烈恐惧、对俄狄浦斯情结斗争中攻击、性和口欲期专制的惩罚，以及对被切断母性支持的恐惧，来访者觉得自己非常需要这些"。

自体心理学解释的焦点相当不同。这种夸大的虚张声势是一种几乎不加掩饰的障眼法，试图从一个不可用的、反应迟钝或不协调的自体客体环境中隐藏自己受到的伤害。故事描述的是一位善解人意的父亲试图提供帮助，但他的建议来得太晚。这暴露了自体客体环境的缺失，在这种环境中，正常的表现欲可以被容忍和肯定。短暂的失败所造成的伤害，可能通过及时、共情反应性的回应得到缓解，这也许能防止来访者发展出亢进的夸大和讽刺需要——贬低接触到的许多东西，以维持那摇摇欲坠的自尊心。

可以从这些片段看出，夸大的形象与内在的贬损密切相关。在适当且有力的追问下，来访者很容易暴露出这些夸大回答背后的自体损伤，后者破坏了一种有凝聚力的、牢固的精神结构。推论策略假定，参考罗夏墨迹测验中所见客体的状态，个体会以一种心理上重要的方式改变反应本身的性质。

同样的观察也适用于对一个主题统觉测验故事中人物心理或身体状态的描述，或"房树人"的描述——不只是指符合墨迹形状要求的客体，也不把感知功能作为首要任务。对客体或人的详细描述，被认为是来访者内在状态某个方面的投射。自体体验至关重要，关乎是否富有凝聚力、精力充沛或能够经受威胁。主要的自体客体需求，通常是寻找潜在可用的或反应性的自体客体来修复有缺陷的镜映。

内容分析和自体状态：形成推论

我已经概述了反映自体客体功能的几个主要临床特征，也想要展示镜映自体客体的反应性从根本上来说是一种正常的需求。在正常的发展过程中，及时的共情镜映能够带来健康的自体凝聚力，这既是必要的，也是可以预期的。只有当正常的镜映需求因缺乏、不合时宜或反应不准确而偏离正轨时，自尊才会受损。镜映自体客体的失败，阻止了个体体验被赞美的感觉，而这种感觉可以促进健康的自豪感、韧性和被重视感。缺陷镜映的后果，除了科胡特描述的更显著的崩溃，还有自体贬低、傲慢夸大或之前描述过的贬损。

我将举出更多例子——用比通常情况下更有力的询问获得——来代表镜映自体客体功能的微妙特性。这些片段之所以更加引人注目，是因为在考虑内容时必须进行详细调查，才能发现有缺陷的镜映的蛛丝马迹。下文的询问深入地揭示了自体客体的失败，这些失败通常由共情不协调的镜映造成。感觉被贬低的个体试图在生活中、交谈中（尤其是当在治疗师或测验者面前感到不安时）以及在投射测验中隐藏这种自体状态。具有韧性的来访者，更有效地隐藏了他们被贬低的自体状态。他们经常提供暗示，而不是像暴露伤口一样暴露他们的问题。这些暗示可能无法借由正式评分被充分检测，要想深入地揭示自体状态，需要敏锐明智地深入询问。

对于经验丰富的临床工作者来说——包括那些偏爱经验推论支持的人，深入要求个体给出详细说明和意象关联关系的做法并不令人惊讶。探索性询问的目的，是突出投射所激发的内在体验。在这个意义上的刺激，并不意味着思想或情感状态是联想到的或被诱发的。临床医生的判断，决定了如何划清揭示真相和测验者希望看到的东西之间的界限。

第一个例子展示了一系列主题统觉测验和人物绘画测验反应，说明了自体状态的一些重要方面。来访者是一名21岁的未婚女性，大学毕业后因找不到工作而抑郁入院。她描绘女性形象时的基调是快乐、自主、愉悦的，但男性形象则是一个冷漠、高不可攀的。

当她被问及所谓"高不可攀的男人"是什么意思时，一开始自主自信的女性形象描述发生了变化。她评论道："女孩们会觉得必须要得到某个男人，而这是我觉得自己永远得不到的。男性会把目光移开，对我在做什么并不感兴趣。"在对男性的阐述中，她所表现出来的被贬损的自尊可不仅仅是一时的。这一回应让人对她最初对女性的描述产生了怀疑，如果没有进一步询问她对男性描述的含义，仅仅基于最初描绘的健康自主的女性形象，这种怀疑是不会出现的。这个来访者报告了一些其他反应，都揭示了相同的自体状态，所以以上解释并不局限于单一反应。对于那些能够隐藏内心深处状态的来访者，我们需要更多努力才能启发性地揭示出测验者是如何深层地理解人格的。

在主题统觉测验中，她延续了对这些"担心失败"的关注，试图维护自己：

卡1的男孩"表现得没有像应该的那样好";卡2的女孩"觉得自己被忽略了,因为她显然不是单纯农场生活的一部分";卡3的角色"就像一个倒在地上的木偶,所有的引线都断了。但最后它又站了起来"。失败和被孤立的意象也与这样的感受有关:"母亲不喜欢女儿正在做的事"(卡2)和"女孩想做某事,但母亲在她的上方盘旋(压制着她)"(卡7),这些反应表明来访者缺乏对其自主意愿的镜映。母亲的自体客体失败及缺乏共情反应能力,似乎让来访者担忧其自体客体是否合格。虽然有些描述是来访者自发提供的,但也有许多是在后续询问下才浮现的。值得重申的是,进行深思熟虑的仔细询问需要时间。

下面的例子来自一位父母离异的16岁女孩,父亲的再婚让她试图自杀,并被送进了医院。在以标准的罗夏墨迹测验法获得可评分的反应特征后,来访者被要求对测验内容进行联想。对卡1,来访者报告说:"一只狗,是布列塔尼猎犬,也是只幼犬"。在提示下她补充道:"它看起来像是死了、生病了或者很不开心。"对卡2,她回应道:"画面中间有一颗大钻石,像一枚订婚戒指。"详细描述如下:"它被垃圾包围着,明珠暗藏,周围有太多其他东西了,没人能看到它,它被埋没了。它感到很悲哀,因为没有人能看到它的美丽,除非他们把所有的东西都挖出来。"对卡3,来访者报告:"一只血淋淋的青蛙,"她解释说:"到处都是血,青蛙在逃跑,就像被人踩了一脚一样。"来访者依据卡4描绘了一条"龙",并在询问中进一步表示:"它看起来很有趣,前脚弯着,后脚在远处,是一条灵活的龙。它很伤心地看着我,好像再也喷不出火了。它老了,身体正在慢慢腐烂。"

这些感知中有一些是值得注意的,因为存在着鲜明的对比,比如被垃圾环绕的订婚戒指,或者一条年老且正在腐烂的龙(即使是"灵活的")。"强大但衰弱的龙"或"垃圾堆中暗淡的钻石"的心理意义与来访者的自体状态有关。

"钻石戒指被垃圾环绕"的意象表明自体很可能体验着贬低,但它还包含了一定程度上保留下来的自尊,因为一个有价值的客体无论被贬低到什么程度仍富有活力。这个反应也提供了一个很好的例子,说明在来访者的投射测验反应中，受伤的自体必定伴随着对自体客体功能的体验，它需要恢复自体。在这种情况下，通过"垃圾"而表达的被贬损的自体有可能以"钻石"的形式"复活"。因此，"钻石"代表了一个渴望被看到、欣赏或重视的、充满活力的自体。"订婚戒指"也可能意味着对婚姻或亲密关系的轻视，因为戒指是被垃圾包围着的。

对"龙"的知觉可以被理解为力量的象征，这需要我们认真对待，即使它也具有敌意或威胁的内涵。儿童的游戏——尤其是男孩的——充满了克服强大和可怕形象的幻想，这些幻想更多是在确认活力，而不是攻击性。这位来访者的"龙"可能也代表了一种渴望被赞美的自体，因为它昂首阔步，好像在说："看看我多厉害。"然而，自体是软弱的，即使外显得多么"灵活"。这种试图支撑自体状态的努力，更多显示出的是脆弱而不是活力。同样，"被踩过的青蛙"和"体弱多病的幼犬"也是受伤的、被贬低的自体的表现。但如果没有经过标准化询问后的进一步探索，这4种回应中至少有3种不会带来此处所述的自体状态解释。

这个来访者的主题统觉测验故事所呈现的意义，不仅与刚才提到的自体心理学解释一致，而且为如何解释常见的主题统觉测验主题提供了不同视角。在卡2中，来访者描述了这样一种情况："一个男人在耕地，他娶了远景中的那个女人，但和前景中的女人有一段风流韵事。他后来还是离开了那个女人，因为更喜欢他的妻子。那个女人感觉被利用了，有段时间很恨那个男人，但最终还是放下了。"对于卡3，来访者的故事是："一个女孩在哭，她的母亲曾答应给她缝制新裙子，但现在忙不过来。她不得不自己动手，由于裁剪时布铺得不平整，导致全都废了。她只能穿了别的衣服，不再想着裙子的事。"来访者对卡4的叙述为："她爱上了一个男人，但不得不搬走，直到很久后才回来。回来时，她发现他已经和别人结婚了。她试图让他回到自己身边，但失败了。后来，她找了另一个人结婚。"

这三个故事都涉及被拒绝的主题，要么是男人喜欢上了另一个女人，要么是忘记了孩子的母亲。这三个故事的结局都是人物轻率地漠视了自身被拒绝或被忽视的情感反应，我们不难推断出俄狄浦斯期的竞争和失败。来访者似乎倾向于防御地应对这些体验，隔离或最小化被拒绝的情绪。

然而，从自体心理学的角度来看，这三个故事也表明了正常的、对赞美的追求。某种程度上，故事都在表明来访者觉得自己应该因其品质受到重视。她要求被镜映，可以因此感到充满活力。这些故事就像"耀眼的钻石"或"灵活的龙"一样，在展示着力量。此外，主题统觉测验的故事更清楚地说明了来访者对自体客体响应性的期望。故事中的女性角色被冷落及被母亲忘记，都指向来访者被贬损的体验，这种贬损与受挫的镜映自体客体需求有关。这些体验在罗夏墨迹测验上得到了呼应。在罗夏墨迹测验中，钻石因为被垃圾掩埋而无法发光，龙也不再强大，它喷不出火，还在腐烂。

因此，被珍惜或被视为值得拥有的、充满活力的、有价值的，这些愿望出现在投射测验反应中。这可以被看作个体向世界展示自己夸大表现自体的正常表现，就像一个健康的学步期儿童要求被欣赏和肯定一样。来访者体验到的镜映自体客体功能，是缺失的、漫不经心的或对她没有反应的，这可以从其减弱的自体韧性中体现出来。匮乏感在来访者的故事中也很明显，比如做毁的裙子——母亲没参与且无法帮助她；还有寻找其他女性作为恋爱对象的男人，这些反应也概括了她对"垃圾堆中的钻石"和"腐烂的龙"的认知。这些意象揭示了来访者脆弱的自尊，以及她试图拉远距离，尽量减少自恋受损体验的努力。

甚至连那只血淋淋的青蛙的例子，也说明了更多关于自体贬损的体验——因为来访者报告说青蛙被人踩了。这个评论就像"红色"和"血"之间强烈的联系一样引人注目，它超越了回应所表达的"踩在一个生命上"的攻击性内涵。也许是出于敌意，"被踩"是一个明显的隐喻，用来描述人们在被轻视或被批评时的感受。由此，除了愤怒的倾向，对自尊的伤害也是应该考虑的一个维度。最后，幼犬的例子也表明来访者的自体状态与创伤有关。这些不那么引人注目的意象，与来访者的心理反应一致。

这些例子说明了详尽考察语言表达的重要性。测验者必须在必要时谨慎地进行启发性询问，尽可能多地暴露来访者的内心活动。通常，只需要简单地挑出一个单词或短语让来访者详细说明，比如"订婚戒指"或"灵活的龙"，就能启发来访者的联想。启发性询问并不是必要的，来访者可能会自发提供有用的联想，如那只血淋淋的青蛙。测验者必须允许来访者的语言表达超出正式评分需要的范围，才能听到其深层的心理含义。

内容分析和自体状态：识别镜映和驱力衍生物

本节将讨论如何推论自体状态，特别是那些由镜映缺陷引起的自体状态。我会讨论通过投射测验内容区分来自自体心理学和自我心理学的解释，并以如何准确识别镜映作为开始。

镜映

我将说明自体心理学对罗夏墨迹测验反应的解释是如何被误用的，一篇摘自自体心理学方法关于投射测验的报道提供了一个特别好的例子。与此同时，阿诺和库珀（1988）的报告也提供了几个关于自体心理学取向解释方法的优秀例子。

阿诺和库珀（1988）的来访者在卡 7 中给出了如下回应："两个面对面的雕像，脸上没有太多表情。"对这一反应的解释集中在雕像所表现出的拘谨和冷淡态度上，阿诺和库珀强调在面对母亲无法提供足够热情的镜映时来访者可能会有的体验。阿诺和库珀认为，来访者的真实感受"躲"在一个克制的外表后面。他们还指出，这种反应是科胡特和沃尔夫（1978）类型学的一种，也叫作回避接触型人格。

阿诺和库珀（1988）对这一反应的解释应该被看作是试探性的。虽然这种解释很吸引人，但是"没有表情的雕像"并不能明确地反映出镜映的特征。"情感隔离"很可能是来访者对自体客体环境体验的一个重要方面，然而如果来访者的语言表达包含"向雕像寻求肯定但却遭到拒绝"，那么这种解释就会更令人信服。在本例中，当来访者特别点出"面无表情的"时，雕像的感知可能意味着不可及。然而，不可及并不等同于镜映有缺陷，尤其是没有迹象表明来访者的需求受挫了。此外，科胡特和沃尔夫（1978）的亚型临床有效性和概念效用还没有得到学界的一致承认。

这一事实并不一定削弱镜映自体客体需要共情反应的假设。然而，目前的信息不够清晰，我们无法得出结论认为此时来访者的镜映需求已经被调动起来了。在治疗中，当从自体客体的缺失中推断出来访者的自体客体需要时，真正的自体客体需要就更不那么确定了。在愤怒反应及因自体客体需求受挫而产生的抑郁或焦虑中，自体客体功能表现得最为明显，第一章F小姐的案例或许最能说明。

在无反应或崩溃等证据的情况下，对自体客体功能的推断考量也适用于心理诊断学。"错误镜映"的最可靠标志，是对镜映自体客体响应性需求的拒绝。这种被拒绝的反应（例如某人或某物被耗尽、严重受损或正在腐烂），对于确认自体客体的需要而言至关重要。缺乏反应的回应也不太可靠——即僵硬的或冷淡的——因为它们对镜映功能来说没有特异性。也许这些推论是准确的，但我们需要其他实质性的证据。

阿诺和库珀所举例子的问题，在于他们将镜映缺陷归咎于"母亲"的意象——也许是因为来访者对卡7的反应——这种毫无来由的联系是公认的一种错误的临床推断。在整体解释的基础上，这个归因可能适用于来访者，但作为一个临床片段而言尚欠考虑。同样，我们不清楚阿诺和库珀有没有把面无表情的雕像看作是一位反应迟钝的母亲或是来访者防御性冷漠的表现，甚至两者兼而有之。总之，阿诺和库珀（1988，p.59）对病人防御性冷漠的观点没有得到现有证据的充分支持，科胡特并没有说过冷漠的外表或克制的表达方式是镜映缺陷的一种防御性转化。

相比之下，阿诺和库珀（1988）提供了一个更合理的例子来说明罗夏墨迹测验中来访者"吊灯"的意象更接近我们想要推论的关键："过去这个吊灯给人的感觉非常温暖，它是祖母的房子里的。是人们沐浴在温暖的灯光下的灿烂笑容。"这种反应支持了他们关于个体镜映需求的解释性假设，即"吊灯"代表着某种值得欣赏的东西。

因此，与前面例子中的"雕像—母亲"相比，作为夸大表现自体的"吊灯"是一个更容易理解的解释。这种理解建立在温暖和来访者与祖母之间的联系之上，更容易帮我们把来访者对祖母的渴望与镜映自体客体功能相联系。

与夸大表现一样，有关镜映或回应的反应不会自动地包含镜映自体客体功能。例如，勒纳（1991）引用了罗夏墨迹测验中的一个反应"两个男人互为镜映……一个男人站在镜子前凝视自己"来说明自恋镜映，并将其作为夸沃尔（1980）边缘型人际关系的一个例子。然而，这种镜映与科胡特所描述的镜映并不相同。同样，舒格曼的来访者（1986）对罗夏墨迹测验卡8的回应报告如下："这看起来像某种丛林动物在看自己在池塘里的倒影。"这两个例子都没有表明来访者在感到被贬损或体验到需要共情性反应。这些例子表明，在将概念从一个理论体系推导至另一个理论体系时人们必须谨慎，避免混入意外的含义。虽然镜映确实是科胡特自体心理学的一个核心概念，但同样确定无疑的是，"镜子中的反射"的偶然意象本身并不包含科胡特所指的特定意义。

下面的反应来自勒纳（1988）的来访者，包含了一个镜映的意象，它与镜映自体客体的需求一致。勒纳的来访者报告："一个小丑在镜子里做了个鬼脸，这样一来，获得了即使只有一个人也好像有两个人在一样的效果（卡2）。勒纳评论说，来访者很难区分自己的内部状态和归因于他人的外部状态。从这个角度来看，来访者对镜映意象的关注，代表了她在别人身上看到自己的方式。因此，来访者想知道她是谁、她的感觉是什么。她的形象也代表了其在人际关系中令人满意的品质。

这一解释可能说明勒纳对来访者扩散的自体意识的概念化与科胡特对镜映意象的解释之间的理论差异，后者认为来访者需要维持一个清晰的自体体验，使其具有凝聚力。然而，镜映自体客体体验的需要似乎在罗夏墨迹测验的反应中得到了很好的维持。

这个认知及勒纳报告的其他例子所包含的内容，表明不是单提及的镜映和镜映意象就够了，还要有足够深入的体验要素以推论自体的感受以及它要求镜映自体客体功能来维持稳固的感觉。

镜映和驱力衍生物

我在上文描述了罗夏墨迹测验反应意象可能代表镜映的情况，下面的例子则涉及一个不同的问题：罗夏墨迹测验最适合经典驱力理论的解释，还是出自另一种框架的自体心理学解释。我将自体心理学的解释与源自自我心理学的解释结合起来，用来自同一来访者的多个例子，为检查连续反应提供了序列分析的可能性。

本节中的示例均取自沙弗尔（1954，1967）的研究，他提供了现有文献中最丰富和最完整的解释方案。沙弗尔的解释是有价值的，因为在自我心理学的传统中，它们有着稳定的概念化。

第一个来访者（Schafer, 1954）先将卡1看作一只蝙蝠，接着是"被原子弹袭击后的澳大利亚大陆"，最后是"一幅香格里拉的地图"。沙弗尔强调，"原子弹"所蕴含的攻击性内容是可以理解的，自体心理学的参照系也是如此解释。不同之处在于，这种反应在自体心理学的解释中是一种崩溃的产物，宣告来访者的自体凝聚力受到了严重破坏，有被摧毁的危险。

在驱力理论的解释中，破坏性的愤怒是来访者攻击性驱力的表现。相反，自体心理学更关注来访者说"我被摧毁了或我极度疲劳"的反应，而不是"我生气了或者我在暴怒"。与其说这个来访者在表现敌意，不如说在表现脆弱。此外，在这一背景下，来访者对香格里拉的感知并不像沙弗尔所认为的那样是一种以消极退行愿望的形式来否认自己的攻击性。相反，这是一种尝试，来访者想要通过获得某种表面上恢复性的平静感来修复受损的体验。

自体心理学一直因最小化攻击性冲动而被批评，但这种批评往往是错误的。攻击性不是被忽视了，而是具有不同的临床意义。愤怒并没有被视为一种基本的驱力，而是更多被理解为一种崩溃解体的产物，它表明了存在着一个脆弱的或濒危的自体，且在寻求一种方法恢复凝聚力。来访者的反应很好地说明了这一困境，"香格里拉"不是来访者在试图逃避毁灭性的愤怒，相反它代表着一种希望，想要获得舒缓平静，以从自体被暴露的伤害中恢复过来。

随后，来访者对卡4的反应是"一张在火灾中被烧焦的熊皮地毯"。虽然沙弗尔的解释涉及来访者的破坏性冲动，但他也点出了来访者所经历的、压倒一切的毁灭感。他指出，"来访者似乎感觉自己身处废墟之中"这句话具有"更直接的意义"，这与自体心理学的观点很接近。

在此之前，来访者报告了"带着拳击手套的鸟类"和"芭蕾舞演员"的意象，然后是"苏格兰猎犬在追逐一只蝴蝶"（卡5），再后来是"小天使"的意象和"一个让人联想到安全港的小岛"（卡7）——对于卡7来访者的结论是"一个腐烂的骨盆"。一开始，来访者对卡9没法做出回应，这明显让他感到不安，这种无能感还伴随着虚张声势的、防御性的傲慢。来访者最终承认了自己的失败，他说："不妨这么说，这并不能带给我的生活任何改变。"

他觉得自己无法对"生活"做出回应，这可能是一个合理的比喻，说明他对自体状态失去活力的核心体验，以及对无法恢复自体状态的恐惧。不过，他确实成功地进行了回应，诸如"南海岛民的亲吻""毛茸茸的鸵鸟羽毛"以及他称之为"无止境地吹泡泡的狂欢节"。同样，在第一次看到卡5时，他的回复是："天哪！终于有个很棒的卡了！"他以"海洋动物"和另一个"狂欢节场景"来结束测验。

因此，沙弗尔的来访者在毁灭的自体状态和修复受伤的自体凝聚力之间转换。他试图通过自娱自乐来放松自己，或者在内心强烈的风暴中寻找某种平静的源泉。这个人试图通过寻求平静的自体客体反应来修复受伤的自体，尽管这种尝试有时隐藏在无聊的、令人不快的表象下。我们在讨论镜映时将这种情况囊括在内，是因为使人安慰的意象通常是镜映自体客体功能的一种表现。从这个意义上说，寻求照顾或养育不是依赖的表现，而是一种修复受损自体的尝试。因此，从自体心理学的角度，在驱力理论的框架下诸如反映口欲需求的反应，也被视为镜映需求的迹象。

另一个来自沙弗尔后来的著作（1967）中的例子可能更清楚地说明了这一点。对主题统觉测验卡5，一位抑郁症患者报告了以下故事："这位女士看了客厅最后一眼——她要请丈夫的老板吃饭，但还没有准备妥当——她担心房间不够整洁，因为她丈夫总是说她很邋遢……她还是有充足时间上楼换衣服，并最终举办了一个非常成功的派对。"沙弗尔（1967）的解释以口欲需求为中心，然而我们可能需要关注的是故事的主角是如何出现的、又如何被评价。她的自尊似乎取决于成功主持派对所获得的肯定，从自体心理学的角度来看，关注食物和晚餐代表的口欲需求不是那么重要。虽然沙弗尔并没有对此发表评论，但从来访者对邋遢的批评中衍生出来的"关注肛欲期冲突"的解释也不重要。在大多数情况下，这种口欲期冲突或肛欲期冲突的动力，对于保持自尊的核心需要来说是次要的。因此，病理性的或明显的口欲期需要或肛欲期关注是解体的产物，而不是驱力状态。自体需要体验到强大和凝聚力，要获得这样的体验，在确认胜任的基础上要确保自体客体的反应能力。从这个意义上说，特定的自体客体需要被镜映。就像之前引用的罗夏墨迹测验例子一样，平静、抚慰和安心的反应，通常代表了科胡特对镜映广义解释的核心方面。

在进一步投射测验中失活的自体的标志

以上这些例子说明了个体细微的、有缺陷的镜映需求。在其他经常出现在中产阶级来访者身上的镜映缺陷表现中，自尊似乎没有那么明显的病态特征。这类自尊失调的本质特征涉及一个人对自己的体验——渺小的、无关紧要、没有被回应的以及面对世界时信心不足、犹豫不决的，即某种失调。

在日常生活中，来访者可能会描述一些短暂的状态，如害羞、胆怯、慷慨无私、对他人有求必应、令人钦佩和谦逊低调。这些有时被视为美德的细微表现，常常是自体障碍的症状，最符合个体性格根深蒂固的特性；有时则与临床症状不明显的心境不佳、长期但间歇性的心境恶劣有关，它们不完全符合心境障碍综合征的标准。

尽管这些临床症状不明显的投射测验不那么频繁、引人注目或具有挑战性，但与那些更明显的自体障碍患者的特征更相似。测验者可能没有注意到这些反应，也可能不确定这些反应的重要性，并将其视为一时的异常而不予理会——尤其是在此类反应没有重复出现的情况下。这样的反应更难解释，因为它们转瞬即逝、难以察觉，就像坐飞机遇到短暂颠簸，机长都还没来得及提醒乘客系好安全带。只有这样的时刻或反应不是孤立出现时，它们才会被重视。

判断推理充分性的习惯，会大大减弱自体状态中断的细微迹象的有效性。我有些犹豫，不知道该不该主张高度重视这种稍纵即逝的反应。这些因素的标准通常让人印象深刻，很难去为其辩护。我的建议是，临床工作者要注意到它们的存在，并将其作为一种暂时的迹象，考虑它潜在的重要性。

我指的是一些用来描述"身材矮小或力量不足的人"的反应，比如"两个年老、暴躁的卡通人物面对面，嘴里叼着烟，玩拍手游戏"（卡2），或者"几张面孔……是人的面孔——像孩子……小天使一样，容貌精致，五官小巧"（卡7）。

以上两个描述来自一名34岁的男医生，他意外残疾了，在接受政府救济，并声称无法重返医疗岗位。他对这些卡的感知并非与众不同，在形状、质量和决定因素上也没有显著差异。玩游戏的男性的意象可能是阳痿或无价值感的体现，这种退行可能源于俄狄浦斯情结的失败。卡通形象也是一种几乎不加掩饰的自我贬损，将人们的注意力从幼稚的自体状态转移开，就像"成年男性借由卡通形象变成儿童"所暗示的那样。小天使的意象也并不特殊，尽管某些测验者倾向于强调个体在俄狄浦斯期感到渺小的主题，但这可能掩盖了一个事实，即像孩子般的、容貌精致的意象，暗示着自体的脆弱。

相反，这两种反应都不像另一个来访者的"某种花，它的叶子正在凋零，整朵花正在枯萎"那样（卡4）——失活的自体状态表现得十分清晰、不加掩饰。

同样是这位来访者，他在开始人物绘画时说："你在攻击我最弱的技能。"这句话表明他恐惧再次暴露自己存在缺陷的这个弱点。他画了一个男人，"有像我一样的头发，被批评说发际线在后退，他的手臂太长，他很年轻——但不是真正的年轻"。他的大部分论述都提到了害怕画中的人"被人发现不够好""绊倒了，掉下来，屋顶垮塌""在走路，但实际上漫无方向"。

在主题统觉测验的卡7上，来访者描述了父亲和儿子之间的互动："父亲是一名成功的律师，他希望儿子能子承父业。儿子和父亲上的是同一所大学的法学院，父亲相当满意，但儿子不满意。儿子做了爸爸想让他做的事，虽然现在他对法律这门学科很感兴趣，但总是感觉很空虚。"这可能是一个令人不太满意的解决方案——儿子在俄狄浦斯冲突中妥协去适应强大的父亲。这与科胡特（1977，1984）的解释相一致，都更赞同在俄狄浦斯情结动力中自尊的成分至关重要。也就是说，来访者可能已经接受了有俄狄浦斯情结的父母，但如果他并不为此喜悦和骄傲——这就像科胡特的比喻"切下一块旧木头"——自体就会变得很隐蔽。来访者会感觉到萎靡不振，就像描述中说的："总是感觉很空虚。"

失活导致的自体状态被科胡特称之为耗竭性抑郁，从刚才描述的投射测验反应中可以推断出来。在反应中，个体耗竭的体验微妙而不明确。与更明显的自体客体失败的案例一样，在某种意义上最显著的特征是"持续地缺失但仍不断寻求充满活力的自体客体"的反应。这里的主要问题不在于诊断，而在于区分是出现的自体障碍、边缘型人格障碍还是其他。问题在于来访者是如何发现自己独特的体验的，即失去活力的自体没能把握可能，去找到恢复衰竭自体的合适自体客体。

有时，会出现一个潜在线索，如可能存在用来镜映的潜在自体客体，比如下面的例子："一朵掉了两瓣花瓣的花"（卡8）。详细描述如下："它正在抛弃即将凋零的花瓣，并很快会再长出新的花瓣。"虽然乍听起来像是象征着"恶化"——也许是镜映缺陷的后果——但也暗示了自体损伤修复的可能性。

然而，当代表自体客体功能的人有缺陷，因此个体满怀希望地接近一个没有能力的自体，这是有风险的。这种情况让人想起一个见到妈妈时一点也不兴奋的孩子，他不指望妈妈抱他，对他温柔体贴，也不指望妈妈以某种共情同调的方式来回应他。确切地说，当妈妈偶尔有共情反应时，孩子表现得惊讶、疏远甚至不感兴趣。大多数情况下，很少有人期望母亲能够持续不懈地对刺激、快乐和活力感提供镜映自体客体反应。

我在这里所描述的现象并不孤立地出现在罗夏墨迹测验或主题统觉测验中，而是一个持续、重复的主题，有时也出现在人物绘画中。它潮起潮落、交替出现，个体有时充满希望、迸发向上，有时失望不已、梦想破灭。由于它和抑郁症中烦躁不安的表现类似，常常被误认为是抑郁症的主要症状和主观情绪特征。然而，把它看作抑郁症状比不上进行诊断访谈有帮助。

霍尔特（1978）报道了一个25岁的精神障碍患者的主题统觉测验反应。对于卡1，这个年轻人描述了一个卧床不起的孩子："他得学习音乐，不过他更喜欢看冒险故事，后者比音乐更让他感兴趣。他勤奋好学，后悔因生病缺课。他不太开心，但也不太悲伤。他眼神涣散……根本没看书，也许他不用看就知道书上在讲什么。"

霍尔特指出，"男孩不学父母想让他学的东西"这样的主题是反攻击性的，是消极阻抗。来访者没有提到卡中的小提琴，霍尔特认为这暗示着阉割的主题。霍尔特评论说，"眼神涣散"表明这个男孩很难保持对他正在读的冒险故事的兴趣，他觉得父母不在意他。霍尔特还指出，故事的结尾孩子睡着了，这指代退行作为。

除了霍尔特所推崇的"冲突—防御"解释框架，也可以从自体心理学的角度来探讨这个故事。在这种观点下，看冒险故事代表男孩想恢复活力，考虑到他现在独自躺在病床上不能上学，要学习一个无趣的任务，父母还不在身旁，没办法共情和参与。因此，在父母自体客体失败的背景下，男孩只能靠自己来为一个没有活力的自体提供必要的刺激。男孩的努力最终以失败告终，他无法维持兴趣，而是退行进入了梦乡。自体客体镜映反应能力的缺失，可能是男孩感到无聊或内心空虚的原因。

后来，这位来访者针对卡7报告了一个故事：一个年轻人因为身体不好而绝望和沮丧，他父亲让他想办法自己好起来，否则父母还得替他照顾妻子和孩子。这个年轻人和家人搬家去了气候更好的地方，但他仍然没有康复。他的孩子们长大了，足以照顾母亲，而他与父亲也没有再进一步联系。除了年轻人体验的罪恶感和不孝顺，霍尔特强调了他父亲的道德立场，这种情况使儿子感到只能用停止同父亲接触来消极地拒绝和攻击父亲。

从自体心理学的观点来看，没有比共情反应迟钝更清楚的解释了。故事中的父亲不仅没有注意到儿子的痛苦，还告诫他要担起自己的责任。父亲忽视了儿子的需要，只强调自己可能要被拖累。这种对共情镜映失败的解释并不基于任何一种道德的立场，而在于父亲没有意识到儿子不稳定的状态。

更能说明问题的是，在对当前自体客体可用性期望降低的背景下，没有迹象表明儿子试图说服父亲照顾自己受伤的自体。儿子的被动与其说是对父亲的拒绝，不如说是儿子无法自立的反映。他没有从疾病中恢复过来，也没有茁壮成长。这个年轻人的疾病代表了他的自体失调、丧失活力，也揭示着他预见了持续不断的自体客体失败。就像前一个故事里的男孩退行睡着了一样，这个故事里的年轻人从冷漠的父亲身边退缩了，父亲没有给他鼓励，也没有给他镜映，没有让这个年轻人即将崩解的自尊重新焕发活力。

霍尔特的来访者报告了另一个主题统觉测验故事。对卡13，他讲述了一个故事，故事发生在"一个偏远的、贫穷的农舍。男孩的母亲即将分娩，男孩被告知要离母亲远点。他向父亲求助，但父亲忙于耕田，没有给他太多关注。男孩的小脑袋冒出一个想法——这事没希望了。这时，母亲让男孩帮助她，这让男孩感到非常高兴，他决定永远不离开家，他也确实比父亲做得更多"。

霍尔特用"俄狄浦斯情结的满足（oedipal fulfillment）"来形容这个小男孩"小小的心灵"最终"得意扬扬"地获得了胜利。他最初虽然被父母拒绝，但之后的被需要感抵消了不被爱的感觉。然而，从自体心理学的角度来看，这个男孩似乎在告诉测验者他觉得自己被遗忘了，得被迫离负担过重的母亲远点。可以理解的是，那些觉得自己是个负担的来访者，几乎不可能会期待"母亲眼中的光芒"——这是科胡特最喜欢用的隐喻之一，用来形容健康镜映的起源。尽管这个男孩希望永远不离开家有着潜在的意义，但他恢复得如此之快的事实表明了他停留在这样一个水平——渴望得到自体客体的赞赏。

在面对来自父母一方的镜映缺陷时，体验错误共情反应的人会试图转向另一个潜在的自体客体，这不仅仅是他们的一时兴起，补偿性结构抵消镜映自体客体失败的情况可能会以这种方式出现。与前两个故事不同的是，年轻人出现了自体客体反映自身所求的迹象，他也表达了自己在多大程度上受随机事件支配。

共情性镜映的希望过于短暂，无法维持足够的自尊，这一点可以从来访者面对主题统觉测验卡16（空白卡）的反应中看到：

> "移民们生存环境恶劣，完全靠他们自己，没有人可以指望。他们因孤独而走向死亡，但凡有一点社会关系……就可以得救。"

从驱力理论的观点来看，霍尔特的评论强调了这个反应背后口欲期的匮乏和渴望。霍尔特还提到，来访者在发现无法满足与人接触的渴望的过程中出现了自恋退缩。霍尔特的评论并没有忽视个体内在的死亡驱力和自体的毁灭。霍尔特可能已经预料到了科胡特会强调活跃的自体客体环境具有特殊的重要性，并可以通过幻灭或自尊威胁来维持自体环境。为了生计和"心理氧气"，自体客体需要定期的、准确的共情和同调。

这些例子表明，以内部死寂为特征的自体状态由显著的无回应自体发展而来，个体几乎完全不期望自体客体的镜映和反馈，他们似乎已经放弃了，这与主观抑郁不一样。在霍尔特的例子中，这种根深蒂固的性格定位与严重的精神障碍并存，不存在因果关系的假设。这些反应表明，即使在严重的精神病理状态中，也可能存在一个严重受伤的、没有镜映的自体。我在第七章中提供了一个完整的案例，说明了与非精神病性情感障碍综合征相似的镜映缺陷。

有几个例子中来访者的埋怨体现了细微的自体镜映缺陷的其他迹象。通常情况下，来访者仅会抱怨意象不符合常理，而不是公开抱怨内容不够充分。看看下面这种例子中的动力："一种很大的动物，像獾，毛茸茸的，它在地上爬，前爪不太对劲"（卡4）；"有些不太搭调，纸的一面是用油漆涂的。他们拿起纸，把它扯烂了，因为两面都一样"（卡1）。

诸如此类找碴儿的反应，反映出来访者抱怨世界"错待或虐待了他们"。这些来访者在生活中所扮演的角色，专注于抱怨自己受到了轻视。一方面，在缺乏准确的共情反应能力的情况下，他们是正确的，但纠正错误本身从来都不具有治疗性——尽管来访者了解自己的问题可能会有益于康复。在面对这类投射测验反应时，找碴儿或抱怨最好被理解为是个体在表现源自自体客体失败的历史。

其他微妙的找碴儿的例子也可以在以下反应中看到，例如"看起来是树的影子，它没有叶子也没有树枝，因为卡是褪色的"（卡8）；"一根老骨头，骨头有裂口，上面有小洞"（卡9）；"一朵雏菊——我不喜欢雏菊，它们太普通了，我喜欢颜色更丰富的花"（卡3）。对投射测验内容这些细微差别的批评或抱怨，可以提供有关自体状态的指示——在临床访谈中是很难辨别这些状态的。许多来访者设法用精心的辩护和补偿性的临床表现来掩盖性格的病症，但投射测验中不合常理的评论暗示了潜在的贬损或自我贬低。来访者这种含蓄的批评，掩盖了自尊心下降的感觉，就像人们购买商店展示品或"样品"后的感觉一样。虽然这些产品不一定是次品，但很多人仍然认为它们不够好。临床症状不明显的自体障碍来访者在内心也有这种感觉，这种感觉来自自体客体体验的镜映缺乏。

投射测验内容另一个与反映自体客体体验相关的微妙特征，是创造性的、新颖的、甚至是有趣的反应。例如"是一只看起来像穿着小袜子的海龟。海龟的脚也许会很冷，身体的其他部分通过壳来保暖，所以它也需要让脚保暖"（卡2）；"是一朵花，但是它的茎对花来说不够粗。要么花缩小点，要么茎变粗"（卡

2);"是一只蝴蝶,它的翅膀垂下来,好像累了,它一定饱受磨难"(卡5)。这种性质的反应,在没有轻躁狂迹象的情况下可能只是一部分表现,让个体不去深切关注自体的完整性。

最后,镜映的需要可能包含在以缺乏动机状态为主的反应中。例如,沙弗尔报告了下面这个针对卡20的主题统觉测验故事:"看起来好像有人在公园里散步。他之前也许坐在家里无所事事,想呼吸点新鲜空气,于是就出去了。"

沙弗尔对这个故事的评论集中在"感到无聊和消极"的动机状态上。从自体心理学的角度来看,"想要呼吸新鲜空气"表明刺激不足的自体正在寻求新生,以使自己活跃起来。虽然没有明确指出哪种自体状态需要镜映自体客体反应,但不被满足的镜映需要往往与来访者缺乏动机的状态有关。

所有的反应都值得注意,因为尽管它们表达得低调而巧妙,但都描绘了重要的自体状态要素。这些反应中的自体状态可能不是临床精神病理学最显著的特征,但它们同样重要,因为自尊调节在临床中受到广泛关注,包括且不限于精神病性的反应、情绪障碍、人格障碍甚至正常人群的反应。自体障碍或对自体凝聚力紊乱的潜在脆弱性,可能构成主要的精神病理症状。

自体障碍可以以自恋型人格或行为失调作为主要表现。相比其他心理障碍,它可能是次要的,或可能与自尊障碍一起作为一个重要的方面。在这两种情况下,我们都很容易在投射测验反应中发现自体状态的细微表现。临床工作者可能会发现,有必要在对投射测验材料的内容分析中对其存在保持警惕。

第 六 章

※

自体客体功能的临床特征：理想化和孪生

在本章中，我将继续讨论自体客体功能的投射测验指标。前一章讨论了镜映的临床适应证，本章会专门讨论心理诊断测验中体现理想化功能和孪生自体客体功能的临床发现。

理 想 化

理论考量

科胡特（1971，1977）阐述的自体客体功能的第二种主要形式是理想化，在此我将首先说明投射测验中理想化的部分，总结自体客体功能的主要概念和临床特点。我选择来重新描述的观点，对于解释以下心理诊断测验材料中的片段尤其重要。

理想化在临床上表现为多种形式，包括崇拜、仰望、敬畏他人以及向他人寻求安慰或恢复平静。荣耀的中心从自己转移到一个理想化的他人身上，孩子或成年人会求助于某人以增强自尊。理想化并不意味着把全能或过度的荣耀归于理想化的自体客体，因此，在罗夏墨迹测验或主题统觉测验中的反应可以表现为"一个受尊敬的人物，就像父母或受人喜爱的老师"，来访者不会把夸大的卓越品质归因于这个人物。

尽管理想化的主要心理功能是恢复平静或给予安慰，但最终可能的结果反而会强化理想化或价值。投射测验的内容会提及提供安慰或保护的人物——尽管可能很巧妙，有时甚至很"无声"，但可能暗示着理想化。

相比之下，安静的存在可能比描述得更明显的（如宗教人物或鼓舞人心的人物）存在更常见或临床相关性更强，是可以识别的、活跃的理想化自体客体功能。通常，自体客体需求的理想化程度，会随着镜映缺陷导致的失望或伤害体验而增强。如果镜映不足是非创伤性的、慢性的或在较早期时发生的，这种反应可能是修正或缓解自尊心受损的一种方法。

理想化或多或少代表了自体客体的正常和成熟，个体需要尊重和珍惜某个客体。这种体验通过将自体的伟大转化为一个可以被尊重的人，培养了自体新的活力，强化了自尊。心理诊断测试的内容很容易涉及"受人崇拜的人物"，但更重要的是要注意，"受人崇拜的人物"会让自体重新焕发活力。

面对伤害时，即当自体被打断或干扰，理想化可能会让它通过另一条路径复活来维持凝聚力。理想化不是必然的结果，如果镜映虽不充分但受到严重破坏，则可能是自体修复的另一个方向，就像一种补偿结构。因此，在贬损和赞赏之间交替反应的投射测验结果表明存在补偿性结构的可能，这些内容也表明了该机制的成功。我之前引用了巴卡尔和纽曼（1990）的比喻——自体"行走在他所崇拜的客体的阴影中"，这个意象非常有用，可以在投射测验中揭示理想化的自体客体功能。

在一段时间内，临床上可能不好鉴定"沉默的理想化"下的自体客体移情，尽管来访者既往史会提供一些隐晦的暗示。与诊断访谈相比，投射测验可能会更清楚地揭示那些不明显的理想化。然而，自体障碍的来访者易陷入耗竭性抑郁、焦虑或更严重的解体。在所有的临床方法中，理想化就像镜映一样，通过自体客体的失败让其存在为人所知。对于治疗自恋型人格或行为障碍的临床工作者来说，这些症状众所周知，也为测验者所熟悉。

表示失望或羞辱的反应（如"失宠"），是理想化自体客体功能重要而微妙的迹象。对理想化的自体客体来说，失望感被认为是脆弱或有问题的，会把来访者推入一种自恋损伤的状态。更糟的是，拒绝或轻视来访者理想化的提议，只会使问题更加复杂。发现理想化的自体客体是病态、虚弱或弱小的，可能足以使来访者重新暴露在对自己自体凝聚力的毁灭性伤害中。

从心理诊断测试材料来看，正是这种以理想化的方式描述的罗夏墨迹测验认知或主题统觉测验人物（紧接着贬损或轻视的意象），最令人信服地定义了理想化的自体客体需求。一个人没有他人当然也能生存下来，但在测试中最终会表现为：想要与理想化同步出现、自体客体功能的失败以及来访者随后的反应（如愤怒、自暴自弃或沮丧的退行）。

临床案例

一位55岁的摄影师兼作家因抑郁症住院，起因是他的妻子最近生病了。他在人物绘画测验上的描绘如下：

"我是一个照相机，画上则是一位摄影师。他看到的是真实的世界，并时不时感到非常痛苦——妻子得了癌症，他不知道该怎么办。他觉得自己控制不了任何事情。"

第二幅画是一位女性——来访者的妻子：

"（她）感觉良好，比我更会应对癌症。她是一名职业女性——语言治疗师，她喜欢自己的工作，也很专业。她与学生和其他治疗师的关系很好。她观察力敏锐，极其诚实，充满激情，很有礼貌。"

我选择这个例子来说明理想化部分的临床解释，是因为它展示了一个基本前提：人们会在理想化的自体客体功能中寻求一些东西。该例对比了两幅人物绘画——我刻意没有选择最清楚或最不言自明的例子——且没有突出或高尚或伟大之类的品质，更确切地说，它关于理想化的角度微妙而关键。

来访者认为自己很挣扎，而妻子则在生命垂危的情况下仍能很好地处理事情。他并没有把妻子描述得像上帝一样完美或强大，而这正是问题的关键：理想化并不一定等同于夸大的形象（比如全能的完人、帝王或神佛）。理想化的人物通常被认为具有来访者所缺乏的品质或能力，缺乏这种品质会让来访者感到疲惫或无力。理想化代表了一种方式——一个人在试图修复自己减弱的自体凝聚力，自体通过与自体客体相联系来感到平静和安慰，从而变得强大。

来访者以一种相对平淡的方式，描述了自己在痛苦中感到失控的场景。与之形成鲜明对比的是，能干的、功能良好的妻子给他带来了他自己无法提供的平静和慰藉。这个理想化的形象出现在这个来访者的材料背景中，他体验到自己被征服，在被动地挣扎。他对丧失的恐惧和预期，暗示着他需要理想化的自体客体来维持或增强自体凝聚力。来访者在寻找自己所缺乏的东西，而不是去参照高于生命的意象，在此过程中，理想化发生了。

这个例子也表明，理想化的主要诊断指标并不是一个特定的意象，比如罗夏墨迹测验中的"巨人"。其特质归因于客体的质量——比如它的力量、平衡（或镇定）或平静的功能。最重要的因素是来访者对意象含义的阐述或联想，某些罗夏墨迹测验中的意象经常被解释为理想化的象征，如巫师、芭蕾舞演员或天使。它们代表了对力量或活力的渴望，个体渴望拥有独特的力量或能与众不同。巫师或天使的意象不一定都反映这些品质，在特定的墨迹位置上（以规范的频率编码为基础，如综合系统的指标）许多类似认知能否被接受并无关紧要。

就像我在第五章中观察到的那样，要彻底而审慎地进一步询问的另一个原因与我们经常看到的现象有关，即许多反应的阐述方式表明一个可理想化的客体会因其美丽或伟大而受到赞赏，但可能同时也存在缺陷。这种类型的去理想化出现在"一个芭蕾舞演员的腿断了"或者"天使折翼"等反应中。测验者需要探索这种去理想化现象，但要注意这仅仅会激发人对理想化的联想，就像芭蕾舞演员或天使的意象并不能充分传递来访者真正想表达的东西。

例如，一位患有抑郁症的女性描述了一个像童话《绿野仙踪》（*The Wizard of Oz*）里（卡9）出现的巫师：

> "他是个骗子，策划了整件事。他确实看起来就像个坏蛋，有像我父亲一样的面容——不过肯定不是我父亲。好在他被抓住了，大家以前都认为他是个好人——他看起来确实也像，那副可怕形象下竟有些许温柔。"

来访者还描绘了一个罗夏墨迹测验画面："著名指挥家在幕后指挥他的管弦乐队"（卡3），并讲了个故事（卡7）：

> "母亲给小女孩读了一个关于芭蕾舞演员的故事，于是她开始痴迷地幻想自己成了一名芭蕾舞演员，穿上鞋试着跳了跳——幻想自己有双神奇的鞋子能让她成为一名芭蕾舞演员。"

故事的结尾是这样的："女孩很伤心，她恨所有的一切，沮丧地一直在那里发呆。"

这些例子中的理想化自体客体需求，可能会伴随回应失败、无效或丧失的情况。理想化往往是短暂而脆弱的，自体客体的需要则是明确的，但是若自体客体无效或没有能力提供来访者所需要的活力，理想化会转化为失望、贬低或愤怒感，正如以上反应所暗示的那样。

上文来访者的反应并不罕见，尤其是那些问题严重的来访者，如患有边缘型人格障碍。自体客体的理想化需要经常导致自体客体的崩溃，而不是真的实现愿望，自体客体功能失败或停滞则表明存在这种需求。

在其他时候，理想化足以维持"需求可能得到响应，理想化的人物仍然可用"的可能性。当理想化不证自明，或者当"对共情反应迟钝的理想化自体客体更深层次的贬低或排斥"取代了理想化的表象时，进行仔细探究十分必要，我们不应忽视这种情况。

令人感兴趣的是，服用药物的来访者创造了一个关于"安定"的主题统觉测验故事（卡3），这个故事表达了药物可能具有维持或恢复的功能。我们来看一下她的故事：

>"一个女人发现了'安定'的世界。医生让她服用'安定'，她刚服完一个疗程。她服用了太多安定了，感到筋疲力尽。于是她歇了歇，希望这种疲惫会消散。睡醒之后她又开始继续服药，一次又一次预约医生，服用了一粒又一粒药物。后来，在瘾君子互助会的帮助下，她重回正轨并用这段经历继续帮助他人。"

"安定"可以被认为是一种对药物的理想化，就像自体客体具有镇定的功能一样。这个例子表明，人们之所以需要这样的自体客体，关键在于其能起到帮助我强调了评估理想化，除了确定性的因素和定位分数，还需要详细地询问罗夏墨迹测验的结果，这样才有说服力。与镜映不太一致的是，可以用一种直接和明确的方式来表达理想化的自体客体需求。理想化的自体客体需求最初可能看起来很微妙，很容易被忽视。但作为一种解释性的暗示，理想化似乎很有说服力，它实际上可以掩盖对理想化自体客体的不满。因此，"天使"反应本身并不能提供有用的信息，只有通过审慎的好奇和探究性的询问（我用"审慎"这个词来表示"未被引导"），自体客体的性质才会变得足够清晰，以揭示其理想化的特征。

例如，一个抑郁的19岁女大学生讲述了她的罗夏墨迹测验反应："两个天使，如有神助。摩西站在中间，举起手臂"（卡1）。测验者随后询问具体墨迹位置、决定因素和来访者对神性力量的看法，她回答道："我假定，只要有人抬起手臂，就是在向神祈祷。"最初，测验者对神性力量的表达方式可能有一些不确定性，本意指夸大表现性的自体，或者代表对理想化人物的渴望——她可以向这个人求助，以支持自己脆弱的自体意识。在进一步询问中，双方澄清了神性力量的内涵，她的回答让人联想到她在渴望一个理想化的自体客体。

第六章 自体客体功能的临床特征：理想化和孪生 | 153

除了深入询问，序列分析是另一个理解理想化的重要手段。一个14岁的女孩，患有抑郁症伴自杀倾向，她针对卡1报告："我看到一个天使，有着非常大的翅膀"，她详细地描述道："有人在天堂，死后变成了天使，代表着善良。"如果不是她之前的描述："有一只蝙蝠，在刻薄地嘲笑着某人"，这种非常慈悲的反应也不会如此引人注目。"天使"之后是"《绿野仙踪》中飞猴驼着的女主角。邪恶女巫让飞猴帮她偷东西，她想要女主角的红宝石拖鞋，因为拖鞋具有魔力。这就是《绿野仙踪》中邪恶的一面，女巫杀死了人们，偷走了他们的东西"。我觉得这个青春期的女孩在寻找一个具有保护性的客体（善良或仁慈的天使），来保护她免受邪恶力量（以刻薄的蝙蝠为代表）伤害。尽管这个理想化的天使的翅膀非常大（可能意味着更强壮或更安全），但却无法保护她，让她落在女巫手里。她试图隔绝自体以免受伤害，但这似乎不起作用。

类似主题再次出现在卡6上："耶稣就是一个十字架""人们不喜欢他，他说他能创造奇迹，人们不相信，杀了他，认为他说的是假话"。探索性的问题结合对卡1的序列分析，让我们得出结论：来访者不相信存在一个强大、仁慈的客体，可以提供理想的**自体客体**功能。不被相信的耶稣就像卡1上的天使一样，缺乏拯救自己的活力或可能性，这个意象暗示了女孩担心自己易受恶人攻击。

潜在的、可理想化的自体客体的幻灭也出现在女孩的主题统觉测验结果上。她描述了一些可以寻求支持的、令人敬仰的人，但他们往往对于她所面临的状况无能为力。例如卡13："医生试图救病人，但是没有成功，他感到非常羞愧。"卡18："一个人抱着刚刚死去的爱人。"尽管理想化的自体客体并没有公然地抛弃她，但几乎没有任何描述表明自体客体对她的努力或关心，这表明她感到没有人为她付出或帮她。

似乎不存在一个反应敏感的、理想化的自体客体环境，她为此感到失望。我们有可能看到一个没有支持的、失去活力的自体很可能"击败"这个青春期的来访者，把这些与她抑郁联系起来看，就会理解为什么她会产生自杀冲动。

她原本希望父母能发挥功能，但实际上他们忘记了她。而被父母忽视的感觉，让这种令人失望的理想化自体客体环境雪上加霜。因此，她在主题统觉测验的故事中这样描述父母："父母希望男孩学习小提琴，但男孩无法理解母亲的苦心，他觉得自己让她失望了"（卡1）。在另一个故事中，"父母外出在田间劳作，妈妈不关心孩子，爸爸整天琢磨庄稼收成怎样……妈妈以自我为中心，只关心自己，而爸爸并不真正理解孩子——因为她是一个女孩"（卡2）。

这些例子是大量富有成效的询问的成果。然而，很多来访者坚持用寡言少语来保护自己脆弱的自尊。关键在于咨询师要避免把这些来访者明显的抑制行为误解为是在防御其敌对性冲动。例如，下面这个理想化的例子来自一个41岁未婚女性的投射测验。她和父母住在一起，在与父母发生争执后自杀未遂，并被送进了医院，争执的原因是她创办的一家服装制造厂破产了。这个女性很傲慢挑剔，相处起来令人不快，所有"请详细说明"的要求都被她当作挑战或侮辱。当被问及回答内容中具有暗示性或挑衅性的方面时，她都试图掩饰。尽管如此，她的人物绘画测验结果无意中透露出了一丝理想化的微光。这种理想化往往会遭到来访者的阻抗或防御，他们拼命维持着自信的外表或傲慢的自豪感。来访者的第一幅画描绘的是一位女性：

> "一个女人为了应对这个世界在冥想。她已经准备好去工作了，也对自己的工作很满意，虽然这是一份乏味的工作，要担负很多责任，但薪水很高。生活是很美好的，但也有烦恼和空虚感。她动力十足，没结婚也没有孩子，自己过着惬意的生活。她还把钱捐给慈善机构去帮助别人。"

在另一幅描绘男性的绘画上：

> "前一幅画上我画裤子了吗？这个人是一个积极进取的商务人士，他会照顾他的家庭，爱他的妻子，做一些让她非常高兴的事情，她可以为所欲为。他很专横、傲慢、自我中心。妻子仰视他。"

在某种程度上，女性人物反映了来访者对自我意象的矛盾心理。不过来访者也表现出希望对自己有一种确信感，在男性意象上这样的表达更为明确。她希望有一个理想的自体客体能够提供自体客体功能，来激励脆弱的自体，这一点可以从"妻子仰视丈夫"中看出。来访者似乎在那个脆弱自白的时刻漫不经心地说出了这番话。

类似的来访者很难对测验者的进一步询问进行回应，他们会让测验者感到自己在"鸡蛋里挑骨头"。虽然没有什么简单的方法可以解决这一难题，但是仔细注意这些来访者快速略过的评论或口误很重要。同时，测验者必须留意，不要过度解读。

深入询问

这个例子还强调了与投射测验管理相关的另一个困难。无论罗夏墨迹测验、主题统觉测验或人物绘画测验，都很难确定怎么样才是充分的询问或详尽的回应。测验者必须获得必要的数据，对一个反应进行评分或推断其含义。在测验中，除了常规、限定的条件，不用再进行超前性、启发性、拓展性的询问。他们必须进行权衡，要么获取潜在有用的、有临床意义的信息，要么在实施程序上有所变化，后者被认为是"不是罗夏墨迹测验的一部分"（Exner, 1995）。

这个问题无疑是有争议的，尤其是在罗夏墨迹测验中，理论家们还没有达成一致。第八章L先生的扩展案例报告展示了一个潜在的解决方案，对部分罗夏墨迹测验进行二次询问，旨在检验语言和联想的局限。本书的另一份完整案例报告（T女士，第七章）是标准化询问的一个例子，这种询问具有启发性，但不需要像L先生的案例一样检验局限性。

一些测验者感兴趣的是识别自体客体功能和自体状态，它们是有意义的（而不是表面的），与科胡特对这些现象的深入理解一致。临床工作者明白，纯粹地执行不偏离罗夏墨迹测验标准的询问，只关注准确编码所需的信息，所获得的成果太有限了。更成问题的是，存在对其他投射测验进行保守且有限的询问的倾向；这种询问只能带来刻板、陈腐、浅薄的心理洞见，或者受感知和细节（而不是幻想）过度影响。采用原始或未受污染的回答是罗夏墨迹测验遵循的惯例，而上文提到的方法可能受此启发。测验者在两种结果之间挣扎，一种是深入了解来访者人格但冒结果无效的风险，另一种是贴近原始行为和语言但过于肤浅。如果把来访者的心理诊断测试用于澄清诊断或性格学的细节，临床工作者就只能指望老一套的肤浅方法，所能得到的简单解释是尽全力确保测量可靠和有效的结果——对于这个事实，人们不太可能感到慰藉。我的印象是长期以来，一些地区的临床工作者并不重视心理测验报告——这很显而易见，因为报告中全是明显而肤浅的发现，除了有限的、具体的基本数据，没有深思熟虑的反思。

从来没有正式的关于主题统觉测验和人物绘画测验询问范围的标准，现有文献也非常有限，缺乏不同于罗夏墨迹测验询问的共识性标准。罗夏墨迹测验检验局限性的扩展询问法，使其成为自体心理学中特别存在问题的心理诊断测验方法。因为在投射测验中，有限的询问揭示的仅仅是关于自体状态的推测和暗示，而自体状态是自体心理学的核心。第八章的扩展案例全面阐述了关于这个问题的进一步讨论和建议，结果表明，如果不仔细地询问和引导，也不测试局限性，就无法检测到理想化或孪生自体客体功能的各个方面。

困境的另一方面是指有力或好奇的询问，而不是挑衅性的、不恰当引导的或以野蛮分析和虚假发现告终的询问。我始终相信，将深度询问和基于经验的评分这两种截然不同的方式结合起来，最终需要严谨的、深思熟虑的临床策略，其基础是连贯的人格理论。正如尚且无法描述一个优秀的心理治疗师应该有的最佳品质，对从事心理诊断测验的临床工作者而言，也尚未有规定要求最好要兼备敏感、有悟性和思维清晰等特质。

在现在的语境下，于临床上运用投射测验去识别理想化以及孪生自体客体功能，对这一困境特别具有挑战性。比起镜映自体客体的需要通常更容易引出的投射测验相关标志，这个问题更难解决。

区分理想化和夸大

夸大在传统含义上意味着膨胀,有时具有妄想的性质,如双相情感障碍的情况。然而,科胡特并没有把这一含义考虑在内,相反他意指一个自体自己要求得到肯定或承认。科胡特使用的"夸大自体"一词,并不是大多数临床工作者所理解的"自大狂"。

科胡特持续使用"夸大表现自体"——这曾是他用来描述自恋病态的术语——来表示(以他开阔的视野)个体面向世界,满怀着热切和期待,希望得到他人或赞赏或愉快的回应。从根本上讲,他不认为夸大是夸张的自体价值,也不是傲慢、骄傲或自以为是。科胡特明白,尽管他认为这些是病态的自恋,但会出现这些临床表现是源于一种自体客体的环境,在这种环境中个体正常的、可预期的欣赏需求长期或创伤性地没有得到反应。

沙弗尔(1954)为罗夏墨迹测验中夸大反应的惯用解释提供了基础,如盾形纹章、徽章、顶饰和类似意象。我们不难发现,熟悉科恩伯格(1975)自恋观点的测验者会认为它们表现的是权利或特殊的地位。从这个角度来看,诸如"某种古怪的设计——不完全是盾形纹章,而是某种水彩画样式的怪物"之类的表达(卡9)很容易被解释为贬损。如果盾形纹章被认为是一种自我膨胀,那么这个表达也可以代表自我贬低。对于敌对性贬损或愤怒性嫉妒的解释,也可以从驱力理论或客体关系理论中推论出来。

另外一个合理的构想来自自体心理学。这个解释与夸大、攻击性或者贬损无关,它源于人们努力让自己感到骄傲(但不一定是傲慢),期望得到镜映或一个强大的、理想化的自体客体。它不能解决我们区分这两种自体客体需要的困境,但当在投射测验中观察到这种意象时,它的确指向一种不常被考虑的解释。之前提到的"盾形纹章的怪物"代表的要么是对于理想化自体客体的失望,要么是机能不全的自体状态。

针对同一个墨迹,另一个回答是:"一块包在一张纸里的肉,纸上血迹斑斑。"不难看出这种意象中的攻击性。我们可以把"盾形纹章的怪物"中的贬损看作这种心理动力的延续，也可以把这两种解释的顺序看作来访者试图从残酷的"血腥"或失败的自体状态中恢复过来——"血迹斑斑的纸包肉"代表着这种自体状态。"盾形纹章"代表来访者试图变成一个强大的、理想化的人物，希望修复自体的伤害。这一尝试并没有成功，因为来访者对理想化的自体客体感到失望和不满——它本有足够的能力恢复来访者所需要的自体凝聚力。

沙弗尔（1954）也认为来访者的罗夏墨迹测验（都来自卡7）代表了夸大的意象——寺庙、纪念碑和国家议会大厦的圆顶。此外，沙弗尔认为，另一名来访者对卡6上"类似于粗糙的十字架形纪念物"的反应（Schafer, 1954）与来访者反抗内在超我权威和价值观的迹象一致。从自我心理框架的角度来看，这些解释是可以理解的。尽管我在这里单独列出了这三种反应，但沙弗尔的解释与这些片段是内在一致的。

然而，从自体心理学的观点来看，这些例子中的意象可以被看作表现理想化的自体客体需求。自体障碍的来访者也可能出现类似宗教意象反应，他们希望通过理想化来满足之前被挫败的镜映尝试。来自沙弗尔的例子具有启发性，因为它提出了理想化和意象根本上与伟大（如纪念碑）或贬损（如粗糙的十字架）无关。

因此，在总结诸如纪念碑、盾徽、顶饰或徽章等知觉意象的自体心理学临床意义时，我们不必自动假定这些反应代表着夸大现象。有时，像巨人或天使这样的形象也很难与夸大区分开。理想化是一个可行的选择，特别是当镜映的自体客体长期无反应时，理想化的自体客体的贬损表现为失败或失望。无论是在驱力理论或是客体关系框架中，攻击性都会被概念化；同样，当从自体心理学的立场考虑时，攻击性也不是投射测验反应中所表达的批评、敌对或贬低基调。自体心理学为理解这些反应提供了另一种观点，即先前的一系列孤立反应并不能使测验者决定知觉意象是代表了夸大（无论是在传统意义上还是在科胡特看来）还是理想化。

区分涉及理想化和真正的理想化自体客体功能

在投射测验中经常出现的意象类型（诸如宗教符号、图腾、顶饰和徽章以及类似富有象征意义的知觉意象）会让人联想到理想化并不足为奇，这种观点基于令人信服的联想，围绕着全能、宗教或准宗教性质的强大力量，甚至是象征性引用诸如"混沌""厄运"和"创造"等抽象概念。从驱力理论的角度来看，这种自然的意象可能会被解释为夸大、自恋或敌对性冲动。相关例子包括不太夸张的意象，如雕像、枝形吊灯或穿着防护服的外星人，就像阿诺和库珀（Arnow & Coope，1988）给出的一些自体失调迹象。

尽管能产生理想化自我客体功能的"命题土壤"很肥沃，但这种解释需要的不仅仅是习惯和谨慎。我之所以建议用特别保守的方法来处理这类材料，主要原因在于在含有强大象征内容的意象与对全能或权力的诠释之间，存在着显而易见的、可以理解的联系。联想往往是准确的，但联想和联结必须更依赖于举证责任，而不仅是单一内容或意象的联系。在自体心理学中，需要进一步联结强大或崇高的意象和理想化——依靠投射测验意象所提供的具体说明或恢复活力、平静或自体凝聚力的需要。

因此，投射测验反应中描述的人物或意象所具有的有助于健康的特性，必须更加清晰。几个误报例子进一步佐证了这一点，这些例子涉及权威、伟大或传奇的意象与理想化的自体客体功能，但彼此之间并没有充分的联系。

例如下面这两个罗夏墨迹测验反应："像一个教堂，有着尖塔和十字架。人们张望有没有人进来"及"一根图腾柱"（卡6），来访者在被询问后补充说道："他们崇拜它，在柱上雕刻死者的脸，祭拜死者。"这些反应也出现在该来访者的其他测验记录中，显示出其贬损和病态的情感贯注，如"像水里的倒影……是一个男人，他看起来像一只猴子"及"一座墓碑"（卡2）和"一片干枯的叶子"（卡4），还有"在石头筑成的乐园中，有天使在告诉这两个女人要干什么"（卡3）。作为发展或保护自体凝聚力的人物，天使意象的含义不够充分。这些天使的控制欲不强,不那么崇高,甚至有点滑稽。因此,他们很难代表强大的理想形象。

同样,沙弗尔(1954)展示了一个来访者的几种反应,它们都会让人联想到理想化,但是在来访者看来这些反应中的人物总是失败的。例如,来访者在卡2上报告了"火"和"硫磺",接着是"一个带有小尖塔的大教堂",后者与前者形成对比,表明了它的渺小或无力。对于卡4,来访者产生了超过12个反应,一开始是"一个瘦弱得像猫一样的人物""一个邪恶的人物"和"一条毁容了的美人鱼"。后来来访者还提供了一幅"远处圣殿山教堂"的意象(但他可以在墨迹上看出微小的细节),接下来是"一个老战士"。无论是遥远的教堂,还是老战士(来访者还补充道:"这当然是阴影"),可能都代表来访者在努力挽救理想化的自体客体,但是收效甚微。其他例子——包括"小雄狮"、另一个"远处的寺庙"、一个"孩子画的寺庙""两个查理大帝"或"应该由一个人举着的阿尔弗雷德国王时期的火把,但那个人不在这里"。——与下面意象是一致:被误导及想要调动潜在的理想化自体客体。来访者虽然想这样,但未能产生足够的活力,去维持一个不堪重负的、脆弱的自体状态。

在第五章,我引用了这个来访者镜映缺陷的例子。镜映和理想化的自体客体需要不是概念上不一致,而是在表现一种不同的自体客体功能,即当另一个自体客体功能(通常是镜映)不能支撑受伤自体时,个体会创造一个补偿性结构。然而,目前的例子显示出沙弗尔的来访者显然未能获得镜映和理想化的自体客体,去维持一个被削弱的自体。当自体的多个部分存在慢性或大量的共情失败或当补偿性结构失效时,这个观点说明了自体失调的严重性。第七章中详细报道的T女士的例子也说明了作为一种补偿结构,有缺陷的镜映并没有顺利发展出理想化的自体客体功能。

下文例子说明了卡6的三个罗夏墨迹测验系列反应,如果不考虑上下文,中间的反应显然代表了一种理想化的自体客体需要。但这些反应的顺序清楚地表明这样解释是不正确的。这些反应来自一位34岁的女性住院病人:"一个活的东西……我对这个墨迹有了更深的了解了……是一条蛇的头，一根阴茎"，接着"现在变成星星了，一个六角星"，接下来她很自然地解释："是犹太教的大卫之星。我的信仰更多是精神上而不是宗教上的，我相信神的旨意，但我不去寺庙。"这位病人用"屁股"这个词结尾，经询问后发现她用这个词是由于墨迹看起来像裂开的，病人因而联想到便秘。

病人提到的犹太教大卫之星与她有关信仰和灵性的联想，暗示着她调动一种理想化的自体客体需要。然而，它出现在"蛇—阴茎—肛门"反应的中间，让相应解释令人难以置信。

理想化的微妙迹象

本节提供的例子不同于表明理想化的崇高或宗教象征等意象，几乎没有任何启发性或暗示性。此处意象看似简单，但仔细观察会发现它们代表了理想化的自体客体功能。

一名30岁的黑人女会计师因抑郁症伴伤人及偏执意念住院，她的投射测验反应具有明显的无序性，相当聚焦愤怒和虐待，其他反应则表明了理想化的自体客体功能。这些反应代表了病人所寻求理想化的人物，但她最终体验到的是失望。例如，她对罗夏墨迹测验中卡2的反应是"一盏神灯或其他什么东西"。她澄清了"神灯"一词：

> "灯里面有东西……是一个人……她在灯里面，除非有人帮忙，否则她没法出来。里面很拥挤，没有呼吸的空间。有人经过，擦了擦灯，她就自由了一段时间，直到又回到灯里。"

病人解释说，关在灯里的女人很敏感或者很受伤，她因做了坏事而被惩罚。且不说有关"错事"的强烈妄想，关键是病人希望会出现某个神奇的、仁慈的人物来缓解她的痛苦，这涉及理想化。

出于同样的原因，这位病人描述了一个"会飞的动物"（卡6），她说："我猜它和什么东西有关,可能是一只更大的蝴蝶——蝴蝶妈妈或者什么东西——它需要支持,只靠自己不行。"

病人的主题统觉测验故事补充和扩展了罗夏墨迹测验反应中暗示的理想化自体客体需求。病人描述说:"一个小男孩喜欢拉小提琴,走到哪里都在拉。有一天,老师不准他拉了,因为他没有完成其他的作业,这让他非常难过。"当被问及"难过"是什么意思时,病人说:"他试图理解老师所说的话。"因此,悲伤的情绪来自对一个潜在理想化自体客体的失望,这个自体客体以老师为表征,老师因为没有认识到男孩的需要,让他失望了。老师不需要被看作是伟大的、有力量的,也不需要被看作是理想化自体客体功能的基础,与此相比,老师被认为是剥夺性或惩罚性的关键。

这个病人接着讲述主题统觉测验卡 2 上的故事:

"是一个女孩,她很喜欢上学,但有很多家务要做——母亲怀孕了,没法劳作。所以母亲让她每天做家务,照顾其他孩子。这种情况持续了 7 年,之后她逃去亲戚家,终于能重新上学了。"

在卡 3 中,病人报告:"一个孩子被虐待了。他祈求上帝阻止他的母亲,但她仍然虐待他,他只能逃跑了。"

这些故事涉及虐待或忽视,但我避开了它们,因为对于理解病人的深层心理来说是次要的。这两个故事清楚地提到了主角体验到被忽视,且自体在被忽视或虐待的情况下仍然没有反应。我没有轻视或忽视虐待儿童的社会学或公共政策问题,只是强调在目前的情况下更重要的心理问题是病人希望有一个理想化的人物来帮助其恢复自体凝聚力。病人需要一个强大的自体客体功能——与其说是为了保护,不如说是为了修复自尊。

这些主题延续到卡 7 中——被邻居安慰的女孩和被祖父安慰的年轻人。在讲述前面的故事和解决方案时,病人发现理想化自体客体功能屡次失败,女孩无法得到邻居的安慰,因为"她知道大人在撒谎……她不相信邻居";年轻人也不相信他的祖父——"祖父可能是真的关心这个男孩,但是这个男孩不知道。他不知道去哪里,也不知道向谁求助。"

科胡特在关于理想化的扩展提法中,认为理想化的自体客体功能包括培养或提供一种充满活力的自尊感。当最佳自尊受到损害时,主题统觉测验的反应代表了理想化自体客体需求的失败。来访者向他人求助,希望对方能提供这种功能来帮他们恢复或重建自尊,但这种需求要么没有得到认可,要么遭到拒绝。来访者会感到被遗弃、被忽视,最终被贬低。这种解释比把意象描述成强壮的、尊贵的或强大的更重要。

下面的例子说明了来访者想要寻求一个可理想化的自体客体来修复自体障碍的努力,这种努力要么遭遇了共情无效,要么遭遇了反应不成功。这名来访者是一位31岁的男性,他严重夸大自己的受教育背景和工作情况,并出现了慢性抑郁症状。来访者描述主题统觉测验卡1为:

"一个看起来很沮丧的小男孩,不理解他的老师为什么不准他再练琴了。他没有向父母寻求帮助,因为他们认为他应该知道如何去做。但他不知道该怎么办。他问父母自己是否该放弃,然后发现他们根本不在乎。"

卡3的故事如下:

"那个小男孩就是我。很多时候,我一进自己房间就哭了,因为我不知道那天到底发生了什么,也不能去找父母问问。我认为他们不能理解我,这就是我离开学校的原因。"

卡7:

"和我家情况不一样,这位父亲在给儿子建议。我爸从来没有教过我一个男人该做的事。但这个男人看起来给了儿子很好的建议,儿子很感激。"

值得注意的是，这些反应涉及对一个理想化人物的核心需求，这个人物被描绘成一个给予教导、建议或安慰的角色。在来访者给出的每个例子中，受欢迎的形象都不能满足他被激发的理想化自体客体需求。

这种情况容易导致伴抑郁症状的自体失调，它在许多投射测验中表现为失活或挫败。来访者所渴望或寻求的不是变得夸大或突出，而是想要被钦佩、崇拜或镜映。这些反应说明，共情失败无法为自体客体功能提供支持，还削弱了自尊，理想化的自体客体需求仍然被隐藏、阻碍或未被认识。

下面两个罗夏墨迹测验反应似乎都代表了理想化，但实际上只有一个恰当地反映了自体客体功能。这个案例是一个15岁的青少年对同一张卡（卡3）做出的两个相近反应。他妈妈无法管教他在家庭和学校的行为，于是把他送去住院。这个年轻人的第一个反应是"两个鬼魂"，他在询问中详细说道：

> "是《野蛮人柯南》（*Conan The Barbarian*）中的鬼魂。他们在柯南身上涂上各种各样的颜料，防止鬼魂把他带走——上天堂。他们爱他，认为他还不应该死。为了让他活下去，一个女孩牺牲了自己。"

不难看出，在这个男孩的反应中"被保护"是最重要的。他的话语强调了他希望有一个仁慈的人为他提供安全或福祉——一个脆弱的自体需要自体客体功能。虽然从这个反应内容来看这点不太明确，但在其他投射反应中存在这样的迹象。

这个男孩对卡3的反应是："两个精灵在打牌，看起来都像是在从裤子后面的口袋里掏出一张额外的牌——它们在作弊。"

他补充道：

> "它们就像雾一样——像从瓶子里冒出来，然后在上升的过程中变成了人形。是某种神奇的东西或另一种存在，来自另一个世界或别的什么地方。它们就像神一样。但它们看起来不太诚实，试图在打牌时作弊，谁都不想输。"

与这个正值青春期的男孩先前的反应形成对比的是，精灵的意象似乎表明来访者可能会钦佩其神奇的欺骗能力。精灵也被来访者描述为具有魔力及和神一样的品质，不像他以前所说的的"鬼魂"——之前他向它们求助，让自己平静、安心或充满活力。他的反应也不同于另一个来访者提到的"精灵"。在那个反应中，精灵是来访者产生理想化的关键因素。

这两个反应强调我们需要关注来访者的语言表达，每一种反应代表了特定或独特的理想化自体客体功能，是语言将它们区分开来。"鬼魂"提供了一种自体恢复的功能，但不代表"精灵"也有类似功能，不应该完全排除理想化的可能性。然而，这两种反应在自体客体功能方面的对比上仍然具有指导意义。

对于理想化解释方面的告诫

前一节中的示例清楚地表明，内容本身可能具有误导性。内容及其联想性的阐释揭示了自体客体功能，可能经常需要测验者有力但不生硬的询问来引导关键的联想。这些例子也与治疗中识别自体客体功能的方法类似。也就是说，对于理想化起决定性作用的不仅仅是对伟大或强健品质的赞美或崇拜。相反，来访者在共情失败中表现出的失望，表明受人钦佩的客体或移情对象对于使来访者精神振奋或欣欣向荣来说极其必要，这种品质也表明了来访者脆弱的自尊心。同样，在心理诊断测验中，由于自体客体的缺失或自体客体未能保护来访者的自尊，会显露来访者对理想化自体客体的需求。

最后，我要强调当信号或标记缺乏相应临床特征时要多加注意。诊断测验和面谈评估都存在一种潜在的风险，即解释可能不合逻辑地建立在没有信号、症状或心理功能的基础上，已经有几个关于理想化的例子证明了这一点。解决这个问题需要测验者的警惕和注意，以确保将沙弗尔（Schafer, 1954）的标准牢记于心：整体逻辑要一致，信号要经常规律性地出现。

我强调这一类数据，并不意味着我们需要放弃某种结论，即它可能太"温和"而无法持久。相反，这类数据需要一位经验丰富、严格遵守标准的测验者具备特别敏锐的临床判断力，以决定一个解释是否能够持久有效或是否可信。

在投射测验中，比起那些涉及镜映的反应，让人想起理想化的反应会更少。注意到某个特性的缺乏或不足也比注意到其存在要困难得多。区分临床功能需要测验者具备丰富的共情倾听技巧，并将自己沉浸在来访者回答的内容中——经常很微妙或差别很细微。

这些问题并不是罕见的、难以置信的、无法评估的或很难探测的，也并非是灵敏度很低或误报过多的。要解决这些问题并不容易，沙弗尔（1954）的解释标准不仅能起到作用，在指导临床工作者方面也不可或缺。在临床实践和科学研究上，如果标准错了，结果就可能站不住脚，但如果说到了点子上，那么临床效果会无比强大。

孪　生

理论的考虑

孪生自体客体功能是临床和心理诊断测验中最难识别的功能。科胡特（Kohut，1971，1984）最初认为，孪生关系是镜映的一种子类型，但它最后被视作一种特殊功能，有自己的地位。

识别孪生自体客体需求的困难，不在于检测可能的迹象或指标，如与孪生客体相关的反应——投射测验中很容易有这些迹象，而是在于决定这类参照是否真正代表了孪生自体客体需求。罗夏墨迹测验不乏对孪生或对称性的感知，即使是主题统觉测验的故事也会涉及被感知或被幻想出的孪生关系。最重要的考虑必须始终是确定是否存在自体客体功能，必须有迹象表明自体客体的存在，且这种存在在根本上是为了维持或加强自体凝聚力。

科胡特的术语"孪生"导致了理解混乱，原因之一是这种自体客体功能很罕见，特别是在解释投射测验内容时。许多关于孪生功能的引用——尤其是本身就是对称墨迹的罗夏墨迹测验——往往会误导而不是进一步阐明科胡特想表达的孪生自体客体功能的意思，比如双胞胎（即使是连体双胞胎）的意象也只不过是种暗示或推测。在这些相互作用中所表现出来的"友好的"或"灵魂伴侣般"的品质，则是在足够的深度准确描述自体客体功能所必需的关键要素。

与孪生有关的大多数投射测验反应只能推测孪生自体客体功能，实际影响微弱。最能说明问题的必要证据不在于简单的、表面的印象，而在于其论述的丰富性和深度。不幸的是，这样的反应并不频繁，通常需要陆续出现数个类似反应才能确定来访者是不是真的调动了孪生自体客体功能。

在人际交往中——包括心理咨询尤其是短程咨询中——孪生自体客体功能并不明显。真正的孪生自体客体功能细致微妙，即使是在密集的心理咨询或精神分析期间，其临床表现也可能较晚才出现，并常常在出现起初被误解为理想化或镜映。有时候，只有在深入了解来访者之后，人们才会注意到孪生。因此，对于投射测验指标来说，识别真正的孪生自体客体功能是一项困难且容易出错的挑战。投射测验只是对来访者内心生活的简单抽样，这也正是精神诊断检查的特征。

罗夏墨迹测验的内容通常是识别孪生自体客体需求的最佳来源，主题统觉测验则可能过于结构化，不允许偏离故事情节的常规反应，而且来访者可能不会轻易表现出孪生自体客体功能的迹象。作为一种比结构化格式更重要的因素，主题统觉测验的故事类型引发了镜映或理想化的主题。因此，当询问不够深入或当来访者特别具有防御性、很压抑或沉默寡言时，镜映和孪生之间的细微差别很容易被掩盖。

此外，主题统觉测验或人物绘画测验所需的言语表达，不是通往来访者深层次自体客体功能的典型方式，来访者常常不知道该用什么词来表达自己对孪生陪伴的需要。在寻求优质的孪生功能时，即使是表达最清晰的人体验到的挫折可能也比平时更多。为此，罗夏墨迹测验的本质可能会以最直接或最公开的方式揭示个体孪生自体客体功能的需求。罗夏墨迹测验让人们很难模糊、防御或疏远自己的孪生自体客体需求。当然也存在例外，下文中的临床片段涉及了一些主题统觉测验的例子，大多来自表达得很清晰的青少年。

在我看来，最好不要理会来访者随意提及的孪生或成对反应，除非对相关反应的阐述能够证明它是孪生自体客体功能的真正迹象。因此，若来访者在投射测验中提及孪生或成对，应该只将其作为孪生自体客体需求最清晰的实例。在下一节中，我将进一步举例说明。

心理诊断测验的临床工作者需要面对这样一个事实，即并不是通过检测镜映或理想化的方式，从传统的内容分析中获得关于孪生自体客体功能需要的最佳证据。孪生自体客体功能通常要推导而来，需要在临床实践中合乎逻辑地分析测验材料和临床理论的联系，并深入理解自体心理学。在完整的解释中，传统主题的线索用处有限。这种方法需要最保守地检查传统测验证据，持适当和谨慎的态度，更不用说还要彻底和准确地理解科胡特的自体心理观。

临床适应证

第一个例子生动地展示了孪生自体客体功能的基本特征，并说明了在询问来访者投射测验反应时很难诱发出其孪生自体客体功能。例子来自一个22岁、因抑郁症住院的病人，针对罗夏墨迹测验卡2："两个人的手紧紧地握在一起，我想是两个女人，留着厚厚的、过时的发型。"这个反应很常规："她们的手掌挨在一起。看起来像戴着手套——这也是我认为她们是女性的另一个原因。卡上部是头，下面是经血。"当被进一步问及有关月经的问题时，病人继续：

"我猜就是经血（询问），是月经来潮。你当心理学家多久了？（询问）她们是朋友，都知道发生了什么，彼此在交流思想，也意见一致。（询问）她们了解彼此的人生体验，很快乐。（询问：月经来潮？）那只是她们的性征，事实上不是月经，更像是她们在分享彼此的感觉、合而为一。"

除了是否应该为这个反应分配一个颜色决定因子编码，它毫无疑问揭示的是自体客体功能。病人防御性地想要保护自己，不去进一步阐述经血及其联想。因此，她在初始描述的结尾部分才第一次提到经血，但当被问及是什么这个墨迹被视作月经时，她的回答是"就是经血"，然后跑题问了一个与测验者经历有关的问题，试图转移自己的焦虑。病人后来责备我，说我暴露了她的弱点。就好像她问我的问题实际上指的是："你不知道尊重我的防御吗？"

对于这种回应，有两点内容需要强调。首先，它体现了孪生自体客体需要的核心特征，揭示了一种体验：人们注重亲密和深入的分享与理解——合二为一感或者深入而紧密的联结。尽管这两个人可能被认定是一对情侣，但病人并没有这样描述。卡2上有两个同样大小的人形墨迹，但这一事实对孪生的鉴定来说并不重要。对于反应的基本特征来说，卡上图案仅仅是附带的，是一种能够深刻地体验到相互理解、相似或合一的希望。

其次，我们很容易忽略反应的特性。病人在联想中完全没有提及，只在期望结束询问时才提及月经。在病人进行任何阐述或澄清之前，测验者可能会理所当然地认为这种联想表达了对躯体、性、疾病或恐惧甚至攻击性的关注。进一步询问时，如果病人只是表达了最开始的防御"就是经血"，那么人们得接受刚刚的推测。

尽管病人对联想感到不适，但只有通过研究这种联想，她对孪生自体客体反应需要的强烈性和脆弱性才变得明显起来。这种需要可能会让她犹豫或防御，并最终感到自己的弱点暴露无遗。作为中心反应，孪生自体客体需要经常以一过性的评论或不经意的阐述方式出现，让我们有时很难进一步澄清。

作为伙伴或共享纽带的孪生关系：双胞胎问题

接下来的几个例子是基于双胞胎意象的投射测验反应。罗夏墨迹测验的对称性很容易引起来访者"成对"的反应，被用来描述"双胞胎"也是很常见的。在讨论心理诊断测验的自体心理学方法时，"双胞胎"不可避免地会被认为是孪生自体客体功能的潜在指标。矛盾但并不奇怪的是，这并不真实。

仔细阅读科胡特（Kohut, 1971, 1984）的文献，我们会发现孪生所代表的心理特性几乎完全基于深度交流。对于修复受伤的自尊来说，友好、镇静和舒缓的功能必不可少，共同拥有的一种纽带或世界观已经成为自体—自体客体关系的主要需求。在本书中，我强调了自体客体功能的这些品质，它们对于孪生自体客体功能而言尤其重要。

下面两个例子都涉及罗夏墨迹测验中的"双胞胎"或"连体儿"反应，它们都是从描述孪生的关键特征角度来分析的。第一个例子中的来访者对卡2产生了如下反应：

"某种连体双胞胎动物，像小狗。我能看到它们的鼻子，很可爱。它们的鼻子连在一起。它们可能会想到同一件事——像是某种思维波。它们可能在接吻，卡上这个位置是笑容。"

在询问中，这名33岁的女性谈到导致过呼吸综合征的精神因素时说：

"这些是脚、身体、耳朵、眼睛、鼻子。鼻子像角一样，让我不想盯着看，因为不真实，像童话里的动物一样。它们很可爱。（询问：它们是连起来的吗？）它们可能挨得很近，在接吻。它们彼此在传递信息。它们很快乐，正在跳舞。"

这位来访者暗示孪生自体客体功能可能会被唤起——与其说是她提及"连体儿"，不如说是她"会想到同一件事"的联想。在询问中，这一想法被进一步解读为"思维波"。这种对孪生需要的解释虽然具有启发性，但仍缺乏说服力。对于这种反应所缺失的内容，最好的方法是将其与之前有"月经"反应的来访者进行对比。

先前的来访者提到了人物之间深度的卷入，表现为"整合思想、深度理解和合二为一感"的形式；这位来访者提到的"连体儿传递思维波或者会想同一件事"则并没有那么令人信服的相似度，缺乏"灵魂伴侣"的特质——忠贞无二或亲密联结。

这种对比在本质上具有指导意义，有助于测量孪生自体客体需要的深度和强度（并在投射测验中表现出来）。尽管"双胞胎"的意象代表相似性，但"思维波"或"拥有相同的思想"本身并没有切中要害。许多关于"连体儿"意象的文献也证明了这一点，尽管孪生自体客体需要肯定可以同时被激活。

夸瓦尔（1979）报告了来访者对罗夏墨迹测验卡6的反应："现在它看起来像一个连体儿……单独分开来看无关紧要，但放在一起就刚好是对半的。""对半"能组成一个整体，这是具备孪生自体客体功能的关键描述。如果来访者不再提到"连体儿"的意象，孪生自体客体功能被强烈唤起的假设就难以令人信服。

勒纳（Lerner, 1991）提供的例子阐明了夸瓦尔（Kwawer, 1980）所述边缘型人际关系的范围。第一个例子呈现的是自恋镜映："两个男人互为镜像，是两个哑剧小演员"（卡2）。这个反应近似孪生自体客体功能，但事实上它仍然不足以代表"合二为一"。附带说明一下，这个例子还表明来访者使用"镜像"之类的词并不意味着其自体客体功能完全对应术语。在这个例子中，由于来访者没有补充阐述，所以"镜像"才是要考虑的自体客体功能。

勒纳提供的另外两种反应的例子更接近我们的目标。两者都被夸瓦尔归类为"分离—分裂"——"这两件事似乎在某一点上有所连接，但又分开了……这二者好像内在有一些连续性"（卡9）和"看起来像一个分裂成两部分的细胞……还没有完全分离"（卡10）。

在这两个例子中"分离—分裂"的成分是联结强度的关键特征。第一个例子提到了连续性，第二个例子则提到分裂成两半的细胞，都让人联想或感到孪生自体客体功能可能已经复活了。这些例子对联结深度的进一步暗示构成了更有说服力的证据。

洛维特（1988）举了另一个描述自恋认同评分系统的例子，很有启发但并不完全令人信服——"两个人在做某事。红色部分表示他们的想法完全相同"（卡3）。

这甚至比"双胞胎"的反应更不易察觉，其中"分离、断开"和"思考相似或相同的想法"的部分符合推测，但仍然需要继续询问，以澄清来访者的经历中是否也包含了基本特质——独特的或亲密联结的明确迹象、"合二为一"的特殊意义或平静安慰及友好的感受。简单地提及"双胞胎"很少直接指向孪生自体的客体功能，同样，诸如"扮哑剧、模仿或复制"的反应可能也无法捕捉孪生自体客体功能想要传达的明确心理特征。

在罗夏墨迹测验中，识别孪生功能的问题经常出现。因为基于墨迹的对称性，来访者总是提到同一图形有时实际上呈现的是孪生移情。我用两个例子来说明这一点——都提及了"双胞胎"，但缺乏相似的心理品质；因此，反应本身不能表示自体客体功能。

来访者对卡2的第一反应是："两只熊在打架，是我和我的孪生兄弟。"对卡7的反应是："一对女性双胞胎。她们可能是在厨房里，初次用微波炉。"

除了关于地点和决定因素的标准信息，这两个反应未包含任何值得询问的材料。在本章讨论之前，这两个反应很可能被看作孪生自体客体功能的例子，但其实不符合关键测验。需要更确定的特质，即类同性、共有相似性或者"合二为一"感，来真正地代表科胡特心目中深厚的孪生感。反应内容必须明确指示这一点，而不仅仅是提及相同的或孪生的客体。由于这一要求，孪生自体客体功能在心理诊断测验中出现的频率很低。

纽约的舞台剧《穿插表演》(Side Show) 为这种特质提供了一个强有力的心理表现。这部音乐剧讲述了一对连体儿寻求独立分离但又充满悲剧冲突的抗争。这对双胞胎意识到，如果他们要作为一个统一体活着，就不可能实现各自的愿望。在剧中，他们的力量最终是作为一个整体来呈现的，具有同步性的。

尽管这对双胞胎中单个个体的期望遭到了拒绝，但对彼此永恒的需要为他们提供了精神上的力量。这就是科胡特孪生自体客体功能的本质：真正重要的并不是相似或相同，而是相互需要或心理上的同一性。类似地，在罗夏墨迹测验中，"双胞胎"或"连体儿"的反应必须清楚地呈现这个主题：双胞胎为了生存或生计，在心理上彼此需要（即自体凝聚力）。

自体客体功能与青春期

一些抑郁的青少年倾向于表现得阴沉、退缩和孤僻，他们可能尤其能体验到明显的对孪生自体客体的需求。他们与一个或一小群朋友建立了亲密的关系，基于几乎完全相同的思想和感受，分享紧密的联系。这种依恋要求彼此的情感状态几乎是完全匹配，从而为脆弱的自尊提供了凝聚力。这种强烈"匹配"或"相似"的要求似乎对保持关系来说至关重要，更不用说自体凝聚力了。这些关系的强度是如此之大，以至于即使是轻微的冲突也很难被容忍，并可能引发愤怒或抑郁反应，有时还伴随着自杀或自残行为。

这类破坏或破裂通常是由于体验到"孪生体"的退缩，比如另一个人变成了其他依恋类型以满足不同的需要；或者"孪生体"可能已经成功地在心理上发展到亲缘关系的水平，不再完全忠实地复制孪生自体客体功能。但来访者会感到被遗弃和抛弃，他或她的自尊会动摇。我将以来访者的两个投射测验例子来说明如何检测这种动态结构。

一名18岁的男性来访者的一位男性朋友拒绝再和他交好，并试图与别人建立友谊。来访者自杀未遂被送进了医院，他觉得生活毫无意义，还存在一些抑郁的亚综合征表现。来访者对罗夏墨迹测验卡2的反应是这样的："两只火鸡坐在桌子上，喝着酒，把爪子放在一起试图了解对方的想法。它们的手隐藏在阴影中，头的姿势像是在沉思。（询问）只看得到它们的脸。我有时和我的朋友会这样做，觉得好玩。我们知道彼此的想法，但有时仍会一起努力去更好地理解它。我们通常都猜得对对方的想法，因为对彼此都很了解。"

亲密和理解建立在能够对彼此内在状态的心照不宣上，显然这代表了孪生自体客体功能本质特征的另一种形式。这在这个来访者身上体现很明显，比起成年人，年轻人常常如此。

在他对卡3的主题统觉测验反应中也可以看到同样的迹象：

"这是桑德拉,她和女朋友萨莉关系很亲密,但不是情侣。她们彼此相知,心心相印。她过于依赖萨莉,认为萨莉是唯一能理解她的人。她故意切断了与其他朋友的联系,只和萨莉待在一起。但是萨莉也有其他朋友,不想把时间全花在桑德拉身上。萨莉告诉桑德拉自己忍受不了桑德拉的过于依赖,并很抱歉不能再和她做朋友了。桑德拉很抑郁,想要自杀——卡上这个位置是枪,她会开枪自杀。她明白只有萨莉能理解她,其他人都不能。虽然她们是两个不同的个体,但她们的想法是一致的。这就是她需要的,一种完全被理解的感觉。"

另一名来访者是一位15岁的少女,男友在她堕胎后弃她而去,她也因自杀未遂被送进医院。她针对卡7创作了下面这个故事:

"这是简和她妈妈。简没有朋友,所以她拿着洋娃娃,假装它是真的。有一天,妈妈说简不应该把洋娃娃当朋友,简说她不想要其他任何朋友。妈妈把洋娃娃扔了,简很生妈妈气,说要离家出走。但最终她原谅了妈妈,因为她在离家出走的路上遇到了一个女孩,后者现在是她最好的朋友了。"

这个例子更加巧妙,有些不寻常,但也没有太出格。用洋娃娃来弥补内心空虚的想法并不罕见,抱着洋娃娃不放意味着洋娃娃已经取代了来访者的其他朋友,或者(在亲密的、重要的意义上)成了她的朋友。这就带来了一个问题,孪生自体客体需求可能在维持青少年来访者的自尊中起了很大作用。虽然这个故事也暗示了退行,但它揭示了一种能力:用真实的关系取代冷漠的、死气沉沉的关系。临床工作者必须思考什么样的自体客体需要本质上在关系中占主导地位。

这个例子并不像之前的例子那样。男孩把手放在他朋友的手上以加强他们之间的亲密程度,明显地表明了一种孪生自体客体需要。尽管如此,我还是把这个女孩的故事和那个男孩的故事放在了一起，以强调它所表达的排他性。这个故事代表了孪生自体客体需要的一个重要指标，还表明在投射测验反应中，关于孪生自体客体功能存在的确定性范围常常比其他自体客体功能更明显，就像之前患抑郁症的成年来访者的例子一样。孪生自体客体功能能够恢复的表现基于反应中提及的"一心一意的承诺"，这能达到一种强烈的同一性或亲近感。

例如，另一名少女在提到自己长期旷课和学习成绩差的原因时，针对卡3讲述了如下主题统觉测验故事：

"这个女孩发现她最好的朋友死了。她失去了最好的朋友，觉得自己也活不下去了。但最后她只是把头发剪短了，这让她看起来很丑，别人也就不会打扰她了。她找到了另一个好朋友，又快乐起来。（询问）她们关系很好，会把自己的一切都告诉对方。她没有其他可以依靠的人，她的朋友为她做了一切，就像一个母亲一样。"

单独考虑相关内容，孪生自体客体功能可能是对这种反应的一个合理解释——主要是基于朋友关系的深度。在镜映或理想化自体客体功能中，关系的强度远超预期，朋友不仅仅是"像一个母亲"，表现出一种完全被需要的感觉（"她的朋友为她做了一切"），而且"一切"这个词也增添了一种早期孩子气般的依赖。

若把这个故事与她对卡6的反应联系起来：

"母亲给儿子带来了令人震惊的消息——他的父亲在战争中牺牲了。儿子无法想象没有敬爱的父亲该如何生活。他找了一个女人来代替父亲的位置。"

此处关系的强度似乎基于理想化。这两个故事都描述了在面对失去自体客体时个体的绝望。卡3的故事聚焦于全部或唯一的联结，提出了孪生需要的问题，但卡6的故事更容易理解为理想化需要。

但是，请注意这个来访者对卡3所讲的故事与之前一位对卡7做出反应的少女所讲的故事之间的相似之处。在那位来访者的故事中，母亲试图阻止女孩与洋娃娃建立联系。而在卡3的故事中，相对其他自体客体功能，这支持了我们将孪生需要作为主要自体客体需求的可能性。相比之下，这位来访者对卡3和卡6讲述的故事都表明存在不明确的自体客体需要。一个自体客体功能相对于另一个自体客体功能是否更原始，是另外的问题。

类同性、共有相似性或"合二为一"

以下例子说明了来访者需要一个自体客体来模仿自己。第一个例子反映了个体想要和另一个人完全一样的愿望，而第二个例子则代表了个体想要让另一个人自发成为自己希望的样子。这两种情况都表达了对友谊的需要，但很快又放弃了这一需要。我们不清楚这个愿望是得到了满足还是被拒绝了，或者是在理智的外表下被防御和隐藏了。可以从客体关系的观点来概念化包含融合渴望或边界扰动的现象，但我对这些反应的讨论来自自体心理学的框架。

来访者是一名38岁的女性，因服用抗精神病药物而突然出现了精神病性反应："这看起来就像两个女人在互相对视，表情愚蠢，面部扭曲。"（卡7）测验者进一步询问了何为"表情愚蠢"，来访者说：

> "她们面色低沉，头上像戴着一款老旧的、傻乎乎的帽子。她们可能想穿同样类型的衣服，这样看起来能像双胞胎，但随后就意识到这是多么愚蠢的行为。不管穿什么，她们都是同一个人。我的心理医生是那样告诉我的——你可以钦佩那个人，但不能成为那个人。"

第二个例子是对卡1的主题统觉测验故事：

> "这看起来像我的大儿子在上小提琴课。他讨厌上课，最开始时就表达过不喜欢。有人说小提琴是我想学的，而不是他想学的，我不应该强迫他。我想拉小提琴，我父亲也想。我父亲很优秀，很完美，我则更

马虎,也不喜欢把事情做得尽善尽美——那样压力太大了,得把所有事情都赶紧做完。(来访者继续跑题谈这个轻度躁狂性质的题外话,直到测验者追问她故事的结果)孩子没再上小提琴课了,他很开心,也很高兴自己终于能表达意见了。"

在这两个例子中,自体客体需要"合二为一",类似于孪生关系,但是这种解释是否准确还有待考量。在前面讨论过的例子中,孪生自体客体功能以亲属关系或亲密关系的性质为特征,作为来访者所寻求的自体客体反应性的基础。在现在的例子中,两个人物看起来一模一样,就好像是同一个人。共有相似性或类同性的需要并不仅仅表现为看起来相似或思考方式相似,它比表面的相似性更深入,更接近自体体验的核心。来访者认为自己的自体客体需要是愚蠢或微不足道的,这暗示着她可能觉得自己是不值得的、羞耻的或不配的。然而,更重要的是这个问题也许表达了一种可能性——欣赏另一个人而不必成为他。

此处存在鉴别和诊断的困难:这个反应本质上是一个孪生自体客体功能,还是个体需要基于理想化的自体客体反应来支持自体凝聚力?测验者必须通过整体反应来决定要如何看待来访者的第一个反应。

来访者的第二个反应暗示了她试图增强自尊的替代体验。投射测验中出现替代性满足或愿望的反应并不罕见,它们通常意味着个体某种程度上在利用另一个人来满足自己未被满足的需要,从而维持自尊。有时,自恋的延伸被视为和来访者是完全一样的(忠实复制)。它也可能与来访者的需要紧密相关,即希望通过复制或模仿他人来达到目标。当体验的核心是基于与自体客体融合的需要时,这两种机制都应该被视为孪生自体客体功能的潜在暗示。

来访者期望儿子像她的父亲那样成为一名优秀的小提琴家,但她自己却无法实现这个愿望,这种反应基本上满足共有相似性的标准。然而,最终的结果却不尽如人意,因为反应的重点转到来访者对自己感到失望上,而不是迫切地需要她的儿子像她一样,或者像她希望自己成为的那样。替代体验必须超越来访者提到的"代言人",自体客体必须以某种被控制的或与自己相同的方式体现出来。这种体验不应该与融合或失去自我—他人界限混淆,就像在短暂的精神病状态中会发生的情况一样。

来访者希望儿子通过学习小提琴成为她自身的延续,或者让儿子的需求与她自己的需求一致。通过儿子,来访者可能会赢得父亲的赞赏——尽管故事的结局是儿子中断了课程,来访者接受了儿子自己的愿望。在反应的过程中,她轻度躁狂性质的跑题进一步增加了不确定性,我们不知道她的故事会走向何方。但这个问题说明了一个临床现象,即测验者必须对这种反应做出判断,把它作为被调动起来的孪生或其他自体客体功能的准确表征。

来访者的主要关注点集中在她自己的失败上,因为她偏离了儿子的故事,但是她的故事并没有给测验者一个关于核心自体客体功能的清晰象征。基于这一单一反应,即使考虑了来访者先前的其他反应,解读卡1最保守的方法也不是停留在孪生自体客体功能上。孪生自体客体功能的可能性值得注意,但是这种类型解释的最终基础还是需要仔细检查整体反应,以寻找更有说服力的证据。

下面的例子说明,一个表示了特定自体客体功能的投射测验反应为理解其他测验反应铺平了道路——这些后续反应可能不会带来特定的对自体客体功能的解释。这个例子来自一名44岁的男性麻醉师,他因急性抑郁发作住院。这位来访者的反应体现出他的焦虑不安,反应的开头是"两位牧师举起手做赐福状"(卡1),他在询问中进一步阐述道:"赐福是美好的愿望,它让我感觉很好,是群体的一部分,与他人联结。"

这位来访者还画了一幅人物绘画,他是这样描述的:

> "这是一个高中生,他脑子里想的都是女孩和车。他可能在麦当劳快餐店或其他类似地方兼职。他非常担心他的形象,想看起来和其他人一样,成为群体中的一员。"

他还画了一个女人:"比这个高中生大10岁。高中毕业,婚姻幸福,有责任心，期待与家人一起共同生活。那个年龄段的大多数人都很乐观，认为一切都会好起来。"

这里所阐述的反应与渴望亲近、渴望由亲近提供的平静的力量的孪生自体客体需求是一致的。就像前面提到的几个例子一样，对于确定孪生自体客体的需要来说，"双胞胎、完全相同的人物及相似的图形"的反应并不是必需的。关键特征在于来访者提到自己属于一个团体，他从这个团体中获得了人与人之间的情感联系。此类反应以一种不太明显的方式为理解后续两个人物绘画铺平了道路。

如果这个来访者的反应里没有关于"牧师赐福"的具体内涵，测验者很可能会将一个中年成功医生对一个在麦当劳工作的、专注于女孩和车的青少年的认同，解释为对退行、不成熟或不安全的认同。来访者所画的"青少年男孩"和"负责任的成熟女人"形成鲜明对比，这一印象就更明显了，为理解其孪生自体客体需求提供了一个洞见。对人物绘画的回答涉及"男孩渴望被同伴接受"，这一解释提供了另一个值得考虑的方面，即在获得成熟的成年人认同方面，它作为替代的退行力量同等重要。

人们可以很容易地把这个来访者的问题看作他在努力维持对孪生自体客体的需要，努力满足与他人建立有意义联结的需求。通过这种联结和资源，他可以与周围的人融洽相处。因此，可以通过必要的孪生自体客体需要来加强自尊调节，修复受伤的、被破坏的自体。从这个角度来看，他觉得自己无法面对的成熟女性，承担起成人的责任，这也暗示了来访者也许想通过孪生关系恢复成熟的成人功能。

到目前为止，清楚的是提及双胞胎、相同的人物及动物形象或任何其他涉及明确相似性的迹象，仅仅表明人们应该考虑孪生自体客体功能可能被调动了。解释孪生自体客体功能的关键标准，必须仍然是明确表达了相似或类同的心理品质。孪生应基于对"双胞胎"意象的需要，以一种引人注目的方式，稳固地、深入地恢复或增强自尊。

第 七 章

※

T女士：镜映

错误的镜映自体客体反应以及
通过理想化建立补偿性结构失败的案例

在前两章中，我研究了投射测验中自体客体功能的临床适应证，并通过选取来访者的罗夏墨迹测验、人物绘画测验和主题统觉测验反应来说明三种自体客体功能。第七章和第八章分别提供了两名来访者在三种投射测验工具下完整的测验反应，以说明镜映、理想化和孪生自体客体功能。

本案例与以往临床病例的区别主要体现在三个方面。第一，自体客体功能通常以混合的形式出现，而不是以清晰和离散的形式——尽管其中一种形式通常占主导地位。第二，不是方案中的所有反应都涉及自体客体功能。第三，对维持自体凝聚力来说，不止一个自体客体功能的临床表现具有重要的适应性作用。在自尊调节中，为修复失去活力的自体而形成的另一种自体客体路径表现为补偿性结构。

此处报告的病例，说明了反映自体客体需求的投射测验适应证，且由于长期被拒绝来访者的内在体验主要表现为贬损。该案例还显示出了一个未镜映的自体，即对正常镜映的自体客体需求的反应不足，导致了明显的、不可缓解的失活。来访者试图通过理想化来恢复自体，建立补偿性结构，但这种理想化也受到了阻碍。我强调了来自自体心理学的构想，还简要地提出了基于自我心理学或客体关系框架的其他解释观点，以将临床解释聚焦在源自科胡特构想的见解上。

T女士30岁，是一位白人单身女性，这是她第一次在精神病院接受治疗。她因抑郁发作住院，伴有明显的自杀意念，以及睡眠减少、体重显著增加、暴食和精神分裂等相关问题。T女士曾是行业期刊的出版协调员，她很难集中精力工作，还觉得自己被排除在同事的社交活动之外。她受过大学教育，没有既往精神病史。在进行心理诊断测验时，来访者没有服用过精神药物。

人物绘画测验

我用T女士的人物绘画测验来为读者提供一个概览，并为自体心理学基础的概念化做好准备。在对最初绘画内容的询问中，T女士的话语清楚地表达了其主要的自体状态。

来访者首先画了一个女人，当被要求想象这个人长什么样子时，她给出了如下描述：

> "让我重新画一次。目前画的只是衣服，没有人，我知道自己的身体结构概念不好。这个发型非常令人讨厌。整幅画唯一完整的地方就是衣服——她真糟糕。（为什么？）因为我不知道怎样画更好。如果你觉得这样没事，那就是你的想法。没有什么是真正清晰的，都非常粗略；也没有什么是真正有组织的，一切都不成比例，都糟透了，还丑。（糟透了？）手指画得不对。我知道应该怎么画手指。（描述一下人物的性格）她就像个僵尸，脸上没有表情。（她在做什么？）她靠在栏杆上，抓着什么东西来支撑住自己，以免把一切搞砸搞崩溃了。"

无论理论依据是什么，临床工作者都会认为这幅画是来访者自尊降低的一种表现，其言语中的自我贬损显而易见——一个虚弱、几乎没有活力的自体意识。缺少一个凝实、结构正常的人物意象（至少在来访者的眼中是这样，因为画本身并没有严重失衡）的同时，来访者认为人物不成比例。她的回答揭示了一种自体状态，就像充满贬低的"糟透而丑陋"的描述。"僵尸"指的是这个人物的人格，以及这个人物难以支撑自己，只能麻木来防止自己崩溃，这暗示了来访者内心的枯竭、自我价值的降低以及镜映缺陷。尽管她没有具体提到自己无法获得肯定或安慰，但明显丧失活力的自体状态意味着镜映是不足的。

以这种方式表达的耗尽的自体状态表明，缺乏充满活力或韧性的自体意识源自反应不足的自体客体环境。来访者很难隐瞒自体状态，因为"整幅画唯一完整的地方就是衣服"。因此，外部世界所看到的内容几乎掩盖不了内在荒废的状态，这种状态并不"完整"。

然而，描述受伤的自体仅仅是个开始。科胡特认为，理解来访者如何着手修复如此剧烈的贬损体验也很重要。通过理解自体客体需要，可以理解来访者如何恢复衰弱的自体。在分析临床资料时，有一点很重要——记住科胡特对自体的理解，是努力保持它的生命力，而不仅仅是进行简单的现象学描述。这个临床例子最突出的问题，与其说是识别自体状态（在直觉上很明显），不如说是发现来访者在致力于补全她缺失的东西，这需要重建有问题的自体客体环境——对来访者来说这种环境摇摇欲坠。

从这个角度来看，似乎除了自己，T女士并没有求助于任何人。她能做的最好的就是靠在栏杆上站稳，防止自己"搞砸和崩溃"。她展示了自己能力不足的一面，但没有迹象表明她认为自己的痛苦会被共情和理解，更不用说期待任何支持或能够被准确地镜映。这并不意味着来访者已经耗竭了，相反带来了一些问题：她潜在可用的自体客体资源有哪些，这些资源为她贬损的自体状态提供了什么（或者没有提供什么）。来访者如何利用她的自体客体环境，一直是该诊断研究的重点。

T女士的第二幅人物绘画是一个异性，描述如下：

"我画不好人物的手。不过我解决了这个问题——把这个人的手放到口袋里。我会画一些模板化的东西，比如过宽的领带、衬衫和裤子。（请描述人物的性格）可能是个专业人士吧，看起来像个预科生。他认为自己能够决定要做什么并且真的去实施。他的脚很大，所以他一定很有名气。（怎么说？）因为他能稳稳地站在地上。既然你说要画一个异性，我就给他留了胡子，因为没几个女人留胡子。"

她对胡子玩笑般的态度以及把手藏在口袋里的问题解决方式，都可能是其展示亲近的方式。消除有攻击性的部位（画不好的手）的防御性解决方案也显而易见了。T女士似乎觉得男性意象的绘画有更多的选择，而女性意象的绘画则没有（当然，根据推论，后者代表她自己）。第二幅画描绘了一个充满自信的果断的男人，从各个角度都牢牢地刻画了一种拥有健康自尊的意象。在之前的绘画中，她自我的体验是虚弱无力的，无法改变受伤的自体状态，除了有"扶手"防止"崩溃"，她没有其他资源。这与后来的男性意象形成了鲜明对比。

第二幅画也表明自体的潜在再生是可能的。T女士意识到有一条出路让个体不需要拼命地抓住栏杆防止崩溃，这意味着她至少有可能找到一种方法，使自体作为一个安全的结构重新焕发活力。

罗夏墨迹测验的主题内容

正如我试图证明的那样，人物绘画测验可以大致描述人格结构或地形说。而对罗夏墨迹测验内容的分析丰富了人物绘画测验中的一般假设。对于T女士完整的罗夏墨迹测验，有来自自体心理学角度的解释，它未提供全面的系统代码或分数，而是旨在强调和扩充对内容的分析。因此，自体心理观点旨在作为对分数、频率和聚类解释策略等主要形式分析的补充，以提供扩展的概念性观点。

第一个"天使"的反应，最初可以被解释为一个理想化的自体客体需求被调动起来了，因为这个意象可能意味着一个仁慈且强大的人物。但天使后来变得无力了，她不仅被斩首，而且试图在明显失败的情况下完成领导他人的任务。

> **卡 1**
>
> 1. 一个天使在当领唱员，但她后来被斩首了。
>
>   也许是因为圣诞节快到了，她想让大家一起唱歌，结果就这样了。
>
> 2. 两头大象在喷泉边喝水。
>
>   （画上）有两只耳朵，一条尾巴，一条鼻子。看起来像小飞象。（小飞象？）它们是可爱的粉红色小象。小飞象会飞，想去哪儿就去哪儿。但事实上，它是怪物，必须离开那里。
>
> 3. 一个圣诞铃和一棵圣诞树。
>
>   白色的这部分是树枝。每个人都应该快乐。

人们对圣诞节的热情联想，给人一种自体客体需要被唤起的印象，即有人需要让事情"变好"。这种需要不能以一种可靠的方式得到满足，没法维持一定程度的自我凝聚力——从"被斩首的天使"这点也可以看出。

来访者在卡1上看到了"大象"，尽管她强调了"可爱的粉红色小象"这一特质。在提到"小飞象"的卡通形象时，动物的力量进一步被削弱。该意象被赋予了神奇的力量（飞翔），但转瞬间又被描绘成"怪物"。在这一点上，我们难以在两种对大象的解释间做出选择。一方面，认知客体显示出为强大笨重的意象提供活力的迹象，以维持理想的自体客体需要；另一方面，"小飞象"也可能代表某种减少或缩小了的东西。

无论是以"被斩首的天使"还是"小飞象"的形式出现，敌对冲动的可能性都可以用经典的驱力理论来解释；自我心理学可能会基于"圣诞节"的意象对来访者被动依赖的姿态做出解释；从自体心理学的角度来看，攻击性是次要的，失去力量的天使和大象被理解为自体被削弱的象征。被动性或依赖性也是次要的，它代表了一个失去活力的自体，而不仅是一种需求状态。最后，代表快乐的圣诞铃和圣诞树可以被理解为来访者在重申主题：渴望自体的复兴。

卡 2

4. 两个人在跳舞，头和手相互碰触。	他们穿着和服，就像《幻想曲》(Fatansia)里的一样。一切都变得鲜活起来，与音乐相匹配，很神奇。一切都安排得很好、很和谐。
5. 图中间有一个陀螺。	形状多像陀螺啊。我小时候也有一个陀螺。
6. 还像带有喷气推进装置的火箭。	一架喷气式飞机起飞了，画面中全是烟雾和碎片。火箭去了未知的地方。（火箭？）没人想到火箭会爆炸，你永远不知道会发生什么，就像也许有外星人来过地球。
7. 是个裁缝用的人体模特。没有头，脖子很长，套着件很漂亮的裙子。人体模特主要是为了展示裙子。	是裙子的草样，不过已经准备好售出了。供特殊用途——为特别的人、特别的场合。它只能给瘦子穿，不适合我。
8. 像亚利桑那州的纪念碑，是一块巨石，有着非常漂亮的颜色，看起来像印第安人的沙画。	像在艺术展上的展品，一个沙漠场景。（有着漂亮颜色的沙漠场景吗？）是不祥之兆，是孤独、暗淡的。

卡2着实唤起了T女士的感知和想象力，让她给出了非常丰富的反应，尤其针对卡中间空白的部分——她的5个回答中有3个强调了这个区域。从对舞蹈的感知开始，到以荒凉的沙漠场景结尾，T女士展示了丰富多维的情感波动。这很容易被认为反映了边缘型人格障碍的不稳定性，或者在以前会被诊断为癔症。然而，与冲突、焦虑和防御的心理动力相互作用相比，诊断是一个相对独立的问题。在自体心理学看来，不稳定的情感被理解为自体处于不稳定的凝聚状态。这种观点不仅揭示了导致这种情感失调的诊断条件，也揭示了自体客体反应的缺陷。

从这个角度看，人们舞蹈的意象唤起了T女士对稳定自体的渴望，"一切安排得很好、很和谐"。这种"神奇"的幻想，部分源于她最终对卡1（圣诞树）的回应，以此延续获得新生自体的希望。就像随后"陀螺"的反应以及由它联想到的童年记忆，这种结构良好的感觉可以被看作一个脆弱自体得到修复的愿望。这一观点与对退行愿望的典型解释是不一致的。

尽管她的第3个反应是火箭爆炸留下的残骸和烟雾，但"需要重建自体"的主题仍在继续。询问中可以看到她的联想没有分崩离析或被破坏，相反她产生了对外星生物的惊奇。这一反应重申了个体恢复平静和稳定感的愿望（自动地将碎片和烟雾的意象等同于解体产物是错误的）。她对稳定性的渴望保持不变，即使体验到的是外星人的意象，仍对她来说是具有孩子气的、有令人惊奇的吸引力。

驱力理论的追随者很可能以不同的方式看待同样的反应序列，他们强调广泛的防御层次，以囊括"火箭制造碎片"这样的敌对意象。然而，自体心理学的观点认为对攻击性或愤怒的解释是错误的，自我心理学的观点没有充分考虑来访者试图保持活力、生机的自体表达。来访者在自体凝聚力被破坏后，试图恢复一定程度的平静——就像从她对碎片的联想那样。愤怒并不是根本原因，至少在科胡特看来是这样；当自体状态受到威胁时，愤怒是个体保持自体凝聚力的尝试失败后的副产品。T女士没有爆发，而是被击败了。

T女士说裁缝用无头的人体模特展示一件漂亮的裙子，"为特别的人……不适合我"——认知开始走下坡路。她最开始的认知体现出乐观和希望，比如在神奇的环境中跳舞、儿时拥有的陀螺、火箭和亲切的外星人等意象。后来，她没有把自己看作漂亮衣服的拥有者，也不再是自己希望成为的那个特别的人；最终，她以荒凉的沙漠场景表达了自体状态的结局。正如艾拉·格什温（Ira Gershwin）在歌曲《他们在写爱之歌，但不是为我》（They're writing songs of love but not for me）中所写的那样，T女士也通过评论这条为某个特别的人准备的裙子（"但不是为我"）来传达这种情感。

正如T女士的人物绘画测验和卡1的反应内容，她展现稳定、充满活力的自体的能力继续动摇。卡2最后的意象几乎没有留下什么，只剩一个沙漠景象知觉，表现未受刺激的自体荒凉而孤立地存在着，甚至"非常漂亮的颜色……就像艺术展上的展品"也对她无效。她被这种感觉所暗示的凄凉所主导，无论是对轻度躁狂的否认，还是烦躁不安的迹象，都表明T女士在努力保持一贯的自尊水平时遇到了困难。

她在这方面的犹豫不决，意味着这些荒凉的反应是一种解体的产物。"火箭的碎片"可能被认为是这种自体毁灭状态的一部分，但不意味带着愤怒的破坏。相反，"碎片"作为一种解体的产物，可能属于被荒凉、空虚和孤立等情感所主导的自体毁灭状态。

这5种回答涉及自体客体功能，她那摇摇欲坠的自体的潜在"救星"要么没有，要么无能为力。因此，卡1中的无头天使、无头的人体模特和外星人等意象显然无法阻止她最后对荒凉的沙漠巨石的感知，这是对正当的自体客体需求无法反应或不充分反应的表现。按照推论，这是一种严重的镜映缺陷，尽管她无力地尝试把自体理想化，比如火箭、一些神奇梦幻的特质或者卡1中的天使。火箭最后变成了碎片，天使被斩首，即使是栩栩如生的幻想曲中的场景和童年的陀螺，也无法阻止最终的荒凉意象。

这些反应是反映镜映缺陷的重要指标。长期过多依赖自身的来访者，最终会感到被忽视或被遗忘。T女士的反应值得我们注意，因为它们昭示着没有人可以提供她所需的自体客体镜映所具有的肯定功能。另一种检测自体客体错误反应的方法，是更容易被看到的他人脸上失望的表情。此处的重点是那些以某种方式帮助来访者康复却失败的人，T女士表现出一种镜映缺陷的模式，其特征是不被注意或为了自己的利益而过多地独处，无法对世界保持一种有凝聚力的自体意识。她失去活力的自体，就像她对卡2的感知——如果是个旋转中的陀螺，它的动力就会减弱，然后像她脆弱的自体一样戛然而止。

> **卡 3**
>
> 9. 像某种成见：两个尖脸非洲人，留着非洲常见发型。他们敲着鼓，想要得到一个预言。   就是两个人的身体，在这里敲着鼓。
>
> 10. 像尼安德特人。他们都从树枝上掉了下来——之前他们悬挂在这儿——它可能断了。   他们是洞穴人。（为什么这么说？）因为它看起来像一幅洞穴画。他们像大猩猩一样弓着背，活得很原始，不太聪明。这就是他们从树上掉下来的原因。
>
> 11. 贝多芬的半身像。戴着一个大大的红色领结，看起来像纽扣一样可爱。   我看到的意象是负面的。因为贝多芬的头发乱七八糟。虽然领结让他看起来很精神。（为什么这么说？）你是说精致、高贵和有修养吗？这是我期望中的目标，它卡在刚刚那个原始的意象中间。

第9个反应通常非常守旧，第10个反应的变化证实了"打鼓"的意象的确非常原始。尽管在经典驱力理论中，对原始人的感知常常被解释为驱力（通常是攻击性）在激活，但在自体心理学的观点中这一概念并不是最重要的。在这个观点中，它指向的更可能是诋毁。T女士试图把感知的原始方面最小化，把它们视作一件艺术品（"一幅洞穴画"）。当她提到像大猩猩一样弓着背的原始人时，这一作为防御的尝试失败了。她注意到那些人是从树枝上掉下来的，因为他们不聪明。对于T女士来说，"聪明"是她表达"坚强"的一种方式。她在告诉测验者她不能很好地控制自己。实际上，她可能会摔倒，然后发现自己毫无防护。

在驱力理论中，这种反应是自我复原能力下降的一个迹象。在这种情况下，防御被削弱，焦虑没有得到充分的控制，适应能力受到损害。自体心理学解释的立场是，来访者在这里表达的是自体的脆弱性，这个自体无法维持自己，缺乏力量或耐力，它的凝聚力受到了威胁。自体客体需要某种外在的东西，来帮助个体体验到"原始"或脆弱的自体。

即使是在"像纽扣一样可爱"的贝多芬半身像中，T女士也忍不住再次提到"原始的意象"这一虚弱的自体。她试图介绍一个人物"有精神……可爱的红色领结"，这种提法并不少见。就像在作曲家中，贝多芬经常被称为"巨人"，但这也不足以修复对自体的伤害。人们不可能知道T女士联想到的贝多芬的全部细节，或者尽管她很肯定贝多芬的音乐受到了人们的推崇，但还是意识到贝多芬在世时经常受到蔑视。然而，认为对贝多芬的认知代表了一个适合理想化的意象并非臆测。在这方面，当它被描绘成"可爱的纽扣"而不是一个巨人时，它可能无法提供T女士所追求的理想化自体客体功能。

卡4

12. 一个大怪物。这是他的头和手——以一个动态画面来看，因为它的脚在上下摆动。	它的手掉下来了，这是它的尾巴。（手掉下来了？）最糟糕的情况就是会踩到你。它的头很小。
13. 一座中世纪城堡，有护栏。那里很危险，需要把人们挡在外面。	这就是它的样子，这是城堡顶部。
14. 像乔治娜·奥基弗（Georgia O'Keefe）的一些作品，让我想起沙漠里的水牛头骨。	这是鼻腔和角，都很干净。一头死去的水牛，他们用它的头做了件漂亮的物件。
15. 一个国王。这是他的王冠和头，他很装腔作势的样子。	他的衣服、胡子、头和头发都使我想起《皇帝的新衣》(The Emperor's New Clothes)。人们只是在愚弄这个国王。

T女士没有把怪物描述得非常具有威胁性,尽管她用"动态画面"的角度来描述它巨大的体型。接着她就让怪物静止不动了,先是让它的手掉下来,后来又提及他的小脑袋。也许断手已经足够了,所以它也不需要像T女士在卡1和卡2上做的那样被斩首。但她并没有因此保护自己免受伤害,因为怪物仍然可以"踩到你"。

接着是一座"中世纪城堡"——虽然防御森严,但仍不是坚不可摧的。在需要"用护栏把人挡在外面"的过程中,T女士花费了大量精力保护自己避免被伤害,以至于她在看到水牛头骨时已经麻木了——尽管她试图用艺术作品来防御性地表现这种枯竭和疲惫的状态。她对这张卡最后的感知——国王——也被破坏了,因为权力是虚幻的。作为一种建立理想化的补偿性结构,国王也不可靠,这种感觉让她想到大名鼎鼎的贝多芬像缩小了一样"像纽扣一样可爱"。就像她联想到的童话故事,人们不会被那些用来转移注意力的国王、城堡、名人贝多芬和大怪物所愚弄。她无法掩饰国王只是"装腔作势"、城堡里有危险、怪物的手掉了下来,而贝多芬"可爱得像纽扣一样"。

卡5

16. 两个人在睡觉。	有部分黑迹是腿和手肘。他们像是在海滩上休息。感觉很宁静。
17. 一个准备起飞的神话中的动物。	现实中没有这样的动物。它已经准备好助跑起飞了。一旦飞起来就会一切顺利,但是起飞很难。
我不太喜欢这张卡。它不太令人兴奋,什么事情都没有发生。	

T女士在回应第5张卡时似乎有从之前的动荡中恢复过来。通过心理上的"休眠",她设法感到"平静"。她警惕地保护自己,不耗费太多心理资源,因此她似乎也很孤单。几乎没有什么迹象表明她可以依赖自体客体反应,神话中的

动物可以指一种感觉：似乎其他人都不用这么努力地工作（"现实中没有像这样的动物……起飞很难"）。

她可能是在通过第5张卡进入"平静状态"，但她对这张卡的反应实际上是一种有力的表现：她不喜欢平静，这是她为平静所付出的代价。因此，卡上就不只是一个"睡着的人"，这种反应是罗夏墨迹测验上"少即是多"的一个很好例子。

T女士不兴奋的体验，也许提示了她在卡4的"水牛头骨"和卡2的"沙漠"中所暗示的"内心的死亡"。这个提示是否重新暴露了一个对自体没有反应的人对耗尽的恐惧感？安慰感有可能被证明是虚幻的或不可靠的，但难道平静的感受也令人无法忍受吗？无论测验结果多么明显，这些可能性都是暂时的。对这些动力的推测，使我们提出了这样一个问题：为了保护自体不进一步失去活力，这种自我保护性在驱动潜在的自体客体需要时会发生什么？

这一现象可能代表了一种更为温和也更为明显的"戒断"状态，这种状态与来访者为保护自己而防御性地退行到分裂或抑郁的状态有关，类似于梅兰妮·克莱因（1935/1975）和冈特里普（1969）著作中强调的。科胡特并没有像克莱因和冈特里普那样重视这一现象，他也没有以同样的方式对临床资料进行概念化。然而，这些观点之间可能存在一些共同点。

这位来访者对卡5缺乏激情的评论，加上她对沙漠场景和乔治亚·奥基夫画作中水牛头骨的反应，重新唤起了她对自体瓦解的恐惧。这种反应让人想起托品和科胡特（1980）认为几种自体障碍的基础是解体焦虑。来访者所说的似乎需要努力才能起飞的动物，仍然是一个"神话"动物。因此，感觉"很好"是虚幻的，因为适当地反映或激发自体客体的推力（即自体客体反应）并不存在，或者在某种重要的意义上对她来说不真实或不存在——从这种意义上说"这并不太令人兴奋"。

卡 6

18. 挂在墙上作装饰的水牛皮。我不想再继续进行测验了。	这是前腿,这是后腿,脊柱弯曲着,尾巴在这里。我为水牛感到难过,它该怎么办?你应该对它们好一些,它们是濒危物种。
19. 波浪涌来,水溅得到处都是。	泡沫飞溅到海滩上,很快又被浪抹去,没有未被淹没的陆地。(你怎么看?)泡沫在海滩上流动的样子,就像沙子垒的城堡被浪抹去了,只留在记忆里。海浪把一切都冲走了。夜晚降临了。
20. 有人往地上扔了一个猕猴桃。所有的籽都爆炸了,都喷了出来。	这种黑色看起来像猕猴桃果肉中间的花纹。(花纹?)是一种特殊的、不寻常的东西。这只是个巧合。我觉得卡应该填个色。

T女士在对卡6做出首个反应之后,卡5末尾的那句话又以更强烈的态度被重复了一遍。显然,她越来越为一些墨迹的特性而不安,这使她想退出测验。她早前水牛头骨的反应现在变成了水牛皮,而卡5中的神话动物也濒临灭绝。T女士似乎在抱怨这种濒危物种受到了虐待,虽然她试图把水牛皮当作墙上的装饰,但没有之前把荒凉的沙漠景色变成原始人的画作的处理方式那样令人安心。

在卡6的结尾,T女士抱怨应该给卡上色。这个反应可能表明罗夏墨迹测验对她来说变成了一项单调的任务,她已经不堪重负了。这些反应似乎展示了她生命中的许多体验,这种不充分的刺激意味着一个自体是孤独的、没有回应的,最终会缺乏韧性。

她感到筋疲力尽("我不想再继续了"),或许还怪罪某位测验者,因为他不断地让她暴露丧失活力的自体。她向测验者恳求,希望得到理解或同情("我为水牛感到难过,它该怎么办?"),这好像在说:"你看不出我有多痛吗?你应该对我好一点。"测验者在询问中重述T女士的表达,实际上重现了来访者的抱怨指向没有反应的或不能利用镜映的自体客体环境,它没有注意到她的痛苦和需求。

自体刺激不足且反应迟钝的这种主题似乎弥漫在T女士对卡6的其余反应上，并以丧失、抹消等忧郁语气表现出来。这个主题预示着一个被遗忘的自体有被侵蚀或被"冲走"的危险，这让人想起她另一座处于危险中的城堡（卡4）。某种令人印象深刻或充满活力的事物似乎面临难以捉摸的威胁或者是瞬息万变的，请注意她对卡4中"中世纪城堡"的评论（"这就是它的样子"），仿佛她在根据记忆重建某个东西，而卡6关于沙堡的"记忆"重复了它。

甚至猕猴桃的"特殊品质"也存在问题——黑色花纹及"所有的籽都爆炸了，都喷了出来"。就像她渴望的那样，过于兴奋或活跃是否对她来说太猛烈以至于无法控制（"爆炸"）？也许是出于自我保护，T女士通过把一些"特别的或不寻常的东西"变成"巧合"来保持这种高涨的情感（再回想一下她在卡2中提及为某个特别的人制作的衣服是如何"不适合我"）。也许，猕猴桃与色彩之间的联系重新唤起了来访者的愿望：让枯竭的自体变得有生机，它的失败或带来的失望可能促使T女士对墨迹的颜色发表评论。她是不是给了测验者一次使自己活跃起来的机会，不料希望却破灭了？

迄今为止，在来访者对这张卡的解读中最显著的特征是代偿失调，它仍然没有明确地阐述自体客体需要。这个来访者渴望镜映，抱怨镜映的缺失，归根结底却认为镜映是不安全或不可靠的，让她无法忍受，并退缩到耗竭抑郁的自体状态——这就是无镜映自体的命运。通过推论而不是通过对实际感知的解释来阐明观点是有风险的，但我认为这里存在的是一种被遗忘和被贬低的自体状态，似乎此时此刻来访者只能抱怨罗夏墨迹测验本身，或者想知道为什么墨迹是黑白的。这种反应要么是一种防御性的退行，以逃离一个不堪重负的情况，要么是一种含蓄的声明，表达了一种自体客体需要，以使她枯竭的自体变得活跃、复苏，或以其他方式增添"色彩"。

自体客体需要以一种隐晦的方式表达，这并不意味着不存在。如果它被来访者藏了起来，测验者的任务会变得更加困难——他或她一定会小题大做。有时，自体客体功能并不包含在知觉阐述中，而是可能出现在来访者对任务间接或相关的评论中。

因此，T女士说自己不喜欢某张卡、不想继续说下去或者想要有颜色的卡片——这都是在设法传达一些内容。对测验者的移情表现，可以反映出她生活中大部分以此为特点的自体客体需求。投射测验代表了来访者生活的一个缩影，并使她重新暴露在令其死气沉沉的生存的折磨下。实际上，当T女士说："我不喜欢这张卡，我想停下来了，我想要有更多有颜色的卡"时，她或许表达了一种愿望，即希望有一个自体客体能让她恢复活力。

在这里，你看不到由镜映、理想化或孪生所代表的特定自体客体移情，存在的是自体状态受损后的普遍表现。特定的自体客体功能可能并不经常在罗夏墨迹测验上清晰地表现出来，但在诸如主题统觉测验这样的任务上却可以，它唤起了人物之间的关系，以及某人无法为另一个人提供某种自体客体功能的方式。同样，人物绘画测验可能暗示着人物被贬低的情况，有时也包含着修复自尊缺陷的迹象。另一方面，罗夏墨迹测验更经常捕捉到冲突、防御和焦虑的推拉，并揭示出更多有关自我复原的过程。同样，罗夏墨迹测验可能更多揭示的是自体状态，而不是特定的自体客体需求。

T女士的自体客体需求在主题统觉测验中确实表现得很明显。我会在稍后更充分地描述这一过程。这里所提到的尝试性推论提供了一种方法，帮助我们思考自体状态下可能的自体客体功能，这些功能在罗夏墨迹测验的内容分析结果中会很明显。

目前为止没有什么新主题出现。卡7的大多数反应基本上重申了她早期提及的主题。从人们摇摇晃晃地保持平衡以免跌倒开始，T女士转而讲述身材矮小但力量强大的拿破仑，他野心勃勃，但屡败屡战。因此，她又回到和开始时一样的不稳定的反应。T女士从未为她不稳定的自体状态找到坚实的立足点。在询问结束时，她仍解释不清第21号反应；在另一份非思维障碍的记录中，她似乎在与无头无脑的、绝望的意象做斗争。这是自体状态的另一个实例，说明她的自体缺乏凝聚力或稳定性。

卡 7

21. 两个人伸出双臂，向后下腰。	她们踮着脚尖，所以肯定会摔倒的。必须伸出手臂来保持平衡以免跌倒。她们还用大脑（指头部）保持平衡，因为那是唯一接触的地方。
22. 这是拿破仑。卡描绘着他的头、衣领和滑稽的帽子。	卡上部是帽子。他是一个冷酷无情的领导人、一个军事天才，而且很有权势。他想去哪儿就去哪儿，即使最终被流放了，但他也尽力了。
23. 两个人在岩石边保持平衡。他们要么用手臂做手势，要么把头凑到一起试图进行交流。	此处是马尾辫，他们以此为准保持平衡，以免掉下去了。

卡 8

24. 是某人的大脑。有些脑区损毁了，很多组织都不见了。	挨个是脑桥、中脑、大脑、延髓。
25. 是诺亚方舟。它在山顶的边缘斜着摇摇欲坠。即使它已经保持这样几千年了，我还是认为它会掉下来的。所有东西都石化了。	那艘本该救了所有人的船并不存在。
26. 两只熊用爪子攀爬，但看起来不像熊的爪子，有点问题。	它们应该有一双强壮熊掌，所以是失功能性的，生病了的。
27. 两只独角兽——也许这么说只是因为它们是白色的。我还是把回答改成旋转木马吧。	这是马头、马鞍。它们坐起来很舒服，可以前后摇摆。

来访者掌握的神经解剖学的复杂知识令人惊讶，但她最开始的回应并未掩盖之前"腐烂"的主题，且延续了卡7中不稳定的"大脑的平衡"的意象，拓展了"大脑结构缺失"的意象，还表达了没有诺亚方舟来救世的体验。当T女士一次又一次地体验自体丧失活力带来的极度痛苦时，这种听起来不祥的僵化影响变得更加突出。在这里也许有理想化的自体客体需要出现——带着圣经中诺亚方舟故事所代表的希望，然而"本应该拯救所有人的船"却让她失望了，同样失败的还有卡7上的"拿破仑"，他以流放告终。当她试图寻找一个合适的理想自体客体来弥补镜映缺陷时，结果总是以失望告终。强大的人物对她毫无用处，他们变成了"像纽扣一样可爱"的贝多芬。

T女士继续勇敢向前，她看到有熊在攀爬，但这些通常精力充沛、体格健壮的动物也"体弱多病"。T女士最终求助于独角兽所代表的神话意象，但就像卡2中的小飞象是个"怪物"、卡5中的神话动物"起飞"有困难一样，她的独角兽很快变成了无生气的旋转木马。

神奇且高贵的独角兽变为孩子的玩具，小飞象也没给她带来什么额外安慰。她在努力修复一个衰弱的自体的过程中持续体验到相当大的绝望感。

卡9

28. 两个女巫在一个大罐子边往里扔各种各样东西——都是毒药。	这个卡是个仰视的角度，所以看不到罐子里面是什么，但大家都知道女巫总喜欢下毒。
29. 骨盆区域。	这是它的形状，我可以看到器官和肌肉。
30. 某人肩膀的后视图，她穿着一件非常漂亮的晚礼服。看不见正面，但是她的发型很好看。	是从后面看的视角。（很好看？）很优雅、花俏、豪华。
31. 是两个穿长裙的女人，风吹动着她们的头发和裙摆。	是两个白色的物体。就像在神话故事中，人们做了什么不应该做的，就会被石化。

"女巫"的反应引入了一些以前我们没有注意到的东西：恶毒的人没有好下场。虽然没有令人惊讶的反应出现，但在之前的测验中，没有任何迹象表明有"应对恶毒人物意图制造伤害"的反应。她随后对"骨盆"的认知并没有帮助我们澄清这个问题。

T女士随后"晚礼服"的反应与更常见的"女巫长袍"反应形成了鲜明对比。可以从几个方面来解释"女巫下毒"：敌对意愿是很明确的；它也可能表现出脆弱的自体在破坏的力量面前努力保持凝聚力。"女巫"可能进一步代表了自体贬损的一个方面。

那么，那个"穿着优雅礼服的看不见面孔的女人"呢？"华美"这一品质可以被认为表征着T女士需要的自豪感，也许还需要被别人认为是美丽的或值得赞扬的。

但事实上"不露脸"表示她感到羞耻，也表示她没有能力感到骄傲或自豪。这让人想起这个来访者早前的反应"一个无头的人体模特展示着不属于她的特殊服装"。虽然看不到正面，但"发型很好看"，她告诉我们："我们真的可以相信她吗？"毕竟，她正是之前人物绘画测验中那个被贬低的、虚弱无力的女人——"发型非常令人讨厌"。值得称赞的是T女士仍然设法保持了一些镜映的希望，但不要忘记她也怀疑实现自己的需求可能是"异想天开"。

财富与需要理想化其他自体客体的表达是一致的，而这些需要也没有具体化。它们可能代表着来访者对赞美的渴望，也代表来访者在没有赞美的情况下试图转向一个理想化自体客体来弥补镜映的缺陷。

她对卡9最终的回应——穿着飘逸长裙的女性——成为另一个荒诞的神话。她似乎在传达这样一种感受：任何充满希望的尝试都是注定会失败的。她想象着，自己对与共情同调的镜映及相伴而来的对于赞美的渴望，终将受到惩罚。对这位来访者来说，僵化的惩罚又一次使她感到自体失活，也几乎没有得到什么安慰。

> **卡 10**
>
> 32. 像电影《星际迷航》(Star Trek)里的虫子，它们把人的大脑吃掉了。虫子可以传递思想，当寄生在人类耳朵里时，人类无法控制自己的行为。
>
>   这个颜色和柔韧性就像一条蠕动着的毛毛虫。我每天会洗两次耳朵，因为我不喜欢令人作呕的脏东西。
>
> 33. 是巴黎枫丹白露区的海鲜餐厅，埃菲尔铁塔就在它附近。
>
>   喷泉周围的道路上有雕像。度假的时候我想去哪里就去哪里，做一切想做的事。
>
> 34. 甲壳类动物。
>
>   形状很像。
>
> 35. 是晚上的迪士尼乐园——魔法王国出现了。
>
>   每个人都要为仙女小叮当（Tinkerbell）鼓掌，这样它们才不会死去。
>
> 36. 两只翼手龙。它们在亲吻，心脏是蓝色的。但它们已经灭绝了，所以没啥用。
>
>   这是身体部位，这儿是它们奇特的尾巴。它们接吻了，心也变大了。它们是史前鸟类，就像卡通中"心"的意象一样——这意味着它们接吻了。

乍一看，卡 10 的开场白听起来不太吉利，它像卡 8 的"腐烂的大脑"和卡 7 的"用大脑保持平衡"，也像她"女巫在投毒"的反应。也许彩色的卡触发了这名来访者先前隐藏下来的或被有效防御掉的症状，但用恐怖电影来描述在一定程度上减少了她的担忧。

一提到啃食大脑或寄生在耳朵里的虫子，就会带来一种原始感，加上她清洗耳朵的、过于个人化的评论，会让人联想到她暂时无法和幻想保持距离了。无论测验者是否认为这样的反应是精神病性的，都可以从自体心理学的角度去理解——甚至精神病人的反应也包含了自体状态的象征。

T 女士成功且生动地表达了她所体验到的被贬低感，她表现得如此自卑，以至于觉得自己没有任何方式能修复最起码的自尊。这些反馈表明，自体失调的深度比之前我们认识到的更深。卡 8 上"腐烂的大脑"和"石化的诺亚方舟"

提供了初步精神病理学迹象，但直到卡10它才以严重贬损的形式出现。

正如这些回答所显示的，这是T女士自我贬低状态的深刻写照。她确实在设法恢复自尊，比如创造出巴黎宏大景象的联想。这种"准恢复"发生在对虫子的感知之后，可能被认为是她对自体状态最退行的描述。她的联想使她回想起自己处于更强大的控制之下的那段时间。这一联想表明，尽管已经陷入困境或被击败，但自体仍然有可能恢复到一个更坚强、更强大和有韧性的状态。

这让我们回想起科胡特在诸多情况下的评论：没有自体客体就没有自体。无论自体体验多么失去活力，仍然存在寻找一个可恢复的自体客体的可能性，这种可能性指向治疗自恋损伤或潜在自体障碍的方法。这种投射测验反应或对预后的暗示，对于具体的治疗适应证或建议是有用的。一些临床工作者可能会把这种解释性观点误解为仅仅是轻度躁狂否认的一个表现而不予理会，但这忽略了自体修复的重要意义。将T女士对卡10的这一系列反应简单地看作一种否认，是目光短浅的。

T女士在"巴黎场景"的反应之后又创造了迪士尼乐园的神奇画面，其中还提到人们必须拍手"仙女才不会死去"。尽管这可以被理解为是一种奇迹思维和她对轻度躁狂的否认，但从另一个意义上，它又象征着我们必须做些什么来保持自体凝聚力，即使这种自体凝聚力一直摇摇欲坠。总而言之，这位来访者描述了史前动物以及它们对"心脏"的需求，以维持自体、阻止消亡。

总结

T女士的罗夏墨迹测验结果展现出一幅自体削弱的图景，来访者无法维持强健的活力，无法满怀自豪地转向他人，期待得到他人的赞赏或理解。T女士似乎一次又一次地体验到自体的枯竭，无法支撑自己以面对外在世界。她无法指望有自体客体反应来帮助她保持自尊，当寻求赞美的努力被忽视时，她很容易就崩溃了。因此，坚定地寻找自体客体、恢复自体凝聚力的努力被迫隐藏起来。

T女士试图求助于理想化的人物，借助他们的力量振奋自己，以面对不断暴露出来的、长期的镜映自体客体失败。持续的失望和解体的产物弥漫在整个测验中，T女士试图把理想化作为自体凝聚力的另一种途径，来努力复兴摇摇欲坠的自尊。通过这种方式，她试图建立一个补偿性结构去恢复自体。这些尝试使她意识到，理想化自体客体是无能为力的、僵化的或虚幻的，只会进一步削弱她的自体，加剧之前的核心自体体验——对普遍存在的挫败的适应。她无法从这种状态中充分恢复过来。

用一种补偿性结构来取代慢性、持续、有缺陷的镜映，并不等同于填补空白。自体客体反应的目标（或对这一问题最佳的治疗）是形成结构，而不是供养、维持或借助任何其他提供暂时缓解的措施。就精神分析或高频心理咨询而言，这些都不怎么具有治愈作用。共情失败的修复是通过创造一个有效的新途径来完成的，自体通过这个途径变得更坚强。对于预后不良的或边缘型的来访者来说，自体修复的前景不是特别乐观。这种谨慎的态度让T女士的罗夏墨迹测验指标较为消极，她的测验结果为我们提供了一幅长期且无情的自体客体失败的画面，其防御性远远多于补偿性。尽管她的洞察力丰富、感知敏锐，但其精神病性的本质和自体凝聚力的贫乏，使我们只能进行支持性治疗，不能做探索性治疗。她可以从谨慎的支持性治疗中获益，但更多的尝试可能会误入歧途，在临床技术上也是欠考虑的。

主题统觉测验

卡1

该是男孩上音乐课的时候了。他不想去，但也知道必须得去，否则他会惹上大麻烦。父母说他得上课，即使其他人都在外面玩得很开心，结果他盯着小提琴在那里坐了3小时。他很反感它，只花了一个小时练习。他没能和朋友一起玩，还浪费了3小时光盯着这个东西。即使很痛苦，但所有事他都没什么发言权。

故事的主题是比较典型的，孩子屈服于父母的要求的结局并不少见。花3小时盯着小提琴看的举动可能是一种被动攻击，也可能是男孩在表达自己的立场。这个男孩试图表明自己的意愿，却徒劳无功。如果我们能注意到其中厌恶或痛苦的情感状态，就能更好地理解这一点。

虽然T女士在故事中没有使用"失败"这个词，但不难想象她有这种感觉。就像她在罗夏墨迹测验中给出的几个反应一样，在试图为自己辩护之后，她感到自体被削弱了——她最终屈服了，这些抗争对父母没有任何影响。在这方面，"痛苦""恶心"是对失去活力的委婉表达，当自体没有得到回应后，T女士在失败中放弃了抗争。

在这个故事中，男孩似乎在寻求父母的某种理解，或与父母进行内心层面的交流，但没有迹象表明父母（至少在讲故事的人看来）有能力认识到男孩的困难。因此，整个故事中缺乏妥协的意识，父母没有理解这个男孩矛盾的愿望，甚至没有意识到他的矛盾。他的自体客体需要至少要被理解，或者他的需要能被承认。在这个层面上的失败导致了一种自体状态，其特征是在面对来自无反应的自体客体环境时，个体会感到无能为力、失去活力。随之而来的自体耗竭，是缺乏响应或自体客体失败的表现。

卡2

你没关注我，所以我也不会在意你的卡。这些人都住在农场里。这个女孩得去上学了，但看来她不想去。这个男人在农场工作，所做的一切都能得到反馈，所以他做的每件事都有明显的因果关系。女孩看起来不开心，她的衣服都是歪的，这说明她不怎么注意自己的穿着。看起来很令人难过，我不知道她怎么了。（测验者问："她是需要引导吗？"）这两个人只是觉得女孩应该去上学。（测验者问："这两个人是谁？"）这不重要。（测验者问："结果是什么？"）即使女孩不乐意，她也会顺从其他人的意愿。即使她很可怜，衣服都穿歪了。

不管是什么分散了测验者的注意力——哪怕是最轻微的晃神，T女士都敏感地做出了反应。她的回应带有"以眼还眼，以牙还牙"的性质，临床工作者可能将此视为攻击性的表现。T女士训斥测验者心不在焉，然后用自己也不集中注意来"报复"。不过，自体心理学视角会将这句话理解为个体感觉被忽视或没有得到回应，因此恼火或暴怒的反应不是主要考虑因素，而是次生伤害。

从这一角度看，卡2解读的开头和卡1解读的结尾都是在表达T女士的自体状态，她觉得自己没有被认真对待和倾听，他人对她的反应也很随意甚至不屑一顾。在这两个故事中，她都描述了主角被要求做一些他们不想做或觉得没有吸引力的事情。她在结局中加入了"以眼还眼"的报复成分，过程中也拒绝回答测验者的问题，违背测验者提出的客观要求。这种反应也可能代表了她试图控制这一让她感到无法动弹的、"痛苦"的局面。她的解决办法是挡住测验者的路，不让测验者去成为那个要求她做事的、冒犯她的人。也许，比起被动地（或被动攻击）"浪费"时间，勇敢地面对令人失望的自体客体要更好些，虽然就像卡1一样，她最终感觉自己被打败了。

请注意T女士是如何开头的。她又提到"必须做不想做的事情"，就像卡1一样，她被要求做一些不喜欢的事情。相比之下，卡2主角的结局好些。她似乎在说，其他人觉得自己开始收到回应了（"有明显的因果关系"），而她就像卡1上的男孩一样"没有太多发言权"。穿歪了的衣服和不怎么注意穿着，可能是来访者对自己漠不关心的迹象——冷漠是由于抑郁。因此，漠不关心或不感兴趣就成了"抑郁"的委婉说法。凌乱的外表反映了当所做或想做的事情被漫不经心地对待或者当她被忽视时，她感到自尊心受到贬损。

当T女士提到谁让女孩去上学"不重要"时，她再次以同样的方式报复她的家人。她仿佛在说，如果她对家人来说不重要，那家人对她也就不重要了，这让人回想起她在卡2开头说的话。更重要的是，T女士传达了这样一种意象，即自体客体对镜映的需求被淹没或放弃了。当表达"是谁不重要"时，她就像一个小孩在任性地说"你伤害不了我"。这可能反映了T女士感到自己没有被镜映、对自体没有反应。这是她对自体客体的防御性拒绝，她需要别人注意到她受伤了。

故事的结局敷衍了事，反映了她的冷漠顺从（"顺从其他人的意愿"）。她仍然被一种自体客体环境的共情失败所包围，这种环境使她不再渴求镜映，也使她变得耗竭性抑郁或丧失活力了，这是她持续着的主要体验的典型特征（"即使女孩不乐意"）。虽然用"衣服也穿歪了"来表达痛苦可能有些轻率，但从被贬低感的角度来看并不轻率。

卡3

我不知道。有很多事情要做，很多任务要完成。他们太累了，低下头歇了会儿，想着稍后就有足够的能量去完成这些事了。但他们会睡过去，因无法完成任务而惹上麻烦。（测验者问："结果是？"）别人会为他们没有完成任务而失望。

T女士强调"有很多事情要做"以及人们"太累了"的事实，其中负担过重的性质值得我们注意。她觉得生活需要付出很多努力，让人疲劳、精力下降，这可能与迟发性抑郁有关，也可能来自一种伸展到极限的自体状态。她试图靠歇一会儿来坚持，也没有意象表明会有人来帮助她，T女士再次期望她的自体客体环境不要注意到她的负担。在发展不良的自体客体功能中存在一种"失望"，这种失望只会带来"麻烦"，而不是她渴望的移情理解。

来访者从自体客体环境中体验到的是不被认同和关注。她的需求被忽视了，她感到继续努力是一种负担。实际上，她希望自体客体环境能够唤醒她，注意到她需要镜映自体客体并给出回应。

卡7（之一）

这个视角令人不快。一个小女孩和一位女士都在等待着什么。小女孩心烦意乱，望着一个地方，但她看起来也不感兴趣，好像其他地方会有更好的事情发生。她乖乖地坐在那里等着做那些要干的事情，他们叫她坐在那儿等着。（测验者问："这位女士呢？"）她都不认识那个小女孩。出于一些未知的原因，她们一起等着。女士在等待的时候还有一些事情可做，小女孩就只是绝望且毫无目的地等待。

主题与前几张卡大致相同。T女士对"视角"的评论，表明当看到这张卡时她有点猝不及防。明显的自体客体失败从一开始就引发了对自体凝聚力的威胁，因为她似乎对"令人不快的视角"很吃惊。接着，故事中的两个人似乎没坐在一起（那位女士"都不认识那个小女孩"），但两人都"出于一些未知的原因"在等待。正如故事中所描述的，这两个人物互不相干，事实上，人们几乎可以想象用两张完全不同的卡描述同样的故事。

T女士的隐喻，比如说这个女孩"不感兴趣"，还有"悲惨……恶心……疲惫……"等，都是为逃避面对自体客体的镜映失败。她"顺从地"遵守了要求，就像之前不喜欢练习小提琴的小男孩或不想上学的小女孩的故事一样。她感到空虚，对要做的事缺乏热情。这些感受来自一个自体客体环境，在这个环境中，父母的要求与T女士的需求毫不相干。因此，她显露出一种空虚的自体状态，没有得到那个所谓"女士"的、母亲意象的回应。女孩"绝望且漫无目的地等待"着这位"女士"在心理意义上让她苏醒过来，这种反应中所包含的机械性、失落感和空洞性，正是大卫·马梅（David Mamet）所著戏剧类型中的典型素材——他通过舞台技巧来描绘阴郁和刻板的氛围，以一种原始而扣人心弦的方式去捕捉这些情绪。

卡7（之二）

是一场严肃谈话的中途时刻，话题刚被打断——不是和保险相关的就是和钱相关的，反正都很重要。（测验者问："谁在谈？"）亲戚。（测验者问："是什么样的亲戚？"）这不重要，不是亲戚人们就不会坐那么近了。（测验者问："什么导致了这场谈话？"）出现了一些紧急情况，现在他们必须团结起来决定要怎么做了。(测验者问:"结果呢?")他们达成了一致。

对T女士来说,用这张卡来讲述一个故事似乎很难。需要更多提示才能引出重要的故事内容。即使测验者追问了很多,与之前的主题统觉测验故事相比,这个故事也没有很具体。她不愿透露这些亲戚之间确切的关系,他们有一定程度的亲密感或需要"团结在一起",但他们是谁以及他们之间的亲密程度似乎无关紧要。事实上,就像她所说的"这不重要"。这种亲密显然建立在平等或接近平等的基础上,在这张卡上没有任何涉及父母的提示。

前一张卡上的小女孩没有足够依恋的对象,T女士没有考虑主动把她与"甚至不认识小女孩"的"女士"建立联系。这张卡也值得注意,它没有描述代表人物关系的自体客体功能——尽管是亲戚,但还是有距离。"紧急情况"也提示了一种情感上的疏离,他们暂时走到了一起,达成了共识。虽然这段关系可能并不完全是疏远、冷淡或公事公办的,但也不是特别热情或有家长式关心的。T女士又一次把她对自体客体反应的需求隐藏了起来,这种需求只有在"紧急情况"下才会出现。

共情同调的反应应该是值得关注的,或至少"一方感到威胁或自体凝聚力正处于危险之中"的反应值得关注。这张卡所代表的反应是一场"冷静严肃的谈话",可能带来解决方案("达成一致")。T女士可能已经从不认识女孩(代表着来访者本人)的女士或需要镜映自体客体的反应转向了"亲戚",后者的关系更加复杂,他们通过"共识"得到了更令人满意的解决方案,而不是在"绝望且漫无目的地等待"。尽管如此,"亲戚"是谁"不重要",我们很难把这种反应看作象征着理想化。同样值得怀疑的是,想要弥补无法通过镜映获得的部分在心理上能否令人满意,或者T女士有没有足够的精力来恢复一个虚弱、缺乏刺激的自体。

卡 18

这张卡很奇怪。有两个人，一位女士扶着另一个人。一定发生了什么事，她看起来很悲伤或者情况很严重。（测验者问："然后呢？"）也许那个人昏倒了、生病，等等。她可能照顾这个人有一段时间了。（测验者问："这两位女士是谁？"）我没说这是两位女士，我很小心地说是一位女士和另一个人。其中一人是看护者，另一个只是一个人而已。（测验者问："是男性还是女性？"）都不是，我说不准，也许是个老头。她在照顾她的父亲、亲戚或者其他人。（测验者问："她感觉怎么样？"）疲惫不堪、精疲力竭。他依赖那位女士，而她很伤心，心烦意乱。这个人病了，需要她的帮助，负责任地照顾别人一点都不好玩。

这名来访者又一次暂时被卡上的某些内容搞得猝不及防，可能是因为卡上直白地暗示着痛苦。这反映在她开头"这张卡很奇怪"的评论中，又出现在她坚持纠正测验者认为这两个人物都是女性的认知中。此外，故事结尾相比之前更加简短，这也需要测验者更深入的询问来引出重要细节。即便如此，T女士还是一反常态地小心翼翼，不愿透露太多信息。她不情愿地承认处于困境的是一位老人，而且令人惊讶的是，她在判断这是"父亲、亲戚或其他人"时三缄其口。从自体心理学角度解读，她"疲惫不堪、精疲力竭……伤心和心烦意乱"的感受表明相同的自体状态在主题统觉测验卡上不断地显露。值得注意的是，长期以来，她都不承认自己被要求承担着如此多的责任，感到耗竭或"精疲力竭"。

卡 13

是第二天早上。他刚起床，穿好衣服准备走。（测验者问："他们是谁？"）他们关系稳定。他真好，早上没有吵醒她。

卡14

是建筑物的内部。他整天忙着工作，只能抽一分钟出去透透气，放松一下。

这两张卡对理解T女士的临床情况没有多大帮助，没有增加什么值得注意的东西。

关于T女士的总结性讨论

从整体上看，案例报告说明了从自体心理学取向理解心理诊断测验材料的一些重要方面。它揭示了自体状态的变动，与干扰和维持自尊的事件或影响有关。在科胡特理论构想的指导下，这种方法揭示了别人没有意识到T女士的痛苦，这激起了她试图恢复自尊的努力，她体验到一种失活或无反应的自体状态，这种状态因自体客体环境对她被倾听的需要没有反应而加剧。

由于镜映不充分，T女士满怀希望地转向他人，希望他们能给她带来活力或热情，诸如试图建立补偿性结构，通过理想化来恢复自体凝聚力。这些努力收效甚微，反而损害了T女士提振即将崩塌的自尊的能力。因此，到最后她感到自己被削弱了，明显体验到精疲力竭。这些感受是T女士在罗夏墨迹测验、主题统觉测验和人物绘画测验中几种反应的基础：包括"讨厌的发型""糟糕而丑陋的身体比例""无头的天使""小飞象""一条特别的裙子……但它不适合我"。

T女士被贬损的自体严重损害了她保持热情的能力，也损害了她保持旺盛、充满活力的内心体验的能力。这一方面不同于通常认为的对自我满意的或者良好的想法，因为科胡特对自体的观点深入捕捉了一种可行且活跃的自体状态。许多临床工作者可能很难理解耗竭或失去活力的自体与自尊在根本上是不同的，这种对同一性或自尊受损的看法太受限了。

通过以补偿性结构的形式寻求自体客体的修复性反应来保护自己不丧失活力的想法，并不是科胡特为人熟知的概念，它在心理诊断测验文献中很少受到关注。这个案例给我们提供了充分的机会,来观察一个长期受伤的自体在投射测验中被反复调动的情况。它还表明,来访者在一次又一次地试图修复自体的伤害或恢复某种程度的活力,以便更好地忍受耗竭,但这些努力都没有成功。

这个案例也说明了来访者朴素的渴望在镜映和理想化需求之间交替变换。这种交替与她试图恢复僵化的自体状态有关,当镜映自体客体反应失败时,她试图寻找替代的自体客体功能。T女士试图通过尝试理想化来维持自体活力,但这些努力很快以失败告终。这个案例说明了个体发展补偿性结构的努力,还显示了当这个尝试被挫败时、当自体的镜映部分长期严重受损时,在来访者的投射测验中会发生什么。

正如我所指出的,有必要考虑来访者的自体状态、其修复有缺陷的自体结构的尝试,以及对外部世界或自体客体环境的体验。通过对自体客体的反应,人们设法重新建立或恢复他们需要的东西,以保持自体凝聚力。对于T女士来说,她需要保持"漂浮"。要有力回应这种需要,镜映自体客体功能必不可少,但这种功能一次又一次出现问题。她反复体验到的共情失败,持续让她失望。正如其主题统觉测验和罗夏墨迹测验反应所暗示的那样,她试图获得镜映但没有得到回应,并最终感到挫败。T女士试图建立另一种途径,通过形成理想化的自体客体移情来修复自体,但仍失败了。除了"虚张声势",没什么适合她,她也很快放弃了这种希望。T女士的信心被削弱了,她提到了"英勇的拿破仑……最终被流放"或"救世的诺亚方舟被石化了",修复失去活力的自体的补偿性结构未能可靠地发展起来。

除了自尊心受损,T女士的投射测验指出了自体体验活力的核心意义。对镜映的期望对于确保自体凝聚力而言至关重要,而通过建立另一种途径来确保自体客体反应性,构建补偿性结构,可以防止自体失去活力。在来访者的投射测验内容中,失活的未镜映自体的特征性或现象学体验表现得最为明显,这些内容描述了一个残留的自体,被镜映和理想化的自体客体反应能力的缺乏所摧毁。T女士的自体明显缺乏韧性。

在下一章中，我将介绍另一名来访者L先生的投射测验内容，该来访者呈现了更多自体客体功能间的相互作用。像T女士一样，L先生存在基本的镜映缺陷，他还试图建立以理想化为中心的补偿性结构，并在一定程建构了孪生自体客体功能。T女士的自体障碍更为严重，因此她试图建立一种理想化的自体客体移情，但这一微弱的尝试很快就失败了——她的测验显示了更强的镜映自体客体困难。L先生多次试图寻求理想化的自体客体功能和孪生自体客体功能，尽管最终他也没有比T女士更成功。

这两个案例之间的对比显示了在精神病理学方面自体水平的差异（尽管有类似的、明显的症状失调），他们都不同程度上利用了自体客体功能，尝试建立补偿性结构，这些努力的结果也大致相似。

第 八 章

※

L先生：理想化和孪生

自体客体功能混合出现的案例

我之所以再列举一个案例，其实有几个有趣的原因。这个案例的测验结果包含了科胡特的三种主要自体客体功能要素，代表了自体客体功能的典型临床表现。这并不是一个关于理想化或孪生自体客体移情的、教科书般的案例，但它显示了区分这些自体客体移情的困难。L先生像许多来访者一样，在自体客体功能中寻找修复自体凝聚力的可行途径，试图在长期镜映自体客体失败的情况下建立一种补偿性结构。

随着工作的进展，科胡特发现了一个问题——L先生的案例也阐明了这一点——自体客体功能并不是完全独立的。除了镜映需求这一最常见的情况，其他自体客体移情在不同的时间分别占据主导地位。当试图恢复自尊的努力受阻或失败时，它们有时会挺身而出，有时会退缩不前。这种犹豫不定并不意味着主要的自体客体功能失败了或不一致，因为自体客体功能不代表不全型（formes frustes），更频繁出现的是混合的状况。

本章案例很好地说明了这种临床情况。我讨论了所有的自体客体功能，并强调理想化和孪生自体客体是在镜映不可用或不成功时个体修复自体凝聚力的努力。L先生表现出与T女士差不多的精神病理症状，障碍程度也大致相等。

但是，L先生发病前的自我调整比较良好，与T女士顽固的病理特征相比，他的疾病反应性更强，反复程度更低。

L先生也比T女士更有韧性，因为他可以寻求理想化和孪生自体客体。因此，在L先生的测验结果中，混合出现的自体客体功能可能令人费解——尤其是在T女士那明确区分或占主导地位的自体客体需求的对比下。T女士显著的镜映缺陷及表现，带来了比L先生病态得多的临床意象和预后诊断。但尽管L先生坚持不懈地试图通过理想化和孪生移情来保证自体客体的反应性，他在修复自体失调上并不比T女士更成功。

这个案例说明在临床中自体客体移情的识别会随着心理测验或心理过程的变化而变化。对L先生来说，孪生和理想化自体客体功能在罗夏墨迹测验上表现得更明显，而在主题统觉测验和人物绘画测验上更平常。如果只进行主题统觉测验和人物绘画测验，临床工作者就不会发现其理想化或孪生自体客体功能的证据，而将镜映失调视为中心；如果单独使用罗夏墨迹测验，那么镜映缺陷可能就不会呈现后两种测验所揭示的程度。

因此，L先生的案例论证了自体客体功能的相互作用（如防御和冲突），需要一个完整和平衡的诊断测验方案来评估，这种方案对于识别主要的自体客体模式和核心自体心理动力（如补偿性结构）至关重要，这是由科胡特思考和发展的。L先生会酗酒，虽然还没到酒精依赖的程度，但却出现了性功能障碍。他因自己对妻子和儿子的暴怒而内疚，还担心自己的衰老。

L先生的罗夏墨迹测验包括了正式询问及二次询问——从第15个测验后——这样做的目的是检查受限情况。该来访者的测验方案是在综合系统管理方法广泛应用于临床之前制定的，常规问题是："关于某某你想到了什么？"在后文中会以"（问）"作标识。一些临床工作者可能认为这样的问题有引诱性，并倾向于向来访者强调罗夏墨迹测验本质上是感知觉层面的，着重于问题解决。另一些人则认为这种询问方式是有利的，源于研究投射测验中心理动力学的模式，将内容分析与正式分数视作是同等重要的。有些人可能喜欢更精简的综合系统管理方法，因为它是中性的，并可能将内容分析与基于经验解释的结构代码和频率相结合。

并不是所有临床工作者都会认为接下来的病例是"真实的"，有些人会认为它不是罗夏墨迹测验，但他们将发现它内容丰富，是有启发性。在理解投射测验材料的自体心理学方法时，对来访者的联想的二次询问有时可能具有关键意义。我选择这个案例，部分原因是它说明了作为检查受限情况的手段，对联想的诱导询问揭示了自体心理学解释的动力材料。我相信，如果没有这些联想，解释可能就不会如此清晰。

人物绘画测验

第一幅画是一个男人，详细阐述如下：

一个年轻人外出散步。清新的空气让他很兴奋，他期待探索到新的东西——森林、自然、独处、树木和花朵的气息。他喜怒无常，有时很开心，有时很难过。当情绪转变时，他喜欢独处。总的来说，他非常自由，可以坚持自己的想法。（问）情感投入和智力投入之间存在矛盾。他对别人的需要很敏感，这让他筋疲力尽，无法满足自己的需求。他意识到了自己的不足，因而非常生气，想要反抗。（问）他期待能够完全控制环境和自己，做一切想做的事。他不喜欢在工作中被权威控制，也不喜欢被无知的人指手画脚。当无法得到想要的东西或被误解时，他会感到十分困扰。金钱等阻碍了他实现人生目标。（问）生活不是为了富有，而是为了获得舒适。

这些表达代表了L先生的自体状态。他在试图让自己平静下来的同时，也感受到了被控制的压力。叙述的开头听起来像一曲牧歌，暗示了一个年轻人无忧无虑、田园诗般的自体状态。这种状态很快让位于摇摆不定的多变情绪或矛盾心理。L先生谈到转向内在，可能是当被要求照顾别人的需要时，他会从外部世界抽离，而他的自体凝聚力要求他要为自己"储备"支持。通过这种方式，他试图保护自己不被他人"榨干"，但也"无法满足自己的需求"。

因此，他的"喜怒无常"暗示着脆弱的自体在情感中摇摆着，像裸露出来的神经。他认为这是"不足的，因而非常生气，想要反抗"。其他人对他的要求很可能是一种干扰，因为他喜欢"独处"，这令他恼火。L先生试图恢复自体凝聚力，觉得自己被干扰和利用了。此处，合适的或可用的自体客体反应存在困难。当自尊受到威胁时，L先生会转向内在。他全神贯注于被伤害的感受，这与开始时田园诗般的宁静相去甚远，还表明他希望能平静地与安全或舒适的存在融合在一起。

L先生现在感到被威胁，害怕失去控制，想要抓住能让他冷静下来的东西。"获得舒适"可能代表着他想确保自己有一个可靠的自体客体环境，可以转向或依赖这个环境来获得安慰。相反，他觉得自己被"误解了"，面临着"阻碍"。L先生描述的是一个失控的自体状态——当太需要一个可靠的自体客体环境来保证平静和平衡时，他就容易受到他人的影响；而如果不恼怒或苦恼，他也心情不佳，很不满。

L先生提供的第二幅画是一位女性：

> 那是一个慈母般的身影，甜美、温柔。她正把孩子们叫进屋里，氛围非常温暖、有爱。她可能看起来很单纯，但其实很有思想。她很容易感到受伤，却不会表现出来。她从家庭中得到很多满足，虽然她讨厌家人利用她，但还是会面带微笑伸开双臂迎接他们，藏起自己的伤痛。这都是为了维系这个家。（问：是恐惧还是担忧？）她无法保护他们，责任太多了她有时应付不来。（问：是伤心还是沮丧？）孩子不符合她的期望——因为她的高期望有时不现实；丈夫无法承担很多家务，全都丢给她，让她感觉婚姻很失败。家人之间的沟通不够充分，她感觉自己可能会被反对——方向不同，目标不同。所以，她基本上已经认命了。（问：她生气吗？）很少。她在教育孩子的问题上与丈夫意见不合。在金

钱上她被人利用,没有控制权。

这幅绘画的描述和前一幅一样,开头很平静,但很快就变成了关于人物内心痛苦的阐述,两个主角都感到被责任压得喘不过气来,无法很好地履行义务。这传达了来访者的感受,即他人忽略了主角被理解或看见的需要,主角感到失望。因此,女性人物未能赢得足够的镜映"她基本上已经认命了"。被利用和缺乏控制的感受取代了之前热情被消耗或减弱的感受。

同性人物的绘画往往能很好地反映来访者的自体状态,异性人物绘画则更难解释。当来访者感觉被削弱或耗尽时,这些回答是否应该被理解为一种理想化的自体表现?这幅女性人物绘画是否代表来访者生命中某个重要人物对他的贬低,或者是一种防御和努力以保护自己免受进一步伤害?这个问题应该被看作对自体贬损的重构吗?指南很少明确解释这些问题,测验者必须小心地进行解释。

我们并不确定L先生描述的这幅画指的是谁,但最重要的主题是"不堪重负"或"没有反应"。人物最终在反复的失败中放弃了,他们无法持续保持良好的自尊感。这种解释指出L先生不仅用这样的方式去体验自体的状态,而且以此求助于维持自尊的自体客体环境。不管他是否觉得自己很彷徨、被贬低,当提出合理的镜映需求时,他都在不断地体验冷漠或无反应的回应。这种缺乏剥夺了他的能力和热情,让他感到失去了活力。

罗夏墨迹测验

卡1

1. 两个人坐在桌边,一边吃晚饭一边讨论白天发生的事情。两人都是上班族。气氛像在酒吧里,他们在讨论遇到的荒唐事时产生分歧,其中一方试图通过手势来让另一方安静下来。

这个部分是桌子,这儿是头。

2. 是一只蝴蝶。我能把卡转过来吗？	这部分是躯干，旁边是翅膀。
3. 两个人围着花柱跳舞。一人看起来很高兴，另一人看起来很悲伤。	人在高兴的时候跳得更有活力，你可以通过低头的动作判断这个人不想参加。
4. 看起来是两只驴。但事实上是一只驴和它在水中的倒影——它看着自己的倒影。	往下看的动作，大大的耳朵，这儿是倒影。
5. 是一位东方女性。	这是她的脸和头发。她笔直地站着，不像大多数东方人那样温和，而是充满敌意。

L先生对卡片非典型的处理方式从开篇的反应起贯穿始终。他的回答与其说是典型的罗夏墨迹测验知觉反应，不如说是一个主题统觉测验故事。第一个反应很可能代表了困扰他的现实困境，尽管他希望通过强调"酒吧"传递轻松愉快的情绪，但批评、贬低（"遇到的荒唐事"）、分歧以及努力恢复平静才是主题。

占据主导的自体状态的特征是不协调：想要通过寻求平静重建凝聚力（"一方试图让另一方安静下来"）。具体的自体客体需求尚未出现，但情感状态被干扰或失调是明确的。与想要释放敌对或批评的冲动相比，对平静的亲密感或交流状态的需要更为重要。

一只安静的蝴蝶的意象，配上来访者转动卡片的请求，可能意味着依赖或脆弱感。在紧张和分歧破坏了最初和谐的感受之后，蝴蝶的意象和转动卡片的要求也可以看作他在重申需要恢复平静。之后的反应是两个人围绕着花柱跳舞——听起来像"蝴蝶"一样天真——很快与苦乐参半联系起来，这种情感状态交替出现，但不会固着在任何一种情绪中。快乐的情感被体验为"有活力的"，它可能意味着L先生所寻求的自体状态的活力。类似地，悲伤的情感表现为"低下头"——这是一个比喻，代表了自体无法保持活力，"不想参与"或无法骄傲且有活力地昂起头。

在某些临床状况下，明显交替的情绪状态可能意味着双相情感障碍。而投射测验反应所暗示的波动状态，也可能代表着同时存在一个不稳定的自体状态。这不是双相情感障碍的临床生物学指征。

L先生的下一个反应是毛驴和它的倒影。将"反射"的反应视为镜映自体客体功能的表现是一个很诱人的解释，但是二者通常不是必然对应的，至少在科胡特对这一现象丰富的描述中，除了"镜子会反射"的事实，镜映的深层含义几乎没有与之有其他关联。

然而，L先生的反应更多聚焦在蝴蝶之后驴的意象，这表达了他在分歧与和谐（反应1）和悲伤与喜悦（反应3）间的挣扎。被贬低的驴能传递L先生的自体状态，当发现自己和驴很像时，L先生试图解决这个困境。L先生可能觉得自己成了别人嘲笑或讥讽的对象。驴的意象更接近于体验到的自体贬损状态，而不是镜映需求。

最后的反应是一位充满敌意的东方女性，目前我们还不清楚其临床解释。也许把这个女人看作东方人，意味着对他的生活——或者更重要的对他的内心世界或者体验——来说外来的、异质的或格格不入的体验。东方意象表征的温柔与她奇怪的敌意交替出现的可能，让人回想起L先生的"花柱"反应。怀有敌意的女人也可以被理解为是L先生对自己怀有敌意愿望的一种毁灭和投射。在这个时候，可能的解释和选择是不确定的，必须在更广泛的背景下重新考虑和评价。

"僧侣"的反应可能会让人感到惊讶，尤其第二张卡上全是红色经常让人联想到血。但如果理所当然地认为测验者对特定卡片含义的反应与来访者的反应是一致的，那就很成问题了。沙弗尔（Schafer, 1954）、勒纳（Lerner, 1991）和大多数学者都强调了这一点，第四章也进行了详细讨论。明智的做法是不再将"僧侣寻求和谐"的这种反应解释为一种防御性的拒绝或对敌对愿望的反向形成。相对平静的僧侣是一种温和的意象，他们以一致或和谐的姿态触碰对方的

卡 2

6. 有两个人正在交谈，他们可能是僧侣。他们双手相触，氛围和谐。	这是头和身体。两人手掌相对，好像玩得很开心，他们很合拍，挨在一起。
7. 两只大象互相蹭着对方的鼻子。	同样的位置上都没有红色。
8. 一只老鼠趴在地上，四肢摊开，被当成地毯用——就像熊皮地毯。	这是一个与之前不同的俯视视角。包含了头部的形状、骨骼、皮毛。（问："皮毛？"）表面的粗糙和阴影说明是皮毛。（问："摊开？"）摊得很平整。
9. 一只鸟——一只鸭子在飞翔。我选用的是卡上白色的部分和黑色的背景。	这是喙、头、翅膀。就像从飞机上往下看一样。（问）逃跑、自由、柔软、溜走。
10. 像两只小蜂鸟，在花丛中提取花蜜。	小小的喙。卡上其余部分就是花了。有雄蕊、雌蕊、花瓣、花茎。（问）非常愉快、随心所欲。

手，这可能被解释为过度地描绘和谐或合作的关系。

这一解释基于驱力理论的观点，认为被唤起的潜在敌意是 L 先生反应背后的驱力，不论是否提及红色或血液，这一思路都适用。尽管这一假设是可以理解的，但大多数负责任的临床工作者都同意需要对这一解释保持谨慎——无论在整个投射测验结果中这种观点是否有确切证据支持。在此阶段，这种解释形式产生的潜在假设必须被看作是试探性的。

自体心理学解释"僧侣"反应时则不需要保持同样的谨慎，因为这种解释并不主要基于"红色—血—攻击性"的联系。从科胡特的策略中衍生出来的解释，强调了以合作为代表的自体客体功能凝聚力恢复的品质，这是来访者心理状态的核心特征。这种自体心理学解释并没有忽视来访者保护自己免受攻击性冲动影响的防御性，科胡特可能更强调要寻找这些反应中人物间的交流或联系，因为这是来访者的主要关注点。

"僧侣"的反应显示L先生在寻求一种理想化或孪生自体客体功能。"理解"或"一致"是影响这一认知的主要机制，也让人联想到孪生，可以结合卡1的反应来检验在这一点上可能出现的理想化或孪生自体客体功能。卡1的开头描绘了一场愉快的交谈，气氛虽然像酒吧一般，但隐隐有些紧张。它可能表示L先生需要一种合作的气氛，由此深入了解志同道合的对象。如果孪生自体客体功能允许他重温想要的自体状态，即"其中一方试图通过手势来让另一方安静下来"，那么气氛就会允许这种融合或联结发生。

对"和谐的僧侣"的解释仍然具有试探性，在回顾和应用对于卡1的反应上是一致的。无论哪种理论框架，序列分析都可以从正反两个方向进行。对理想化自体客体功能的另一种解释是，"僧侣"代表了L先生求助的自体客体——为了获得活力或平静的力量，又或是为了安心和被欣赏。

紧接着是"蹭鼻子的大象"，这个动作很可爱、亲密，但可能与大象不太协调——尽管体型庞大的大象也可能性情温和——与温柔却充满敌意的东方女性的意象类似。因此，它表征着不可用或者难以亲近。这幅意象与"僧侣"反应相一致，暗示了亲近、亲密或互惠的愿望，被理解为一种孪生自体客体功能。

下一个反应是一只像地毯一样摊开的老鼠，这极不寻常，但其特征和形式维度满足了综合系统编码的标准。老鼠皮不适宜作为装饰性的地毯，它令人生厌，很少与"温暖"和"毛茸茸"联系在一起。这个反应让人联想到L先生渴望情感和自我意识，也表明他需要的东西很遥远——要么是恢复心理上的联结，要么是支撑摇摇欲坠的自体凝聚力。

这些反应进一步表明L先生所需要的和他所能做到的并不一致，卡1和卡2的大多数反应都集中在"自体活力离他非常遥远"这种可能性上。紧接着的"飞翔的鸭子"让他联想到"逃跑、自由、柔软、溜走"，暗示着他想要保护自体不受伤害或威胁，这也是他所能做到的。"柔软"让人联想起毛茸茸的老鼠，也可能意味着他对亲密的需要。

我们通常很难决定什么时候检查受限情况是合适的，虽然在正式的综合系统询问后往往不排除检查受限情况的可能性，并要把诱发的联想作为测验内容来合理使用——埃克斯纳建议要谨慎，给出的理由也很有说服力，但仍有一些论据支持要通过激发联想来检查受限情况。如果没有可以被视为启发性的、特别能激发联想的问题，L先生就不会给出"逃跑"和"柔软"这两个词。

如果没有这些联想，飞鸟会被认为是平静或安宁的，就像"蜂鸟"的意象一样。究竟是一种意象比另一种意象更准确，还是这些意象代表了人格结构中冲突的方面，还有待确定。最终，该问题取决于测验管理决策中风险—收益平衡下的考虑因素。即使没有把联想作为检查受限情况的一部分，也必须确定来访者是否会有回避这一动力。

L先生对卡2的最后两个反应一是"蜂鸟采蜜"，它也具有"温柔"的内涵和口腔依赖的性质；二是一个充满敌意的东方女人。结合卡1的结尾"毛茸茸的老鼠"的反应，我们可以看出这些意象的不协调性，暗示着来访者深深地体验到自己的愿望是无效的。从自体心理学的观点来看，令人沮丧的或被打断的镜映反应可能是L先生这些体验的原因。敌意或愤怒的可能性较小——其反应与其说是寻求释放，不如说是一种被彻底封锁或关闭了的需求。

卡3

11. 是两个人。虽然他们的身体非常健康，但看起来非常迟钝，似乎拘谨而板正。	他们似乎只是看起来很正常而已。
12. 两个非洲土著背靠对方，跳着宗教舞蹈。	头部形状显示这是黑人。他们在篝火旁举行某种仪式——红色使人联想到火。（问）价值观、仪式、传统、循规蹈矩。
13. 非常割裂的部分。有老鼠、猴子、蝴蝶，但没有整合在一起。	一部分红色是蝴蝶，其他是猴子，还有鱼和两只鸟——像鹰。它看起来也像一个堆得乱七八糟的雪人或者北极熊。（问）是未知的生物。它真的存在吗？它还很温柔、富有力量。

初始反应中的行为迟钝和健康身体形成对比，再次体现出矛盾或不协调，这一点作为L先生人格构成的主要特征越来越清晰。L先生似乎在告诉测验者，他第一眼所看到的内容并不能充分表现出他深入体验到的强烈感情。通畅的人很拘谨，鸟儿在飞行中逃跑，老鼠是毛茸茸的……都充满分歧或不和谐。从占支配地位的自体状态来看，越来越清楚的是L先生强烈地感到这个世界是不正常的。他在卡3中提到的行为迟钝的人，表明他就是这么感受自己的，他需要恢复，想要"健康"——在心理上更活跃或有更多联结，既与他人联结，也与自己内心深处的体验联结。

与T女士不同的是，L先生能够找到一种理想化或孪生自体客体功能来修复自体。然而，对于这两名来访者来说，尝试是相当困难的。T女士几乎立即放弃了通过理想化来获得补偿结构的可能性，但L先生并没有因为失败而放弃，而是继续努力。失败可能会摧毁自尊，而这正是T女士取得成就的一个显著特征。

在卡3中，L先生最初试图将自己视为在心理上还活着（"健康"），但很快就变得"拘谨而板正"。他的下一个反应旨在以宗教仪式的方式恢复某种联结——尽管人物是背靠对方的，用来表示火的颜色可以代表活力或活跃，他希望通过仪式来建立这种感觉。但最终，这消退成了一种从众的惯性，也许还让他情绪低落。

在这种自体状态中，他所寻求的心理氧分或活力是不够的，这唤起了他的第3种反应——"分裂的动物，没有结合在一起"。他以一种可能性结束"像鹰一样的两只鸟（有翱翔和威严的含义）"的意象。这再次代表了他的韧性——在自体受伤后可以试图恢复自体凝聚力。

他最后附带想到了堆得乱七八糟的雪人。再一次，这个强大的意象是"未知的"，L先生问："它存在吗？"当再次提到"温柔"时，它可能表示渴望用平静或抚慰帮助自己修复自体状态。L先生被诱发的联想是土著在循规蹈矩地进行宗教仪式，这暗示着自体的失活。此外，质疑雪人的存在以及它的温柔和强大,表明他怀疑现实的自体,感到疏远。如果没有这种启发性的、有力的进一步询问,这些特征很可能被掩盖起来,让我们没法更好地理解L先生的人格特质。

卡4

14. 是龙的头。它弯下腰,头碰到了地面。好像闻出了什么,准备喷火。	(问)我不知道,是某种危险的东西。
15. 两只狗,应该是小狗。都站在悬崖顶上,俯视着山谷。	卡上阴影部分是悬崖。从上向下看会觉得山崖很高。(问)正好可以忽略一切——浩瀚、非常令人欣慰、平和。
16. 半个巨人——腰部以下。就像《杰克与豆茎》中的巨人一样,它穿着靴子向杰克走来。	(问)他在被可怕的东西追赶,最终逃脱了。联想到试图逃跑、寻找什么东西、试图智取、进入未知的世界。
17. 现在是整个巨人的样子了。脑袋又小又歪。画面的重点在脚上、在靴子上。他带着下金蛋的鹅,这是鹅的头。	(问)金蛋能买到你想要的一切,是和长在树上的钱一类的东西。

卡4不仅让人联想到一个高大强壮的人物形象,而且看起来如此引人注目,以至于在L先生的4个反应中有3次都对它无法释怀。到目前为止,理想化很明显是L先生自体客体的核心需要。这些有力的或令人敬畏的意象(巨人、僧侣、雪人)表明,来访者倾向于求助强大、可理想化的人物,以便在受到伤害时坚强起来。同样,有关宗教群体的意象让人联想到孪生或同伴式的自体客体功能。当自体感被削弱或受伤时,"成为另一个人"或"与另一个人相似"的感觉,可以增强来访者的自体凝聚力。

L先生的理想化和可能的对孪生自体客体的需要,在某种程度上表现为这些自体客体功能未有效运作。他对卡4的最初反应是一条龙,但他是以一种非典型的方式描述的——龙低头闻地面，仿佛在调查是否存在潜在的危险处境。这条龙就像一个侦探（"嗅出了什么"），而如果危险得到证实，它就准备攻击（"喷火"）。这条龙没有笔直地站着，展示庞大的身躯，让所有人看见和欣赏自己。L先生的龙处于潜在的威胁中或很脆弱，它必须保持警惕，准备好保护自己。

这条龙的意象不太可能给人以精力充沛或令人钦佩感，也不能给来访者安慰感，即他可以向某个存在寻求保护或力量。L先生把理想化的自体客体说成一条威风凛凛的龙，这在现实中并不存在；他还认为他的龙受到了威胁，因此需要警惕。回想上一张卡片中提到的温柔但富有力量的雪人，我们也能注意到这是一个虚构的参照物。L先生有没有过这样的顾虑，即理想化的自体客体是否真的以一种足够可靠或可信赖的方式存在？

来访者报告了站在悬崖顶部的小狗的意象，它们俯瞰着广阔的大地，这种反应带有一种平静的情感基调。这些需要保护的小狗看起来是安全的，让我们很快得出结论这意味着脆弱感是可以被安抚的。但接下来对巨人的两个感知，一个是"半个巨人——腰部以下"，这个描述令人不安，另一个联想是个童话故事——在这个故事中，男孩被巨人追赶，试图逃到安全的地方，但却"进入了未知的世界"。（结合之前）龙"嗅出了什么"，危险又回来了，并再次把L先生暴露在危险的"未知"之中。那个巨人没有脑袋，而男孩试图"智取"，这突出了L先生依赖智力或外部资源来防御和保护自己。因此，他转向自己的能力或天赋，以保护脆弱的自体凝聚力。看似强大且可理想化的自体客体易受伤害、并不存在或濒临危险，这让他一定要成为有智慧的强者。

对L先生来说，理想化自体客体可能太不可靠，以至于他无法相信它们能保护他。他再一次把自己看作是一个弱小、无能为力的男孩，就像先前反应中的小狗一样，转向一个有反应、可靠、可获得的自体客体环境。L先生发现这样的帮助要么太少，要么太不确定，不能持续足够长的时间来确保内心的平静——就像悬崖上的小狗们感到平静后，巨人带来的危险马上又回到了来访者心中。请注意，自体客体需求（在本例中为理想化）会因其不稳定或失灵而显露出来。

L先生以第二个巨人作为卡4的结尾,这一次他看到的是一个脑袋,但这个脑袋因为"小而歪"而被放弃了。这个带着一只会下金蛋的鹅的巨人就是L先生,他希望得到想要的一切,希望保证有一个可理想化的自体客体,即使它可能是虚幻的(因为它表达了一种错误的观念,每当自体感到危险时,他只需要依靠那只下金蛋的鹅就能解决问题)。那个抱着鹅的巨人脑袋歪了,这又一次提醒了我们一个事实,即L先生希望得到的金蛋到头来可能会让他失望。但与T女士不同的是,他会继续寻找一个反应灵敏的理想化自体客体。

不成功的镜映自体客体反应可能为体验到的自体被削弱或威胁感做好了准备。这位来访者的人物绘画测验已经表明他感觉自己很衰弱,体验到人生的不顺利、不平衡。因此,不难理解这位来访者想要一个强大的、有韧性的人物,作为一个理想的自体客体来帮助他超负荷地保持自体凝聚力。小狗能俯瞰广阔的大地并感到平静,L先生能联想到钱长在树上,都表明他需要平静和安全。L先生试图找到一种方法来维持脆弱的自体或让它正常运行。

卡 5

18. 一只蝙蝠在飞。	看得到翅膀和躯干。
19. 一个灌木丛,两边各有两只动物的腿露出来——是兔子。它们躲在灌木丛后面,可能有猎人。它们从某个地方逃走了。	卡上阴影的地方是灌木丛。兔子们跳起来寻找掩护,它们跑得快,经常被追捕。
20. 一个芭蕾舞演员。她举起双臂,跃入空中。	她像天鹅一样抬头挺胸,伸展手臂。她跃入空中,自由飞行。姿态非常优雅。
21. 一个人跳进游泳池,正在潜水。胳膊和腿都伸展开了。	(问)被吞并,被水包围着。

在老一套的蝙蝠反应之后,L先生回到了刚刚出现的主题:从威胁中寻求安全。在"受惊的兔子"的反应中,他评论了兔子的敏捷,这也许是他在感到危

险或焦虑时富有韧性的另一种表现，让人想起他在卡4上的表现——男孩用他的技能和天赋"智取"巨人。L先生知道自己的资源是什么，不像T女士那样感到挫败和无助。然而，要维持这种努力显然是非常困难的，L先生几乎没有片刻休息，需要时刻保持警觉和注意，就像兔子"跳起来寻找掩护……经常被追捕"。

接着又出现了另一个安逸的意象，这回是一个芭蕾舞演员，也被描绘成在跳跃着，但不像兔子一样跳跃以从猎人手中逃命，而是在"自由飞行"。这种模式之前在卡4中出现过——龙发现危险时会喷出火焰；小狗在悬崖上俯瞰并感到平静。现在，卡5的兔子用它的智慧迅速敏捷地跳跃来救自己，紧跟着一个优雅的芭蕾舞演员平静地、自由地跳跃。然而，这种平静又是短暂的。L先生之后的反应似乎是一次优雅的潜水活动，但在探索联想中L先生感到潜水员被吞没，这证实了被威胁的自体凝聚力正在复苏的这一解释。不协调的毛茸茸的老鼠、充满敌意的东方女人、相互蹭鼻子的大象以及它们封闭的情感需要的寓意也与现在的语境相关。

卡6

22. 一只昆虫破茧而出，想要飞翔。	翅膀，自由。
23. 一个人躺着，旁边是一池水，水中也有他的倒影。	（联想）放松、平静，但他知道不应该是这样的——手臂一直伸展着已经很僵硬了。他这么做了，但他知道自己不应该这么做。
24. 背靠背的两只猴子，它们非常高兴。	卡上就是它们的身体。
25. 一个鸟巢。鸟伸出头在鸣叫，等待被喂食。	鸟在鸟巢里面。
26. 两个小男孩想伸手去够或抓什么东西。他们的手向上伸着——可能想够衣架——一只脚在地上，一只脚抬起来，试图够到衣架上的什么东西。	他们无法够到想要的东西。

尽管来访者在卡6上的反应很丰富，但并没有揭示什么新内容。对于临床工作者来说，"昆虫破茧而出，想要飞翔"这一反应的重要性再熟悉不过了，几乎不需要更多讨论。从自体心理学观点考虑，这意味着出现了一个充满活力的自体，但只有具体化这种自体通过微小增量的蜕变性内化（例如茧所代表的知觉）才是有用的。因此，对于真正强大或稳定的自体凝聚力来说，像茧这样的投射测验意象是有误导性的，这在L先生的情况中也是一样。这个意象的出现仅仅代表一种希望或愿望，即L先生仍然可能发展出一个强大或有凝聚力的自体。

茧的意象发展成翅膀，也可能表示这个来访者需要一个可靠的自体客体，以帮助他巩固"不只是一种短暂的自体凝聚力"的感受。L先生对上一张卡片的最后一个反应是一个潜水员被吞没了，这强调了这种需求是多么重要。毫无疑问，他的反应表明还不存在任何与即将重建自尊有关的征兆。

之后的反应值得注意，因为它暗示了一种被动状态。此外，这一图景捕捉到了放松的人物所传达的平静与僵硬的手臂姿势之间的矛盾，暗示着紧张和痛苦。迄今为止，这种不协调与L先生在罗夏墨迹测验中的数个反应是一致的。他似乎明白，泳池里的宁静景象对他内心的自体体验来说没有多大影响。他说"他正在这么做，但他知道自己不应该这么做"，这句话可能传达了这种体验。

L先生的下一个反应是"背靠背的两只猴子，它们非常高兴"，这看起来无足轻重，对诊断也没什么贡献。之后的反应是"鸟巢和等着喂食的小鸟"，这是另一个被动的参照，也没有进一步的联想和细化。L先生似乎想在卡6上稍作休息，让自己处于被动位置，给人一种他不想被测验激怒的感觉。与此同时，他意识到平静或安宁的意象并没有反映出他真实的内心状态。在卡6反应的结尾，他描述了两个无法得到想要的东西的小男孩，与巢中等待喂食的小鸟形成对照。这个反应暗示了他在被动依赖性和愿望受挫之间的联想，但完全没有增加新的自体状态和主要的自体客体功能。

卡 7

27. 两个小精灵面对面，它们非常调皮，计划找点乐子。	（问）脸的形状像精灵。（问）像孩子一样无忧无虑。它们坐在岩石上。
28. 两个女人在跳摇摆舞。	（问）无忧无虑。
29. 一只母狗和两只小狗。	母狗用鼻子爱抚一只小狗，另一只朝它走来。
30. 两只狗在撕扯着什么东西。在争斗。把东西撕成碎片。	不再是刚刚的母狗了，更像一块毛巾之类东西。它们把它撕开。它不再完整，被撕破了。

"调皮的小精灵"可能是天真烂漫感的延续，是从卡6而来的反应。L先生还认为无忧无虑是精灵的特性，而接下来反应中出现的跳摇摆舞的两个女人，表明他想要抛下谨慎，逃离责任和成年人的忧虑，屈服于被动的、不羁的甚至纵情享乐的生活。被照顾的被动性和依赖性，在"母狗和小狗"的反应中表现得最为明显。这一主题在最后的反应中得以延续，即小狗嬉戏、无忧无虑，这与基于口欲攻击性的解释同样重要。

L先生之前对其他卡的一些反应也许与其人格特质清晰相关，例如"喝花蜜的蜂鸟"（卡2）也暗示了依赖性和被动性，还有卡3中提到既有力量又温柔的雪人、卡2中蹭鼻子的大象、卡3中自由摆动的身体等。

此外，请注意对比这些反应，有力的意象与柔和的特质交替出现。蹭鼻子的大象和毛茸茸的地毯都出现在卡2上，而在此之前（卡1），温柔的东方女人被描述为是充满敌意的。在最初讨论这些反应时，测验者已注意到它们间不协调的因素，但其意义还不确定。也许这些因素表明了L先生的矛盾心理，或他自体的一个方面开始出现或有所突破。剩余工作的关键部分集中在"为什么会出现"这一问题上，我们能看到L先生明显的被动和依赖性，以及对责任和关注解除抑制的态度。核心问题与L先生现在的状态有关，之前引发的是他理想化的自体客体需求。

卡6和卡7描绘了L先生人格的一个面向，在此之前这只是一些微妙的预兆——尤其是在L先生对危险做出的反应上，他会运用智谋打败邪恶力量，逃到安全的地方，然后被吞噬或包围。卡6和卡7表现的被动性和依赖性的自体心理学内涵，将成为后续调查和分析的主要焦点。

卡 8

31. 一群动物绕成一圈，看起来像《玫瑰花环》（*Ring Around The Rosy*）。　　是圆形的，它们都手牵着手。

32. 我没思绪了。这是牛头吧。　　（问）牛奶，食物。

33. 一只老鼠。　　身体，描绘了它的形状。

34. 一只鹦鹉。　　现在又看不出来了。（问）它多话、爱模仿。站在栖木上固定的位置。我还看到两只鸟待在巢里。这些意象都是碎片化的，没有整合在一起。

L先生似乎有点难以面对这张卡，可能是因为卡上引入了多种颜色。大多数来访者在卡8上没有体验到类似困难。事实上，一些来访者还挺欢迎这样的变化，并自发地评价："在单调的黑白色调和血红色的墨迹后，终于看到了柔和的颜色，让人感觉很愉悦"。鉴于L先生在卡6和卡7上表现出了被动和依赖性，我们原本以为卡8柔和的色彩会引发他更多的被动反应。但事实相反，L先生在卡8上的开场是"动物绕圈子"，接着是"没思绪了"。他还传递了一个认知，及被询问时无法聚焦在自己之前看到的联想上。他最后的反应体现了他是多么迷失，看上去也很痛苦。很可能先前预测的不平衡的自体状态很快又回来了。

来访者没有采取习惯性的防御行为，尽管他对这个墨迹有4种反应，但始终没有表现出复原和恢复平静的迹象。这代表了自体解体的产物，即使它没有达到严重精神崩溃的程度。反应描绘了一种自体的状态，以缺乏锚定感觉的体验为特点。L先生试图坚持自己的立场，尽管收效甚微。《玫瑰花环》是一首儿歌，让人联想到被动依赖性的口欲期和被喂养的状态，与"牛头"和"鸟巢里的鸟"等反应有关，所有这些内容都暗示着L先生正在试图锚定自己，让自己"安于现状"，但"老鼠"的反应意义尚不清楚。

卡8的4个反应中没有一个颜色代码可以计分，尽管其中两个反应诱发了L先生的联想。也许是因为颜色卡的出现还不稳定，加上L先生尽量避免提及它——这代表着他采取了适应性的防御措施，以尽量减少墨迹所引起的痛苦。与这一解释相一致的是L先生将鹦鹉描述为"站在栖木上固定的位置"，以试图抑制扰动的情感，保护自体。

这样一来，鹦鹉就被控制或抑制了，"一切尽在掌握之中"。从自体心理学的观点来看，颜色（或其明显的缺失）可以理解为是一种自体状态在不同整合阶段的表现。来访者的主导反应是最优的表现形式，可能意味着拥有良好的（或至少是合理的）自体凝聚力。

缺乏颜色相关表述可能被理解为来访者在试图寻找一个可容忍的情感体验水平，以保持最佳的自体凝聚力，保护脆弱的自体状态。L先生可能太顺从于颜色的过度刺激，所以描述得不太协调。他所付出的代价是情感抑制，这个过程驱使他隐藏自己，就像之前一样。这种反应缺乏热情和活力，我们能在生活中看到很多拥有此类反应的来访者都存在突出的自体症状，以情感死寂、呆板和单调为主要表现。缺乏颜色描述并不意味着防御性撤退的驱力状态，而是自我在尝试保护一个受伤或脆弱的自体，以确保它可以设法保持一定程度的凝聚力。

总体上看，L先生表现出的特征并不是情感空虚或耗竭。他想要远离那些破坏性的影响，这威胁和削弱了他的自体凝聚力。在一个"支离破碎"的世界中"安于现状"是L先生所能做到的最好的事情，而颜色带来的反应颠覆了他的努力。忽视颜色的行为也可能表明，在面对威胁时L先生周围的自体客体环境并不可用，或者对他的需求没有响应，不能作为一种资源来支撑其脆弱的自体。

需要在这样的背景下理解L先生面对卡8时崩溃或失去平静的反应：他在卡6和卡7上出现了被动、依赖的临床表现，而且在测验的前半部分以自体的临床现象和自体客体需要为特征。我注意到他早期的反应表明他在挣扎，感到被贬低或动力不足。他似乎在寻找理想化自体客体反应，使自体变得有活力或蓬勃向上。他不协调的反应中夹杂着脆弱的自体状态，给人留下了这样的印象——L先生正在无头苍蝇般地四处寻找，以恢复必要的自体凝聚力，尽管他非常缺乏资源。有时，他发现自己走进了死胡同，感到迷失，而逃避潜在的危险或被误导的客体选择始终都是他的需要。

卡6和卡7上的反应出现了自体客体功能的移位或重新排列。L先生开始表现出明显的被动和依赖倾向，这可能是因为他在寻找自己需要的东西，但却找错了地方。由此看来，卡8上的痛苦反应可以被理解为另一个迹象，即他被动依赖的状态也未能充分地稳定自体，被动和退行并没有给他带来所需的东西。尽管我可能会过度解读卡8的反应和联想的顺序，但很明显L先生始终都没有摆脱"绕圈子"这一状态，寻找"牛奶……食物"，无法"待在一个地方"，感觉"都是碎片，不能整合在一起"。他试图通过全面的退行性依赖来修复一个处于不平衡状态的自体。然而，从自体心理学的观点来看，根本问题在于依靠自体客体的反应能力来支撑受伤的自体状态，这对他来说是很困难的。

卡9

35. 这种颜色很难处理。是一个家庭。父亲正坐在餐桌旁吃晚饭，他似乎并不高兴，很累，很生气。	父亲留着胡子。周围的这些墨迹使他看起来不像是一个人待着，而是被其他人包围着。
36. 某种动物在用嘴捕鱼。	一只狗捕鱼当食物。图像看起来像是倒影。
37. 两个女人在一起聊天，穿着完全一样。	她们面对面站着。（问）所以我说她们穿得完全一样，就好像在争论什么，比如"你为什么和我穿同样的衣服？"（问）模仿，试图与众不同却没做到。
38. 猫头鹰直盯前方。	（问）聪明、警惕。就这么静静地看着一切，但非常警惕、质疑，还有点不置可否。

和卡8一样，L先生对卡9产生了4个丰富的反应——尽管它通常是最难让人产生联想的一个墨迹卡。再一次，尽管对感知的描述和对反应的追加询问都做得很好，但没有一个有关颜色的反应可以纳入计分，L先生在开始时的自发评论（"颜色很难处理"）可能确实说明了问题。

L先生注意到卡上有颜色，尽管对他来说颜色很难被整合进联想，但实际上他已经以反应的形式进行了描述。L先生称自己是一个不快乐的、疲惫的、愤怒的父亲，他描述了自己耗竭的状态。在进一步询问中，他使用了"包围"一词，我们尚不清楚他的本意是否要暗示被拥抱、被包容或可能被侵入。然而，主要的情感状态并没有被描述为温暖或富有魅力的。他虽然被自体客体环境紧密地"包围"，但这并没有使自体活跃起来。相反，他感到精疲力竭。

无论L先生转向哪张卡（他频繁地变换着），获得解脱或自体客体的反应都会让他有更多不满。第二个反应中的动物捕食比倒影更突出，这与镜映或自我中心不太相关。这只动物显然捕获了食物，L先生似乎在表达想得到满足必须积极依靠武力。L先生预期他的需求不会被认为是合理的并得到回应，他必须为自己所得的一切强烈要求、抗争或奋斗。因此，他的自体客体环境是没有反应的，这个环境具有剥夺性，而且似乎已经背弃了他。

他似乎觉得外部没有什么东西可以用来修复虚弱的自体，所以必须抓住他需要的。至少在自体心理学角度，"捕猎"这种行为并不是敌意或攻击性的表现，而应被理解为在缺乏可用的或反应性的自体客体时，来访者必须做什么来获得所需的自体客体功能。

来访者转向一对衣着相似、意见不一的女人，表达的是相似中的不和谐。人们很容易认为，相似性表征的是孪生自体客体的需要；这种解释可能属实，但同样也可能不是。L先生的联想来自他想要坚持差异性（"独立自主"）却失败了，于是不得不诉诸模仿。相似性构成了一种刺激，在来访者看来是"争论"的来源。因此，着装的相似性听起来并不像是两人发现彼此理解、相互一致或亲密无间。我们不应把这种反应与失望的孪生自体客体需要联结在一起，而应更谨慎地看待这一反应最终的分歧结果。简单地说,这是来访者问题更深层的方面,他在寻找能让他感到复原或活跃的自体客体反应来源。

L先生对卡9最后的反应是一只猫头鹰,它摆出一副警惕的姿态,不信任周围的任何东西。这让人想起了卡4中警惕的龙,表征的不是世界是不安全的,而是来访者对判断敌友持谨慎态度。在被骗、受伤或者更典型的在被令人失望的自体客体环境伤害之后,保持这个立场是恰当的。他逃避色彩,从卡8"全都支离破碎"的体验中走出来后变得谨慎,卡9"颜色很难处理",以及"世故而警觉的猫头鹰"都代表了L先生需要保护自己不受潜在破坏性影响——因为这个世界没有意识到、关注和回应他失去活力的自尊。

卡10

39. 国王和他的国家。臣民正在看着他。	他戴着披风和王冠,就像一个暹罗国王。四处都是他的臣民。他张开双臂。(问)完全的控制,他会赐给你很多东西。非常强大。非常颓废和招摇。他的臣民很朴素普通。
40. 一群海马。鱼在它们周围游来游去。每只海马都被鱼分开,好像它们是被捕获的一样。还有螃蟹。但我看到的东西是单独的,没有任何东西在一起。就像螃蟹是单独的,动物是单独的,没有什么是在一起的。	鱼游来游去,速度快到能让每只海马都固定不动。(问)没想到什么。

同样,L先生在卡10上也没有得到颜色计分。之前"仁慈的国王"很快就变成了"颓废的君主",只关心如何支配他那些被贬低("朴素普通")的臣民,看着他们卑躬屈膝地乞求国王"赐予"的任何东西。这种浮夸表述不过是一种防御性的虚张声势,因为L先生认为自己并不是什么了不起的人物。从卡9开头的失去活力的父亲的反应来看,L先生现在可能在卡10上试图继续他的主题:需要复兴的自体。然而,这种胜利可能是空洞无力的,因为只能靠支配他人、使

他们感到被贬低来修复自尊。

应该更进一步探讨L先生联想到的暹罗国王,不然我们无法确定他是否打算把《国王和我》*(The King and I) 作为联想的基础。我们不知道他联想到的是不是那部戏剧中国王粗暴的统治,那暗示着国王隐藏的脆弱本性。

虽然这个想法是一种推测,但L先生对卡10的下一个反应延续了暴力控制的主题,即体型更大、更强壮的海马被周围的小鱼快速游动着捕获——他似乎觉得在被自己的家族所俘虏。在这里用较小的鱼比喻家庭,是因为它们足智多谋,足以使海马动弹不得。许多父母确实在面对青春期的孩子有这种感觉,尤其是当孩子遇到麻烦的时候——再加上"保护幼崽"的需要。来访者似乎在此处表达了自己关于坚持控制和保护"臣民"的矛盾,但他也在斗争中感到被削弱和无力。

最后的反应体现了L先生感到孑然一身,与世隔绝("单独的"),他又一次表达了自体状态:一个受伤且失去活力、无法动弹的人在尽其所能地试图保持自体凝聚力。"孤立"在一个自体客体的环境中似乎让人沮丧,因此他体验到自己孑然一身。这种隔离不是精神分裂性的。

测验显示他的自体逐渐失去了活力。在卡1中,两个人尝试沟通但最终发生"争论",无法建立一个可行的自体客体关系,在后来的卡中,有两个女人虽然衣着相似,但"在某些方面存在分歧"。L先生被这样的冲突所控制:一面要保护他的"孩子",另一面要强有力地控制他们。

临床讨论

测验详尽地记录了L先生的心理体验,以及他如何看待那些扰动内心平静的事件。我以现象学的叙述方式讨论L先生的测验,它会引导人们关注来访者心理生活的重要方面,有助于研究自体心理学概念化下的自体客体功能。当我

---

* 《国王和我》是一部美国戏剧作品,其改编自玛格丽特·兰登(Margaret Landon)的小说《安娜与暹罗王》(Anna and the King of Siam)。——译者注

从技术方面阐释主题分析所描绘的丧失活力的自我状态时，会聚焦来访者摇摇欲坠的自体凝聚力带来的心理体验。很重要的是去理解L先生试图通过理想化和某种程度上的孪生关系来控制错误的镜映，这是他努力修复自尊损伤的一种补偿。

L先生发现自己游离在一个不再适合他的世界里。他一遍又一遍地表达着无论走到哪里都无法找到一个稳定的或熟悉的锚。这在他人物绘画测验中已成为先兆，就像最初兴奋、愉悦的期待很快变成了不安感，他觉得自己被各种不恰当的东西耗尽了精力，无法控制周围的环境，还感到被误解。这一基本主题在其罗夏墨迹测验中也同样存在。

卡1一开始情绪就沸腾着爆发了，愉快的谈话走向了分歧。当个体的悲伤阻止其享乐时，围绕五月花柱的舞蹈就被破坏了。在最初喜悦和希望复苏后，他开始体验到失活的自体客体环境，因此在五月花柱周围跳舞的人都是低着头的。悲伤、沮丧、被贬值的自体不能喜悦或骄傲地昂起头，个体"不想参与"，因为自体被耗尽了。

L先生后续的回答给人留下了这样的印象：他寻求感情是正当的，但是遇到了阻碍，为此很是失望。因此，老鼠成了一张毛茸茸的地毯，鸟儿在飞翔时纷纷逃离，人们看上去"身体健康"但呆板拘谨。分裂的部分表明其在寻求联结时经常遇到令人失望或无法响应的情况。

这些体验为镜映不足这一假设提供了背景资料。基于共情性理解，L先生对没有反应的自体客体无比失望。测验者看见并试图理解L先生在寻找其他自体客体功能以恢复自尊。L先生首先表明了他的需求，也表达了这些需求被忽视或拒绝了，在缺乏充分镜映的情况下，他转而动员理想化和孪生自体客体功能帮助自己加强自体凝聚力。

这种对自体客体功能的区分表明，镜映是几乎所有自体客体功能的基础。科胡特指出，来访者早期发展中的镜映与其对共情反应的需求可能并不同步，因此个体不再相信它是修复脆弱自体创伤的可靠手段。我们很容易在L先生的投射测验结果中看到镜映的普遍失败，因此确定有其他自体客体功能来修复自尊，并确保像他所希望的那样恢复自体凝聚力，就变得尤为重要。

为了达到这一目的，需要开发其他途径——通常的形式是建立补偿性结构，就像冠状动脉搭桥手术可以为严重萎缩的心肌提供足够的动脉血液循环一样。在投射测验上，存在镜映缺陷并不意味着镜映是个体唯一的自体客体功能——它常常是激发理想化和孪生自体客体功能的动力——而是起点或基础，意味着测验者要寻找个体建立的补偿性结构。

镜映有时是自体客体的中心或主要需求（以T女士为例，尽管她很快就放弃了理想化的尝试）。L先生持续努力寻求理想化自体客体功能，因此他的测验反应可能指向比镜映更起支配作用的其他自体客体功能。这些自体修复的替代方法是他的补偿性结构，虽然没有成功——因为镜映太缺乏了。理想化的证据往往是很有说服力的。

在某些时候，L先生求助于强大、理想化的客体；在其他时候，一些反应的意象表明当自体被削弱或易受伤害时，他会转向友好的孪生自体客体功能，以加强自体。但总的来说，被激发的理想化自体客体需求比孪生自我客体需求更有说服力。在不同的时期，他要么依赖强大的客体，要么寻求与他人合二为一。当自体状态易受伤害、脆弱或无法以足够和持续的活力维持自身时，这两种自体客体功能的目的是避免自体丧失活力。

关于自体客体功能最明确的陈述显现了受伤的自体状态的范围和普遍性，并通常指向来访者环境中的镜映缺失或不足，因此潜在的镜映自体客体需要几乎总是显而易见存在着。正如L先生的情况所表明的那样，理想化和孪生功能都不那么明显，它们可以交替出现，但不会明显地"东风压倒西风"。自体客体功能的混合出现是正常现象，在生活中也不常存在纯粹的形式，深入细致的治疗的特点也是把自体客体的需要掺合在一起。心理诊断测验的许多工作都围绕识别这些补偿性结构展开，而这些补偿性结构必须在治疗中才能得到加强。

就像T女士和L先生的案例，我们在驱力理论和自体心理学观点之间进行比较。虽然这两种理论的概念化都不一定是最优的，但仍然有助于解释相应临床资料。例如，面对来访者卡2"僧侣"的反应，自体心理学认为这是在寻找一种获得平静的功能或者某种程度的合作和理解，而来访者出于自我保护，谨慎地不愿暴露自己的需要。科胡特认为，人们对表达合理需求很谨慎，因为这样依然很容易被拒绝。他认为表面上的防御不是真正的防御（在技术意义上），L先生想要感到振奋或与某人联结的需要就可以被理解了。

"僧侣"反应暗示了可能性，即将自身对充满敌意的攻击性的防御最小化。它反而强调L先生希望与一个仁慈或能给予抚慰的客体接触或交流。僧侣意象也意味着更高尚或更有原则的客体，僧侣之所以受人尊敬，并不是因为人们在需要的时候会向他们求助，而是因为他们专注于反思或静观，即使是以远离部分人类生活为代价。僧侣的特性代表了理想化或孪生自体客体功能。

测验者不应忽视这一种可能性，即一小部分僧侣也希望受到保护，远离复杂的情境和问题。对一些分裂型人格的来访者来说，这样的感知可以代表一个安全的避风港。不过这种观点可能不太适用于L先生——他想从生活中得到些什么，而不是对这个世界置之不理。"掌心相触"暗示着他在寻找一种深度的联结，这种融合基于对相似性或共通性的渴望。L先生的反应中提及的"试图进行亲密交谈"（卡1）和"大象蹭鼻子"（卡2），在某种程度上与他对孪生自体客体有需求的解释是一致的。

这些证据可能很薄弱，不足以令人信服或使所有测验者满意。尽管如此，我还是会讨论僧侣反应中的孪生含义，因为这种反应显示了一种特殊的心理联结品质，比随意的互动更深入、更亲密。与"相似着装的人"（卡4）及其对模仿的联想（而非深度参与或理解）相比，像"僧侣"这样的回答显然更接近孪生的深层含义。

这种融合的性质并不一定意味着界限不清。科胡特认为，融合是一种正常需要，指个体想要成为另一个人的一部分。虽然他也认识到融合可能会引起明显的边界不清，但与孪生自体客体功能相关的融合通常不是这样的。

"僧侣"也有可能代表着平静或抚慰，而不一定指思想或感觉的相似性。在这种情况下，理想化可能是所讨论的自体客体功能的基础。我们通常很难仅从测验反应中得到一个相对精确的鉴别诊断或确定具体的自体客体功能。因此，即使罗夏墨迹测验能够揭示潜在自体状态的严峻性，对于明确不同的自体客体需求来说后续研究也必不可少。

对于L先生的测验结果，还有另外两个值得注意的特点——被动和依赖的临床表现，以及卡8上明显具有破坏性的自体功能（这在许多测验反应中都很常见）。它们提供了一个机会，让我们从自体心理学的角度来概念化这些现象。依赖和被动具有独特的心理意义，代表了自体无法维持其活力或自主性，显著的依赖和被动体现了自体未被回应、受伤或长期被削弱，来访者已放弃了希望。这种状态与崩解的产物类似——比如爆发的愤怒或惊恐的状态——尽管相比之下克制得多，几乎不引人注意。

过度的依赖代表了自体病态的崩溃，与自我心理学或持客体关系立场的理论家一样，自体心理学框架的临床工作者也理解个体嵌入角色结构的被动渴望。然而，从自我心理学的观点来看，依赖性要么被认为是一种防御或攻击手段，要么被认为是一种根深蒂固的人格特征，并以突出的口欲期欲望为标志。

科胡特显然没有把依赖性当作崩解的产物（如愤怒）来讨论，但无论显著的依赖性或被动性能否可以被看作一种攻击表现或作为一种被击倒或被打败的自体状态的表现，它的动力学意义并不夸张。

我想要强调自体心理学对罗夏墨迹测验中分裂反应的理解。当然，来访者可能表现出不同严重程度的分裂，从急性精神病发作到短暂地无法做出清醒或有逻辑的反应，他们在其他方面也可能得到了良好的补偿，人格相对健康。L先生表现出一定严重程度的分裂，位于人格障碍连续体中较好调整的一边。这一判断基于这样一个事实，即他在罗夏墨迹测验中表现出来的困难并没有广泛地出现在大多数反应上。大体上他的失态仍然有限，而且得到了很好的控制。这是非精神病性质暂时性分裂现象的一个很好的例子，在门诊常见于患有中度自体障碍的成年来访者。L先生的分裂表现出现在卡8上，其被颜色激发的可能性不能不得到重视。

L先生的分裂反映了一种以未能保持稳定为特征的自体状态。迄今为止，在他的测验结果中有一种很明显的"几乎无法忍受"的紧张状态。L先生无法重新构建对卡8的反应序列，且在卡9上几乎没有改进——结尾是一只猫头鹰正盯着前面，警惕而机警，但结果"不置可否"。

尽管后来他恢复了状态，变得"安于现状"，但他最终选择的修复方式是在情感上封闭自己。他可能已经恢复了可容忍的自体状态的平衡，但是这种状态并不是以热情和活力为特征的自体恢复。

L先生的测验结果表明，即使自体分裂的程度相对温和，也能被测出。他是典型的症状失调叠加慢性自体障碍，也与在混乱状态下迅速重组引起的急性反应类似（包括精神错乱）。来访者在罗夏墨迹测验上的分裂表现并不代表防御行为崩溃了或自我复原了，而可以被理解为一个脆弱的自体受到凝聚力减弱的威胁。这种反应代表了科胡特所说的解体状态，暗示缺乏修复性或抚慰性的自体客体环境或该环境暂时没法共情。自体客体反应减弱，可能会加剧这种不稳定的体验。

在这个案例中还存在一个问题，检查受限情况是为了鼓励个体产生幻想材料，而不是为了在知觉上解决问题。通常来访者对于询问的反应都是平淡无奇的，这突显了L先生那丰富、详尽的反应的独特价值。L先生的反应数量不受询问方式的影响，但有争议的是"详细说明联想过程"这一要求会不会影响最终的临床解释。

无论程序如何，大概率都能得出对自体状态的解释。如果测验者乐于以这种方式处理反应结果，会有多重迹象表明贬损和妥协的自体凝聚力。然而，如果没有补充额外联想，可能还不能完全澄清L先生那不稳定的、被拖累的、摇摇欲坠的自体客体世界。

主题统觉测验

卡1

一个小男孩看着小提琴,感到非常困惑。小提琴坏了,他不知道该怎么办。他想了想,决定试着把它修好。他拿胶水把损坏处粘在一起,想着这样就不会有人发现了。(是怎么回事?)他之前在玩这把琴,它不是他的,但他动作太粗暴了,于是折断了小提琴的手把。(他感觉怎么样?)困惑和倒霉。(结果呢?)他松了一口气,没被人发现。

"小提琴坏了需要修理"的故事不怎么常见,但这延续着L先生罗夏墨迹测验和人物绘画测验的主题。损坏的小提琴似乎代表了处于未修复状态的自体。就像在罗夏墨迹测验中一样,当L先生试图理解小提琴为什么会损坏时,他的第一反应是困惑。根据推论,来访者想知道自己要怎样才能重新振作起来,故事的重点也是修琴。

主人公表示困惑,小提琴也不属于他。我们没有必要认为这是一种现实感丧失的现象,从自体心理学的观点来看,这代表的是他对自体受伤体验的情感反应。他似乎对这种自体凝聚力的威胁感到困惑,它不"属于他"。这种情感状态代表了他最近生活中的混乱发生得很突然或很剧烈,仿佛在说:"这真的发生在我身上吗?"这种混乱反过来又会激发或重新激活对自体凝聚力的潜在威胁。

科胡特在解释关于自体修复的观点时转述了尤金·奥尼尔(Eugene O'Neill)的戏剧《伟大之神布朗》(*The Gread God Brown*)中的一句话:"人生而破碎,他靠缝补为生,神的恩典是黏合剂。"科胡特指出,奥尼尔戏剧中的人物都戴着面具——有时甚至戴着对方的面具——因此自体凝聚力存在很大的不确定性。在L先生的故事中,男孩对小提琴属不属于自己感到困惑,科胡特用奥尼尔戏剧的隐喻为我们理解L先生的故事提供了一个有用的联结。修理坏了的乐器需要胶水，代表着一些至关重要的东西，这些东西使L先生的自体凝聚力陷入混乱。修复有缺陷的自体凝聚力是核心，男孩如何损坏小提琴对L先生来说似乎很重要，可以结合"折断的小提琴手把"以及之前在罗夏墨迹测验卡4上的相关反应来考虑。小提琴手把和生殖器在外观上的对应，加上"做坏事"和"隐匿"的描述，让我们很轻易联想到驱力理论的解释，主要涉及俄狄浦斯期。这种观点会说服临床工作者强调精神动力冲突的性欲和攻击性方面，也会考虑反应突出的防御和核心冲突。

在提出另一种自体心理学的解释之前，我注意到科胡特并没有打算放弃贬低自我心理学中驱力相互作用理论的核心原则。他越来越确信，在临床上传统俄狄浦斯情结的解释不仅对自体障碍本身是无效的，对主要基于神经冲突的障碍的理解和治疗也都无效。科胡特没有强调相互竞争的驱力间的冲突，而是把注意力集中在幼儿经历俄狄浦斯冲动时可能体验的自尊贬损上。在这个发展阶段，如果父母没有意识到孩子健康的性欲，鲁莽地做出反应，就会导致这种贬损。俄狄浦斯期的孩子觉得自己的渴望是不受欢迎的、可耻的，最终使得他们对赞美的基本愿望被迫隐匿了，没法视作向情感亲密或肉体亲近发展的阶段而焕发生机。

那么这种对俄狄浦斯情结的重新定义对解读主题统觉测验的卡1有什么影响？答案可能在于男孩担心自己的"不当行为"会成为一个秘密。这把小提琴不是他的，他不得不掩盖自己弄坏了它的事实，希望这次修理能弥补他的错误。"保密"可能并不代表来访者害怕做错事或面对超我惩罚。相反，他的担心可能集中在需要保护自己不受批评。L先生担心，不管他做什么都会损坏小提琴，而别人都不会理解他，这种共情失败会导致他的自尊受损。

自体心理学的观点将俄狄浦斯情结的主题重新塑造为一种关注，即无论如何正常的好奇或探索可能会出错，于是个体需要用智慧悄悄使局面恢复正常。最重要的是，来访者觉得没有人会理解他的愿望，会指责他或在某种程度上对他表示不满。

第八章 L先生：理想化和孪生　　241

卡2

讲的是农场日常。一对父母在田里劳作，女儿在上学。母亲梦想着卖掉农场，她性格粗犷、邋里邋遢，一心想着去城里，觉得那里的生活不会这么艰难。（他们过得很艰难吗？）劳动不辛苦，但时间很难熬。她一辈子都在努力工作。（父亲呢？）他感觉不到难熬，就觉得这是日常生活的一部分，是例行公事。（女儿呢？）女儿天天心不在焉。虽然念旧，但她已经接受了自己的命运。（命运？）像母亲一样长大，未来干同一件事。（她是怎么看待的？）她怜悯母亲。一方面觉得这就是她母亲的命运，一方面也表示同情。（母亲怎么看待女儿？）彻底隔绝在外，没有接触。她知道女儿对她的看法，但直接忽略了。（父亲和女儿的关系如何？）基本没有联系。他不知道女儿的事。家庭成员是完全孤立的，每个人都有自己的生活。

L先生又回到这个主题上——一个支离破碎、漠不关心的家庭，让人想起他对罗夏墨迹测验卡9最开始的反应，以及他对女性意象的描绘。到目前为止，所有这些对家庭的描写都给人留下了一个清晰的印象，即人们各忙各的，很少或根本不关心彼此。最能说明问题的是，家庭似乎代表了一个缺乏共情性理解能力的自体客体环境。来访者的家庭生活甚至缺乏一种基本的意识，即当某人处于一种失调状态时，他的某些需要和认识是恰当的。在这个故事里，父亲实际上都不是家庭的一部分，至少在心理上不是。此外，很难想象还有比此处所描绘的更加疏远和冷漠的母女关系。

就像之前的许多反应，最开始充满希望的迹象很快就会消退，显示出一种以缺乏热情为特征的"抑郁暗流"。积极的反应很快就被保护自尊的需求所主导并压抑了，取而代之的是被误解的体验和必须克服障碍的决心。主题统觉测验卡1的男孩能够修理小提琴，感到"困惑和倒霉"，宽慰感只来自不被发现，而非得到满足。现在，卡2上的人们接受了他们的命运，忽视了彼此的需要，生活在"完全的孤立中"。空虚感和绝望感是显而易见的，但L先生也需要自体客体反应来找到摆脱困境的方法。和罗夏墨迹测验卡2的僧侣一样，L先生并不想脱离自体客体环境而孤立存在；相反，他期待环境响应他的镜映和理想化需求。从这一点上可以看出，这种镜映是有缺陷的或被破坏的，但L先生如何获得维持自体凝聚力所需要的东西还不清楚。重要的是要确定个体有没有建立稳定的补偿性结构，或者确定理想化或孪生是他恢复自尊的可行选择。鉴于在罗夏墨迹测验中L先生试图获得理想化或孪生自体客体功能的种种迹象，观察主题统觉测验过程中自体客体环境如何被他具体化至关重要。

卡3

是一个年轻人，我觉得是女性。发生了一些悲剧，她心烦意乱，找不到解决办法。（是什么导致的？）她的丈夫去世了。（她感觉如何？）心烦意乱，不知道下一步该做什么。"我接下来该怎么办，一切都不可控了。"（结果呢？）过了一段时间她才振作起来，生活还在继续。她修补起破碎的自己，可能会再婚。

在"找不到解决办法"的最初反应后，来访者表现出恢复镇静的能力。之前也出现过这一现象，比如罗夏墨迹测验的卡8。此外，卡3上的主人公是自己从痛苦状态中恢复过来的，没有任何迹象表明其自体状态的修复涉及某种特定的自体客体功能，已故的丈夫或再婚的前景不足以构成潜在自体客体功能的基础。正如科胡特所强调的，自体客体并不等同于具体的人；客体的功能至关重要，不管它是否以人的形式存在。故事中的主人公无人可以求助，她历尽劫难、孤独绝望。

同样，卡2上的角色也各走各的路，彼此漠不关心。在卡1上弄坏小提琴的男孩也是靠自己想办法摆脱困境。L先生也是只靠自己，但这不是自讨苦吃，也并非因为觉得自己没有价值。来访者不期望有人可以让他求助或愿意帮助他提升自尊，这表明他具有某种程度的韧性，可能是一种心理资产。从自体心理学的观点来看，这种明显的力量同时也是一种不利因素，因为它表明来访者处于一个不太理想的自体客体环境中。来访者为什么要表现出"靠自己挺过去"的图景?

这个问题的答案之一来自组合测验的优势,将几项测验的结果结合在一起看,而不是只评价孤立的测验,能更全面地展现人格。因此,我们可以从L先生的罗夏墨迹测验得知,当体验到失望或共情失败时,他会从自体客体的环境中退出来。因此,他常常感到孤独和痛苦,但不敢冒险去寻找自体修复的自体客体。"龙在嗅闻危险"的反应(罗夏墨迹测验卡4)简化了一个强大的形象,它本身就是一个威胁,个体需要保护自己。主题统觉测验的卡3和卡1显示,L先生需要自己找到走出艰难困境的方式。

罗夏墨迹测验卡4上"龙"的反应后跟着一个需要智胜巨人以保护自己免受伤害的男孩;在主题统觉测验卡1上的小男孩则想了一个办法,用胶水把断了的小提琴手把粘在一起;卡3中的人物也通过修补破碎的自己重新构建新的生活。

L先生似乎在暗示,他通过将破碎的部分粘在一起或通过修补破碎的自己,已经成功地重建了自体凝聚力。因此,卡1上坏掉的小提琴和卡3上心烦意乱的情况,代表了一种受伤和被削弱的自体状态。正如先前罗夏墨迹测验反应中显现的,修复的途径之一是通过理想化或孪生自体客体功能。如果做不到这一点,L先生只能自力更生。

在这个背景下,我们可以理解卡3的情感基调。它与其说是体现了一个在有反应的自体客体环境下恢复的自我凝聚力,不如说是一种防御性自给自足的外部形象。L先生对卡3的反应之所以值得注意,不是因为它显示出了韧性,而是因为它摆脱了对共情反应的需要。也许一开始那有些做作的表达("是一个年轻人,我觉得是女性"),是另一种贬低或疏远自己情感投入的表现。微妙之处在于那些被隐藏起来的东西,而不是表面的故事结局。借用奥尼尔修复受损的自体状态的比喻("神的恩典是黏合剂"),当有一个情感回应性的或共情的自体客体环境作为支持,自体会更长久地坚持下去。

迄今所测试的三张卡上的主人公都必须自己解决问题。卡1里的男孩最关心的是避免被发现犯错，试图逃避羞愧感或批评，没有迹象表明他有向任何人寻求帮助。在卡2中，所有的角色都各自过着不满意的生活，表现出相互背离的情感状态，包括作为没有反应的自体客体而对彼此感到愤怒或失望。

卡3的主人公陷入了巨大的困境，经历了重大丧失。再一次，她处于情感枯竭和自体凝聚力受损的状态，没有地方可以用来恢复自尊。只剩下一种空洞的情绪，类似于"还是得继续活着"，且人们总觉得这种情绪是轻蔑的、没有同情心的，也是没有用的。这似乎是L先生所传达的关于他的生活以及他受伤和衰竭的自体状态的情感画面，主题统觉测验捕捉到了这幅画面，并全面且深入地扩展了L先生在罗夏墨迹测验上展示的内心世界。

卡4

一个女人在试图阻止丈夫与侮辱她的人打架。她试图让大家理智起来，但这时候已经不存在理智了。丈夫太生气了。（结果呢？）他挣脱了妻子，和对方大吵了一架，最后还是赢了。

卡4第一次表现出有他人愿意帮助的情况，但矛盾的是，被捍卫的女人无法对她的保护者产生足够的影响，因为"已经不存在理智了"。在L先生罗夏墨迹测验卡1的反应中，两个人在融洽的气氛中试图交谈，结果还是产生了分歧，其他数张卡片的反应也与之类似。L先生在这张卡中继续这种叙事，女人很快就被遗忘，消退在背景中，而这个男人愤怒且不讲理，他需要胜利。

很难得知代表L先生身份认同的核心客体是那个需求被忽视的女人，还是那个想要获胜的男人。如果是前者，那么人们并没有站在他这一边，也没有真正基于他的最大利益来行动。卡2上的他人虽然漠不关心，但也很克制；卡1和卡3上的他人则不存在或没有共情反应。卡4的故事再次表明L先生并不指望别人会关心他，甚至从长远来看，即使是做出一副帮助的样子，对他来说也不是真实或真诚的表达。在自体心理学框架的概念化中，L先生的反应揭示了他被忽视的自体体验。那些能够帮助到自体的自体客体功能——如镜映或理想化——最终会让人失望。这些功能没有考虑到他需要什么，而是被他人的权力欲、保护欲或"成为赢家"的需求淹没了。

卡6

一个女人正在思考着什么。一名侦查员刚刚说她的儿子在试图犯罪时被杀死了。她盯着外面，想着她做错了什么。（她与儿子的关系如何？）虽然看起来很亲近，但她其实不了解她的儿子。她对孩子的保护欲很强。（她不了解儿子吗？）她儿子不让她了解自己。因为如果他敞开心扉，她会感到受伤，他们的价值观和理想非常不同。

这个女人首先担心的是自己的错误导致了儿子遇难。L先生对关系疏离的强调，让人联想到他在卡2中描绘的家庭。虽然母亲对儿子的死并不是漠不关心，但她的关心也偏离核心。母亲想知道的是自己做错了什么，并强调自己养育者的身份。不过故事也表明问题出在儿子身上，他不允许母亲了解自己。L先生再次强调，这样做的核心是保护母亲的自尊，就像卡4里的男人更关心"成为赢家"，而不是保护妻子。

在L先生的内在体验里，他处在一个别人太自私而不会关注到他的世界中吗？还是他太需要保护自己的自尊而对别人不感兴趣？测验者可以识别出某种需求或感觉状态，但无法分辨出这种需求是内在的还是会以投射的形式外化出来。不论测验者对材料的解释在理论上是否具有说服力，诊断测验临床工作的基础就是处理这一问题。沙弗尔（Schafer, 1954）、加夏特尔（Schachtel, 1966）和勒纳（Lerner, 1991）都强调了这一解释因素。

尽管答案不确定，但临床资料中没有反应、被忽视或被贬低的迹象经常显著表现出来访者的自尊特征。我们最多只能在本例中猜测L先生能够对他人产生兴趣，并推测他觉得自己被深深地忽视或遗忘了。

也许这并不是偶然，卡6上的养育保护欲比之前的主题统觉测验卡更直接，这张卡片似乎强烈地唤起了母性反应。L先生似乎在冷静地大声发问：母性关怀哪里出了问题。儿童死亡的主题通常非常强有力，但很少能像马勒的《悼念亡儿之歌》（*Kindertotenlieder*）那样描绘得淋漓尽致。L先生在卡6上的反应极为罕见，甚至比卡3的故事更扣人心弦。这的确是一个振聋发聩的主题：作为养育者，母亲做了什么导致孩子死亡？卡6故事的结尾中母亲和儿子之间存在价值观上的差异，他们的生活也因此产生分歧。当然，这是防御性的，在感情上也很疏远。

这呼应了卡2故事的核心动力，特别是镜映自体客体反应能力的显著不足。但核心问题不是镜映缺陷，而是可以作为修复和恢复自尊途径的潜在补偿性结构，比如理想化或孪生关系。

卡7

年轻人完全接受不了他父亲的意见，他的父亲非常顽固、强硬、死板、冷漠。（发生了什么？）他们从未看见或理解过对方，也没有真正意义上的互动。年轻人拒绝与父亲交流。（结果呢？）父亲去世了，儿子过着自己的生活。（他们为什么不和？）父亲没有时间陪儿子，也毫不关心他——他一开始就不想要孩子。

不难看出，父子关系在本质上是冷漠无情的。如果卡2描绘的家庭关系可以说是存在矛盾，那么毫无疑问这张卡上的父子关系近乎彻底的冷漠，反映了一种不同寻常的相互排斥。漠不关心的表现可能掩盖了个体内心深处隐藏的渴望，以及随之而来对挫折的愤怒，但这只能从现有材料中进行推测。很难想象面对一个没有反应的、漠不关心的家长，孩子会有任何怀念之情。

一个不可用的客体，不仅仅表现为一个缺席的人或一种发育不完全的心理功能。从自体心理学的观点来看，缺失是对自体凝聚力的威胁。这种缺失作为一种主要的心理结构，以干扰自体客体功能发展的形式出现，在父权关系下的理想化中尤为明显。自体障碍的特征也可能表现为妨碍补偿性结构的形成，以支撑自体其他缺陷的部分。

我们无法直接确定哪一种情况适用于L先生自体凝聚力的状态或满足他对自体客体功能的需要。但有充分的证据表明，有缺陷的镜映损害了来访者把理想化或孪生作为补偿性结构的尝试。这在他的罗夏墨迹测验中得到了清晰体现，揭示了理想化（甚至可能是孪生）自体客体功能的尝试，但这些部分最终都未能提供足够的"胶水"来支撑他脆弱不已的自体凝聚力。根据卡7的揭示，我们可以进一步理解L先生在将理想化作为一种修复自尊的手段时遇到的困难——几乎不存在的父子关系破坏了任何潜在对自尊的强化，而这些强化本可以用来巩固自体客体功能。

卡12

一个女人死了。牧师来为她做最后的仪式。她孤独地死去，身边一个人都没有，牧师是她唯一的朋友。

L先生在卡12上讲述的故事很不典型。通常情况下，大部分人会描述一个男人躺在床上，旁边有其他人在徘徊。在L先生这里，躺着的则是一个女人，并且她不是在生病或睡觉，而是死了。我们要理解死者的意象代表着一个处于失活状态的自体，牧师则代表了一种"心理性氧气"，这种"氧气"是使一个衰竭的自体恢复活力所必需的。牧师做仪式的举动使人想起了L先生先前"僧侣"的反应。

此处的牧师被赋予了最有力的安慰者的角色，这与僧侣们温和的交流形成了鲜明对比，后者是一种以极端自我否定和远离世界为特征的秩序状态。虽然牧师不完全等同于救世主，但这里隐含的意思是被理想化的牧师无法救活垂死之人。L先生在罗夏墨迹测验上所看到的理想化或孪生自体客体功能现在变得不可靠了，完全无法胜任。

因此，卡12在某些方面可以被视为卡6和卡7的延续。在卡6上，母亲都是后来被告知儿子死了的；在卡7中，父亲在情感上是冷漠的，无法给出真正的回应。现在，在卡12上的主人公独自死去，没有任何支持，她唯一的安慰也来得太晚了。

这三个故事的顺序表明L先生缺乏足够镜映的自体，也不把它视为有价值的、重要的或快乐的源泉。卡6上的母亲远离自己无镜映自体的孩子，仿佛在表达："你不是我的孩子，你的价值观与我格格不入。"随后，L先生通过其他一些潜在的自体客体功能来尝试恢复自体，如理想化或孪生，但被卡7上的父亲拒绝——他对此毫无兴趣，也是不可及的。父亲这个身份所具有的保护或恢复自体客体功能的可能性几乎被完全抹杀了。通过发展一种可行的补偿性结构来恢复自尊的希望很渺茫，自体被置于失去活力的状态中，在实际上表征着丧失和死亡。就像在卡12所表达的，唯一维持自体的方式来得太晚了，无法挽救它。

在罗夏墨迹测验中L先生希望用理想化或孪生维持颓败的自体凝聚力，但它们最终都太不可靠，这带来了"被动"和"兜圈子"的反应。适度地重塑自体让L先生能够稳住自己、"安于现状"，尽管要付出一定的代价。我们可以预料，L先生将会从自体毁灭的凄凉画面中找到一条出路，这在先前的罗夏墨迹测验上就有些踪迹可寻。

卡13

男人意识到他在激烈的性行为中误杀的女伴，他心烦意乱，最终自杀了。

卡13几乎对所有测验者来说都很具有启发性，L先生似乎在这里表达了"强烈的激情或需要会杀死他人"。在卡6上，L先生让母亲在情绪上隔绝儿子死亡带来的影响，这说明他善于控制自己的情绪。同样的情感疏离也出现在卡7的父子关系中，L先生设法将缺乏支持和情感冷漠的体验转变成一种良好的状态，就像他在卡2中所做的那样。卡13上过于强烈的刺激可能会让L先生付出更多努力，他在情感上退缩了，似乎只有自杀才能逃离——这在实际上指的是他强烈的情感唤起被扼杀了。

这些故事再加上L先生在罗夏墨迹测验结果中被动的、情感平淡的反应，都表明他需要竭尽全力让自己"安于现状"。然而，在自体心理学意义上，这种情感退缩是指个体处于被扼杀或隐匿的自体状态中。他似乎没有什么真正可用的自体客体功能来维持一个有凝聚力的自体，以免把自体抑制到这种程度。

卡18

一位母亲抚慰着从楼梯上摔下来的受伤的孩子。

乍一看，这种反应似乎出乎意料，但如果它代表着L先生一直都在寻找的"重振旗鼓"，就不那么令人惊讶了。L先生曾很受伤，想要有人注意到他受伤了并且回应他。他需要得到关注，这是合情合理、可以理解的。只有当这些正常的需求没有得到关注时，自体障碍才会出现——至少在科胡特看来，病理性的自体破坏了正常的发展驱力。卡18就是对这一点的简单表达，体现了处于受伤状态的自体所需要维持的一切努力。

这也清楚地阐述了自体客体的功能：当自体受到威胁时，我们所需要做的就是认识到它的脆弱，并以共情的方式做出回应。也就是说，以大多数人在被伤害时所期望的、或多或少正常的方式做出反应。L先生在面对卡18时简单描绘了当一个孩子受伤时，必须有人站出来照顾他。

这个非常简单直接的陈述显示了来访者在以一种方法告诉我们他们到底需要什么。考虑到之前所有的反应，我们只需要洞察卡18的表面含义，理解有价值的信息就够了。在此，我想重申科胡特的一个简单的声明（1996）：

> 从很小的时候起，孩子所需要的就是共情的反应，需要被视为一个自体（或至少是一个受欢迎的自体）。反应的对象不是他的驱力——

每次母亲喂奶时，她都是在喂那个饥饿的孩子而不是驱力。一个母亲，一个能够共情的母亲，一个能够共情的养育环境，永远都不会对驱力做出反应——它是对孩子做出反应。

关于L先生案例的讨论

L先生的临床表现与T女士相似，都是抑郁症，主诉和精神状态结果显示他们症状困扰的严重程度也相当。此外，与T女士相比，L先生在发病前的心理功能调整方面也有一定程度的优势，在大体相似、严重程度相当的临床症状中，这两位来访者给出的有效反应说明了各自心理动力结构的不同。这两个例子说明，作为经典驱力理论或自我心理学理论的替代，自体心理学观点可以应用于投射测验。

在整个投射测验中，自体凝聚力的破坏导致的自尊贬值是显著的特征。来访者试图修复失去活力的自体的方式集中在其不同能力上，即利用理想化或孪生自体客体功能。这些自体客体功能起着潜在补偿性结构的作用，帮助来访者从自体障碍中恢复过来。它们代表了在面对正常镜映需求的病态无共情反应时，修复自尊的替代途径。

无论要不要把自体心理学理论的立场作为解释的基础，我们都不难看出，L先生几乎总是遭到拒绝或感到失望。自体心理学为理解像L先生这样来访者会有的体验做出了独特贡献，这个理论强调共情失败或无反应导致的感觉被削弱和失去活力的状态。自体凝聚力的减弱或损伤是L先生抑郁的基础，从对其投射测验反应的内容分析中，我们不难看出这种机制是如何运作的。

我之前曾指出，可以从诸如驱力理论的自我心理学角度理解L先生的投射测验反应，我们可以清楚地看见其俄狄浦斯情结上的防御和适应性。甚至在面对罗夏墨迹测验最后几张彩色卡片时，L先生崩溃后的口欲愿望也能够被看作俄狄浦斯期的退行。不过我也试图表明，同样的主题也可以以科胡特的自体心理学观点概念化，具体来说，就是俄狄浦斯情结和自体失活之间的关系。

科胡特认为，具有俄狄浦斯情结的孩子期望来自父母的赞赏或肯定，孩子们的欲望主要不是被控制或性化的。如果一个异性的父母能够以一种共情同调的方式回应孩子的愿望，这种体验就会镜映或共鸣孩子的主要需求。如果父母不能对俄狄浦斯期儿童发展出来的、希望感到自信或骄傲的健康欲望做出正常反应，孩子就会一次又一次地暴露在没有反应的共情失败中。这种体验会打断轻松的、期待快乐的自体的发展，为自体凝聚力的慢性损伤奠定基础并容易导致自体障碍。结果，孩子可能会感到被压垮或自己是微不足道的。L先生反应的一开始都聚焦表达要想受到欢迎或感到高兴，紧随其后的是困惑、失望和跌落谷底的心情，这很明显与自体心理学角度的解释是相符的，比俄狄浦斯情结的解释更能说明问题。

例如，L先生对卡4最初的阐述是"强大而有力"，但这种感受很快被削弱，最终与"危险"联系在一起。在将卡4反应视作伪装的俄狄浦斯冲突之前，谨慎的推敲是必要的。以类似的方式解释超我冲突，可能更倾向于个体基于俄狄浦斯情结的愿望，就像在主题统觉测验卡1上"损坏的小提琴"所暗示的。在当代精神分析中，人们将俄狄浦斯情结下的建构作为一种必要或普遍的精神动力学基本配置，不加批评地接受。

精神分析理论并没有争辩俄狄浦斯情结正确与否，我想指出的是，尽管一些临床工作者将来访者的反应解读为源自俄狄浦斯情结的动力，仍可以在自体心理学的解释中概念化。羞耻感、自卑感或无力为自己辩护的感受，可能源于父母无法享受或称赞俄狄浦斯期孩子过分彰显自信的冲动，也可能源于父母的共情局限、抑郁状态或武断的行事方式。因此，失去活力和耗竭抑郁的反应，可能是处在俄狄浦斯期的孩子被误解或批评后的产物。因此，做错事或需要保密的感受可能更准确地代表了一个人的耻辱或羞辱感，让他觉得自己是微不足道或毫无价值的。

然而，更重要的问题在于L先生试图修复自尊以应对频繁的拒绝。为了从自体的伤害中恢复过来，他试图对世界和他人做出什么样的影响？确定可用的自体客体功能和补偿结构之间的相互作用，是回答这个问题的一个方向。

这与自我心理学的方法并没有太大不同，自我心理学的方法将防御概念化为"保护个体免受与驱力相关的超我冲突带来的焦虑"。在自我心理学和自体心理学的观点上，适应性的客体可能有所不同，而自体修复或防御的功能将成为诊断研究的主要焦点。在自我心理学框架中，重点是识别防御并评估其有效性或韧性。从自体心理学的角度来看，这个问题就变成了确定自体客体功能在恢复自尊方面的作用。

这个中心问题构成了L先生其他问题的基础。他自体障碍的基本特征开始于试图求助于他人并期望得到回应，但他的努力被无视了。L先生觉得自己就像卡2中那个支离破碎的家庭中的一员——大家各走各的路，对对方毫不关心。就像卡1和卡3描述的一样，L先生必须靠自己的力量度过一生，他必须尽其所能地收拾起那些混乱的情绪碎片，不再期望得到情感上的支持。

L先生受伤时很难依靠一个自体客体环境为其提供肯定或共情的回应，也没法指望有可靠的共情来赞赏他的成就或特性。因此，镜映的自体客体功能被隐藏起来。对于他初现苗头的镜映渴望，我们最好将其理解为对获得这一功能的试探，因为充其量它只是自体客体的碎片——可能早就被抛弃了。镜映自体客体需求的任何痕迹，最好被解释为实现持续镜映的残余努力。这些需求在L先生的心理定位中既不存在，也不可行。

第一张罗夏墨迹测验卡清楚地呈现了这一事实，在最初欢乐的希望复苏后，他经历过的失活又重现了。他的需求没有得到满足，还被误解。出于同样的原因，主题统觉测验卡1中的男孩从不向他人寻求指引或帮助——只有依靠自己的力量才能走出困境。

在这种缺乏镜映和自体贬损的背景下，人们会寻求其他自体客体功能来恢复自尊。因此，L先生首先提出了他的需求，指出它们被忽视或拒绝的方式，以及他对镜映自体客体反应的感受是不适合的。他在缺乏镜映的情况下，试图实现理想化和孪生自体客体功能，这可能会增强他的自体凝聚力。L先生使用某些意象来获得安抚或一定程度的合作和理解，用这种方式表达他想要感到振奋或与某人建立联系的愿望。

来访者迫切地想要感受到心理上的活跃性，但却屡遭自体客体环境挫败或拒绝，这在他早期罗夏墨迹测验反应中表现得最为明显。他后来转向潜在的、强大的、理想化的人物，以及可以提供陪伴功能的人物。镜映的自体客体是L先生遥远的记忆，它们很长时间以来都无法可靠地运转，这让他试图转向理想化自体客体功能，后者对他来说还不是彻底不可及的。

这一努力是一场艰苦的斗争，他满怀希望地转向了理想化和孪生自体客体，但最终不得不再次退缩。但L先生并没有放弃将孪生或理想化作为修复失去活力的自体状态的潜在途径这一可能性，我们可以看见这种迹象从卡2开始来回振荡。

如果成功了，作为一个替代途径的补偿性结构就建立起来了，可以维持一个被伤害的或稳定性受到损害的内聚性自体。这也是L先生和T女士最关键的区别。T女士很可能因为十分受伤而无法通过理想化获得补偿性结构，而L先生不同，他镜映不足的状况表现得相对来说不太严重。他有更强的适应力，并试图寻求理想化或孪生自体客体反应的帮助。与此相反，T女士只能做出最不可靠、最短暂的理想化尝试。随着L先生一次次遭遇拒绝或共情失败，他的被动性越来越明显。尽管他比T女士更有能力坚持到底，但在争取这种补偿性结构的努力中，他只取得了微不足道的成功。

当测验进行到卡8时，来访者出现了一个重要的反应，即科胡特所说的崩解的产物。他彻底动摇了，放弃了寻求理想化或孪生自体客体的努力，失去了继续追求的能力。只有在一个有反应的自体客体中才能寻求到活力，以恢复一个衰弱的自体。自体客体环境没有共情回应带来的失望迫使自体隐匿起来，使L先生陷入一种无趣、机械、单调乏味的生活模式，不再期望被理解、肯定或回应。

这种压抑的情感唤起带来了倦怠，阻碍了L先生热情地投入生活。从表面上看，它似乎是一种抑郁表现，体现为自体客体无法最佳地发挥作用。它预示了自体的耗竭，个体会保护性地关闭自己或从外界退缩。因此，在卡8之前的被动性和依赖迹象并不代表抑郁的特征，甚至也不代表根深蒂固的抑郁人格倾向。相反，这种被动可以被理解为这位来访者在努力地"安于现状"。

L先生短暂地再次努力维持自体凝聚力，但这并没有给他带来任何好的结果，他最终回到了被破坏和被束缚的状态。他被"隔离"在一个自体客体环境中，这个环境对他来说是功能不良的。当说到"孑然一身"时，这句话成了他感到耗竭的隐喻。

由于无法通过理想化和孪生自体客体功能这一补偿性结构重新恢复可行的自体客体环境，L先生的自体越来越动荡，只能被动地退缩。L先生的情感生活明显被抑制，体验着落败者的沮丧和无聊，他也不想在一个没有反应的自体客体环境中继续挣扎了。

L先生的主题统觉测验反应中充斥着以困惑和冷漠为特征的故事，这毫不奇怪。最主要的感情基调是他独自面对困难，不相信别人可能会充分理解他。L先生故事中的人物都独自解决了问题，没有期待自己会得到外界支持。这些互动最显著的特点，不是别人不能理解或对别人的可及性失望，而是从不指望有他人的帮助。

自体客体功能相互作用的主要指征出现在L先生的罗夏墨迹测验反应中。尽管镜映缺陷的证据在所有投射测验中都有一致表现，但理想化和孪生自体客体功能主要出现在罗夏墨迹测验上。自体客体功能和特定的投射测验之间似乎没有什么固定联系，一般来说自尊受到伤害的事实定义了自体状态，而这种自体状态在投射测验中是始终如一的。在某种投射测验中，理想化和孪生自体客体功能的出现可能较少有规律性。

T女士的案例中孪生和理想化自体客体功能表现得都不是很明显，L先生则更积极地试图建立补偿性结构，直到受到的伤害过于严重，无法继续这种努力。但不管理想化或孪生自体客体功能持久作用的可行性如何，似乎都与特定投射测验没有显著关系。

后　记

在《幻觉的未来》(*The Future of an Illusion*) 一书中，弗洛伊德（1927/1961）写道："理智的声音是柔和的，但它在得到倾听之前不会停止"。他描述了驱力如何压倒理性且并没有完全沉默，当内在的自我控制占主导地位时，理性就产生了。这种内部控制是治疗的一个结果，标志着个体心理功能的加强，自我心理学家随后将其称为"观察性自我（observing ego）"。在罗夏墨迹测验的术语中，可以用"来访者产生足够高质量的M反应"来表现其获得了韧性，而反应中冲击性的决定因素暗示了破坏性的潜在影响状态。

尽管弗洛伊德的观察很中肯，依然存在一些典型条件：即理性和智力的过度发展（其中许多是人格障碍和人格病理学上的亚临床形式）。并非所有这些状态都必然意味着个体的心理是健康的：一些表现为强迫相关的性格失调，以隔离、疏远、防御为显著特征，如理智化；而由过度智性化主导的个体，通常与其防御机制的顺利运行或有效部署有关，虽然他们可能面对着慢性的、程度较轻的心境恶劣状态，但其特征是将痛苦最小化。从表面上看，这是一种防御形式，它把症状变成了美德。

自体障碍有时以这种方式出现，常常伴随着热情或活力的减退，个体感到无聊或厌倦，生活缺乏目标及明确的方向感。新一代抗抑郁药和抗焦虑药在疗效上的改善，有效地治疗了这些紊乱的症状表现，但残留了根深蒂固的人格适应证。

对于这些情况，我们可以说潜意识的声音是柔和而持久的。重引先前弗洛伊德的评论，它反映了长期的无聊感或缺乏快乐、没有方向以及与他人不满意的、无趣的关系带来的不良适应后果。此外，这种观点还强调了心理诊断测验最精细、最复杂的用途之一。

这一微妙的特征表明，人格及其深层心理的动态变化并不会轻易泄露个体的"秘密"。因此，当临床访谈或早期治疗不能充分阐明病人的问题时，通常需要辅助心理诊断测验。临床工作者希望心理测验能揭示出病人隐藏的性格，因此仅仅重复临床面谈的诊断测验很少会产生效果。如果没有补充在面询中获得的信息，那么测验很可能已经失败了。当既往病史和体格检查具有提示性但无法确定情况时，心理诊断测验可被比作在临床医学中使用放射性检查，检测结果应试图揭示临床检查或病史无法发现的内容。心理诊断测验是一种或多或少具有侵入性的程序，就像常规心电图和增强射线扫描检查的区别。

在诊断评估方面，有一些临床工作者顽固地进行逻辑严密的询问。虽然外行人不难理解为什么要经常强调明显的细节，但这种特殊的临床态度反映了测验者的人格，也极大促进了该领域的发展，要求解释必须具有逻辑性、内部一致性和可重复性。但在实践中，顽固地、一门心思地追求证据，也会阻碍真正的理解，因为它以牺牲深入辨别人格动力的好奇心为代价。尽管很少有心理学家认为自己如此教条（甚至不考虑不太理想的经验证据），但临床工作者愿意检查和理解的心理学深度是因人而异的。

概念方法的差异是定义临床工作者在心理学上理解意义的核心。如果临床工作者希望知道有没有人"在场"（这是对运动反应的一种常见比喻），那么他或她可以将观察重点放在确定来访者有没有满足运动评分上，或者可以探查来访者的联想，或者询问来访者包含运动编码的反应。按门铃看某人是否在家和查看其日记或私人文件，是有区别的。

这些都是老生常谈，所有心理诊断测验者都需要了解哪种方法或哪种组合方法符合自己的气场，这个问题没有对错之分。这在很大程度上重申了一个古老的问题：临床工作者如何理解一个人的心理存在，即"黑匣子"里面的东西。崭新之处在于，对了解自体状态和自体障碍的内部体验感兴趣的测验者需要以足够的强度和持久性来探索一定的深度。就目前而言，现存测验评价自恋或自尊的标准根本不符合自体心理学的要求。

如果一个临床工作者想要找到与表面问题接近的答案，就没有必要进行探索性测验。如果问题被隐藏得很深，则可能需要更大力度的探索。我选择了一些临床案例用以直接推断自体状态，可以理解的是，解释不那么详尽的记录的价值并不明显。事实上，大多数罗夏墨迹测验的记录都比较老套雷同。

因此，以同样的方法从富有成效的测验结果中获得的反应或口头报告的质量，与从普通或老套的记录中获得的是有差别的。然而，如果测验者倾向于借助适当的时间点找出动机状态之间的联系，这种差异是可以减少的。测验者必须认真跟进来访者重要的评论。例如，确定一个主题统觉测验故事的开始、过程和结果通常是不够的；必须谨慎而积极地观察来访者对这个故事具有挑衅性的评论。在进行主题统觉测验或人物绘画测验时，不需要套用罗夏墨迹测验的模式。

我并不是要否定罗夏墨迹测验式的询问，相反可以通过扩展标准的综合系统询问和超越感性的问题解决功能来呈现个体主要的自体状态。诚然，并不是所有临床工作者都倾向于以这种方式使用询问得来的结果。在最终分析中，实施投射测验的技术仍然面临临床和理论说服力的问题。同样，临床工作者不担心进行探索性询问会不可避免地"污染"临床结果，但他们确实感到必须回避直视病人的眼睛来人为地防止自己影响病人的反应——他们害怕暴露自己对临床资料的反应。"训练有素"意味着临床工作者有必要以自律性控制自己的反应，而不必依靠其他人为设置。在这方面存在困难的测验者，可能会在其他工作中起到更大作用。值得记住的是，弗洛伊德提倡使用躺椅的原因主要不是刺激退行或促进自由联想，真正的原因是他不能忍受整天被病人盯着或探索性地审查着。

我在第四章中用案例相当详细地指导了应该如何给出详尽而有力的询问，对L先生的扩展案例研究则演示了补偿性结构相对较好的来访者会如何表现。

另一方面，很多组织结构严重混乱的来访者患有边缘型人格障碍，他们更容易暴露出心理困扰，包括极度紊乱的自体凝聚力。这类来访者的特点是缺乏保护自己的韧性，因此他们痛苦体验的情感状态和妥协的现实检验以一种不受抑制的方式出现，T女士的案例（第七章）说明了这种精神病理学形式。

与T女士和L先生相比，许多人的自体障碍不那么明显。尽管存在明显的自体凝聚力问题，但他们表现出了一定程度的适应力。这些来访者常常设法逃避自己，逃避治疗他们的临床工作者，逃避测验他们人格的心理测验者。他们的失调常常表现在细微的差别，这仍旧需要进行充分深入的询问。

在第五章和第六章中，我讨论了一些临床例子，展示丧失活力的自体状态源自细微的迹象。需要以适当严格的态度面对这些案例，以避免过度解释。在这方面，沙弗尔的标准是有益的指南，虽然"无所事事地站着"或"环顾四周"都是失去活力的体验，但自体客体的失败、缺失或反应不足也可能在诸如"拿着小提琴的男孩"这样的主题统觉测验故事中被发现，比如没有人教他如何拉小提琴，或者他一个人不能采取行动、无法相信别人的建议，也不能独自解决问题。人物绘画测验中那些或者被画得很小、限制在书页的某个角落里或者看起来很脆弱的意象（比如拄着拐杖、缺了条腿或者裸着身体），都暗示着一种失去活力的自体状态。从绘画细节中推断这种自体状态是提示性的，而不是确定性的。深入询问这些人物如何思考和感觉，通常是证实这种临床解释的关键。

我所讨论的大多数例子的主旨，是自体凝聚力受损出现在广义的投射测验反应中，暗示着来访者被贬损的体验。在这一系列自体状态的背后是未被镜映的自体，通常以被拒绝、轻视或忽视的情感状态为特征。类似自体状态的痛苦体验的主要特征，是使人感到被贬低或羞辱。因此，在罗夏墨迹测验中，这种类型的投射测验反应往往是诸如小丑、流浪汉或其他被忽视或被责备的人物意象，而来自主题统觉测验或人物绘画测验的意象则可能包含了被描述为弱小的、无关紧要或不重要的人。

科胡特观察到，当个体的自体凝聚力受到威胁时，我们在临床上最容易发现其自体客体需求。自体寻求一定程度的反应，期待恢复稳定。受伤的自体需要修复的是来访者的核心特性，而不是独有特征。有些来访者的人生体验围绕着耗竭感建立，投射测验并不那么容易穿透这种防御。标准的、不唐突的询问会促进这种防御，让那些需要隐藏脆弱自体状态的来访者进一步这样做。

因此，在缺乏充分探索性询问的情况下，以自我贬损形式出现的脆弱的自尊、羞辱和明显的失望，不容易表现在病人的投射测验反应中，就像人们可能会在临床面谈和治疗中隐藏一个受伤或脆弱的自体一样。这种对受伤或受损自体状态的隐藏，既可以衡量许多获得良好补偿的来访者保护自己的能力，又恰好加剧了来访者的病情以及随之而来的治疗需求。因此，进行广泛而深入探索的投射测验就变得更加必要了。除了揭示这种自体状态，探索性询问还能让测验者更全面地了解自体客体需求（有时还包括它们之间的差异）以及补偿性结构的成败。

不幸的是，临床工作者在追求可靠性的同时不知不觉地加重了来访者的负担。我不会轻视或贬低可靠性、逻辑思维和科学方法，也把职业生涯的大部分时间都用在了研究这些内容上，我重视这些研究并欣赏这种理想。我的观点很简单，这种固执地拒绝看到经验证明之外证据的方法，剥夺了研究者启发式地向人类人格中最真实、最重要的东西敞开心扉的机会。弗洛伊德在19世纪末的一些猜测被证明是正确的，但大部分是错误的。同样，有些我们现在只能去猜测的东西会经受住时间的考验，有些则不会。在临床科学的逻辑探究中，更重要的往往是寻求可能的解释，来推进这一领域的发展，而不是满足于那些经过考验的、真实但肤浅的东西。

我想在结语中强调，在理解人格病理学上没有一种理论方法取得了至高无上的地位。可以从多个角度检查相同的症状、联想和投射测验结果，但没有任何一个答案会是最终结论。临床材料可以从数个角度进行概念化，但我不主张在这个问题上采取某一理论立场。自体心理学框架并不比自我心理学、客体关系、认知行为或社会学习方法更适合，所有这些都代表了概念化临床材料的另一种途径。在这本书中，我认为最重要的前提是自体心理学的观点，它是一个有用的方法，让我们以有逻辑的、一致的方式思考测验材料。

不管提供临床推论的数据为何，做出临床解释仍然是一种受过训练的、需要逻辑思维的练习。即使是科胡特所描述的共情性理解，也不是一种松散、不经训练、以感觉为主导的心理活动，而是在临床工作者的精心应用和严格自我监控下的心理活动。因此，我仍然坚持对想象的阐述可以补充经验推导的、客观的临床结果，来帮助我们理解人格。事实上，要理解自体障碍和自体客体功能，需要使用从投射测验中获得的共情性理解反应，这些反应有助于我们丰富、扩展、深入地理解来访者的自体状态。

参考文献[*]

Abraham, K. (1927). Psycho-analytic studies on character-omiation. In: *Selected Papers on Psycho-Analysis* (pp. 370-417). London: Hogarth Press. (Original work published 1921)

Akiskal, H. S. (1980). External validating criteria for psychiatric diagnosis. Their application in affective disorders. *Journal of Clinical Psychiatry, 41*, 6-15.

Alexander, F., & French, T. M. (1946). *Psychoanalytic therapy: Principles and applications*. New York: Ronald Press.

Allison, J., Blatt, S. J., & Zimet, C. N. (1968). *The interpretation of psychological tests*. New York: Harper & Row.

American Psychiatric Association. (1952). *Diagnostic and statistical manual of mental disorders*. Washington, DC: Author.

American Psychiatric Association (1994). *Diagnostic and statistical manual of mental disorders* (4th ed.). Washington, DC: Author.

Arnow, D., & Cooper, S. (1988). Toward a Rorschdth psychology of the self. In H. D. Lerner & P. M. Lerner (Eds.), *Primitive mental states and the Rorschach* (pp. 53-70). Madison, CT: International Universities Press.

Aronow, E., Reznikoff, M., & Moreland, K. (1994). *The Rorschach technique: Perceptual basics, content interpretation, and applications*. Boston: Allyn & Bacon.

---

[*] 为了环保，也为了节省您的购书开支，本书参考文献不在此一一列出。如果您需要完整的参考文献，请通过电子邮箱1012305542@qq.com联系下载，或者登录www.wqedu.com下载。您在下载中遇到问题，可拨打010-65181109咨询。